U0200266

北京市科委"市委、市政府重点工作及区县政府应急项目预启动——北京地区风化石质文物保护关键技术研究（Z151100002115035）"项目成果

北京地区风化石质文物保护关键技术研究

张　涛　著

学苑出版社

图书在版编目（CIP）数据

北京地区风化石质文物保护关键技术研究 / 张涛著 . —
北京：学苑出版社，2022.4
ISBN 978-7-5077-6395-9

Ⅰ . ①北… Ⅱ . ①张… Ⅲ . ①风化作用—影响—石
器—文物保护—研究—北京 Ⅳ . ① K876.24
中国版本图书馆 CIP 数据核字（2022）第 051866 号

责任编辑： 周 鼎 魏 桦
出版发行： 学苑出版社
社　　址： 北京市丰台区南方庄 2 号院 1 号楼
邮政编码： 100079
网　　址： www.book001.com
电子信箱： xueyuanpress@163.com
联系电话： 010-67601101（营销部）、010-67603091（总编室）
经　　销： 全国新华书店
印 刷 厂： 英格拉姆印刷(固安)有限公司
开本尺寸： 787×1092　1/16
印　　张： 33.5
字　　数： 457 千字
版　　次： 2022 年 4 月第 1 版
印　　次： 2022 年 4 月第 1 次印刷
定　　价： 600.00 元

前　言

　　本书对北京地区的故宫大高玄殿、居庸关云台、利玛窦、天安门、五塔寺、景山公园及存放在首都博物馆前的乾隆御制碑等石质文物进行现场无损检测，并通过实验室检测手段研究风化石质文物的病害原因。现场检测表明所选用的无损检测技术对风化石质文物的体缺陷程度、表层风化程度起到了较好的表征作用，得出北京地区石质文物保存状况不一，存在不同程度的风化，主要病害类型为片状脱落、裂缝、白色泛盐等。室内 XRD 测试结果表明北京地区石质文物的主体材质为汉白玉或青白石 [矿物成分为 $CaMg(CO_3)_2$]；SEM 清楚地显示了各类风化病害表面微观形貌，EDS 测试结果表明风化石材表面均含有大量 C、O、Mg 和 Ca 元素，大部分风化样品含有 Si、Fe、Al 和 K 等元素，少部分含有少量的 S、Na 和 Cl 等元素；离子色谱测试结果表明风化样品中均含有 SO_4^{2-} 和 NO_3^-，说明北京地区酸雨中 SO_4^{2-} 和 NO_3^- 是石质文物风化的主要影响因素之一。综合采用现场无损检测（超声波、红外热成像技术等），结合实验室病理分析量化评估北京地区石质文物风化程度和原因，未见国内外报道，具有创新性。

　　实验室模拟"酸雨喷淋"和"盐 + 冻融"对北京地区大理岩（汉白玉和青白石）的影响，研究其风化机理，结果表明相同实验条件下，汉白玉的风化程度大于青白石的；模拟酸雨浓度越高（pH 值越低），石材风化越严重。模拟酸雨浓度低至 pH=1 时，石材表面形成一层致密的对石材有一定保护作用的石膏（$CaSO_4 \cdot 2H_2O$）层。"盐 + 冻融"实验进行到 30 个循环时，物理性能和力学性能均发生变化。根据不同腐蚀条件对大理岩（汉白玉、青白石）指标的影响，将物理性能（自由吸水率、饱和吸水率、开孔孔隙率）、力学性能（抗压强度、抗折强度）和里氏硬度进行风化等级划分，初步制定适合北京地区大理岩类石质文物风化等级指标体系，该指标体系针对的是北京地区大理岩，且是定性加定量的评估体系，国内外未见报告，具有创新性。

根据石质文物的病害机理和对保护材料的性能要求，筛选出石质文物加固材料的主要评价指标为耐水性、耐可溶盐、透气性、渗透性、冻融老化和强度等；封护材料的主要评价指标为耐水性、耐紫外光辐照性能、耐可溶盐、耐酸碱、透气性和渗透性等。通过上述指标在大理石上对初选的 7 种加固剂和 9 种封护剂性能进行评价，综合得出古建保护剂加固性能相对最好，TEOS 次之；PLA 封护性能相对最好，RS-96 次之，其余保护剂性能相对较差。再以马口铁为基体，对 2 次筛选的加固剂和封护剂的物理、化学性能进行评价，得出综合测试结果与上述结果相同。对 PLA 封护剂进行纳米改性，测试结果表明不同浓度的 PLA+Ca（OH）$_2$ 封护剂均具有良好的稳定性和透明性，可均匀涂刷在基材上并通过二氯甲烷等溶剂快速去除，同时还具有良好的耐紫外线性能。国外有报道用 PLA 加纳米二氧化硅封护砂岩类文物，但未见国内外报道用 PLA 加纳米氢氧化钙封护北京地区大理岩，可推断该研究成果具有一定创新性。

使用 SEM-EDS 和拉曼光谱对封护或加固前后的青白石试样进行分析测定。通过谱图分析，初步得出古建保护剂和 TEOS 两种加固剂的加固作用是通过增强岩石颗粒间的连接，增加试块的密实度来完成的，处于主导地位的作用是次价键力（范德华力和氢键）的物理吸附作用。PLA 和 PLA+Ca（OH）$_2$ 两种封护剂的封护作用是通过适度聚合与内表面及矿物粒子之间进行连接，固化填充，处于主导地位的作用是次价键力（范德华力和氢键）的物理吸附作用。

是国内第一次针对某一个地区的石质文物风化病害特点，从"诊病"到"开方"再到"吃药"的系统的、科学的保护研究，为今后北京地区石质文物保护，提供了坚实的技术基础。

目录

第一章　绪论

石质文物是指历史遗留的天然岩石原料，具有历史、艺术以及科学价值的遗物或遗迹，石质文物基本上可分为三类，即石质建筑、石质工具与石质艺术品。

石质建筑类文物是指人类历代遗存在地面上或埋藏于地下的具有重要历史意义和重要艺术价值的石质建筑物或构筑物，它包括石质建筑物、石质建筑群及其内部所附属的石质艺术品及建筑构件。例如，石窟寺、石桥、石殿、石棚、石质陵墓和石城墙等石质建筑物以及石柱础、石墙、石地板、石墙基和石台阶等石质建筑构建。

自然界遍布种类繁多的岩石，先民常取而用之，或经加工后用之，石器成为人类最早使用的工具。早在旧石器时代，人们就开始以岩石为原料，制成各种劳动工具与生活用具，主要有石刀、石斧、石磨和石辗等劳动工具以及石枕、石盆和石碗等生活用品。

石质艺术品类文物包括摩崖造像、石塔经幢、石碑和石刻石雕等，它们在我国现存石质文物中占有极其重要的地位。这些石质艺术品，是人类生产劳动、社会活动（含宗教活动）等过程中对自然界各种岩石进行加工的产物。如今它们已成为人们研究古代社会涉及的政治、经济、生产、生活和文化等方面的珍贵实物资料。

石质文物病害，又称为风化、劣化，是指石质文物由于物理状态和化学组分改变而导致价值缺失或功能损伤（ICOMOS-ISCS）。因此，病害这个概念包含了自然老化过程对石质文物的损害。

石质文物从形成时期的完整到风化是一个逐步发展的过程。在这个过程中，不同的因素在不同时间起着不同的作用，一般将病害原因分为物理风化、化学风化及生物风化。其中，生物风化也可以理解为生物作用带来的物理风化和化学风化。根本上，大多数的文物病害都是多因素作用的结果，很难将其独立地划分为物理、化学或生物原因。

按照石质文物病害的不同表现，大体可分为三大类型：稳定性问题，水的渗漏侵蚀问题和风化问题：稳定性问题是指石质文物所依托的岩石体出现岩体结构不稳定和局部危石等问题。水的渗漏侵蚀问题是指地下水、地表水或冷凝水引发的一系列破坏问题。风化问题是指在文物表面 mm 到 cm 级的范围内，文物外观的破坏。稳定性问题和水的渗漏侵蚀问题（地下水和地表水）都与地质结构条件有关系，同时岩土工程领域已经具备相对成熟技术可以保证其安全，需要注意的是保证工程实施中景观协调问题，目前文物保护学者主要关注于风化（包括冷凝水）机理的研究。

一、国内研究发展现状

石质文物所用石材的种类对石质文物的风化有较大影响，因岩石形成的地质条件不同，抵抗风化的能力也不同。岩浆岩和变质岩由于是在高温、高压条件下形成的，它们的组成矿物在出露地表后一般都是很不稳定的，而沉积岩则是在地表条件下形成的，其组成矿物是比较稳定的，所以岩浆岩和变质岩的抵抗风化能力比沉积岩差。各类岩石中，又因矿物组成、结构、构造、裂隙发育程度不同，抵抗风化的能力也不同。环境因素包括邻近地区的气候状况，也包括空气中的一些污染物含量。我国很多地区的空气质量不容乐观，空气中含有大量的氮氧化物和硫氧化物，直接影响石质文物的寿命，此外，文物区周边地带的生产生活状况也间接影响到文物。例如，龙门石窟文物区内有铁路穿过产生震动，周边的采石场爆破震动也甚为强烈，已经引起了一部分岩体崩落。敦煌莫高窟在大地构造的位置是属北山断块带的南缘，新构造运动较活跃，属于地震活动频繁的地带，对莫高窟的危害较大。

石材内部结构主要包括化学组成及颗粒、孔隙结构等。石质文物的风化损蚀，与其本身的性质、化学组成、孔隙率大小和胶结物类型等内部因素有着直接的关系。例如，大理石和石灰石天然成分都是碳酸钙（含量＞90%），但二者抗腐蚀的性能却有所差异。大理石是经过重结晶的碳酸钙，其颗粒细密，强度较高，内部孔隙也较少，因此比较抗腐蚀；而石灰石结构疏松，抵抗腐蚀的能力就要差一些。

通过查阅王成兴、张秉坚、方云等的有关石质文物风化机理研究的论文，了解到石质文物的风化除受石材本身的组成、性质、结构、保存状况等内部因素影响外，还受外部因素的影响，包括大气中之有害气体、尘埃、酸雨、地下水中可溶盐、油烟等化学因素，水、温度、风、砂、岩石空隙中盐的结晶与潮解等物理因素，菌类、苔藓、藻类等生物因素。以上这些外部因素也是引起石质文物风化，造成石质文物损蚀破坏的重要因素。按照风化的成因，可将石材风化按其外部因素分为以下三种类型，即物理风化、化学风化和生物风化，各种风化和水的关系均较密切，因此防水是文物保护的首要任务之一。

对于风化石质文物的保护，改善文物的存放环境的是第一要求，但大多风化石质文物所处皆是室外，而且无法移动，仅仅改善环境是不够的，还需要进行清洗、修复、加固、封护的其中若干工序，以延长其寿命，对风化石质文物封护，是非常重要的，而合适的封护材料又是封护效果的关键，同时也必须有相应的施工工艺及技术导则。风化石质文物表面封护材料发展过程及现状如下。

（一）第一代

1. 蜡制防护剂，主要是石蜡及改进型蜡制品，它有如下缺点：

（1）不透气，易生成水斑、湿痕、返碱。

（2）蜡膜易溶解，需经常打蜡。

（3）长期使用石材的颜色要加深。

2. 非渗透膜层涂料，主要代表产品有桐油、丙烯酸树脂、聚苯乙烯、聚乙烯等。

（1）透气差，易引起石材病变。

（2）有些产品会改变石材的质感和色泽。

（3）抗紫外线、抗老化、耐久性较差。

（4）覆膜易磨损、起皮、脱落、需经常修补。

（二）第二代甲基硅酸盐防护剂

它是一种水性防护剂，是在碱性环境下将甲基硅树脂打开分子结构进行水解的产物。在使用于石材后会吸收二氧化碳，重新聚合成聚甲基硅石（硅酸盐与硅树脂伴生物），产生憎水能力，以保护石材不被水性污染物所污染。因为甲基硅酸在碱性环境下有被水解的倾向，所以在用水泥进行湿法安装时尤其石材未做养护情况下会经常出现反渗现象（即失效），此类防护剂涂刷后残留形成白色结晶难以清除。

（三）第三代有机硅型

1. 透气性和渗透性较好。
2. 使用寿命长，有效防护期也较长。
3. 此类防护剂主要为渗透性的有机硅防护剂，也有乳液状的水剂型防护剂。
4. 该类防护剂缺点是时间长了容易变色，失效时清除起来比较难。

（四）第四代环保型

环保型防护剂是以水或其他环保型溶剂为载体的有机硅、有机氟的防护剂，是目前应用较广的石材防护剂。环保型防护剂是一种高渗透性防护剂，特点是强渗透性，将防水、防油、防污、抗碱材料渗透到石材内部，并形成结晶性的保护层。石材透气性较好，由于使用了憎水性、耐候性十分明显的氟材料，能发挥出最大的防护功效，具有卓越的耐候性，对水有极强的排斥性。

目前已有技术将纳米级的金属离子、非金属氧化物与硅烷、甲基硅酸盐复合在一起，制成了一种可以在水中分散的防护剂，兼具了水性和油性防护剂的优点。从原理上讲，纳米材料与硅烷、甲基硅酸盐偶联，提高了有机硅含量，制成可以在去离子水中分散的多功能的石材、陶土、石膏和混凝土防护剂。制成的石材复合水性防护剂品质优秀，可生成甲基硅树脂的量大，憎水性、耐碱性好，与石材、混凝土等基材结合性好；具有水性甲基硅酸盐防护剂变色少的优点。因为有纳米材料的加入，大大提高了耐碱性、防水性、防污性和抗老化性能。纳米技术石材防护剂有如下优点：
1. 良好的防水、防污效果。
2. 采用纳米技术的石材表面防护剂具有优良的耐候性。
3. 采用纳米技术的石材表面防护剂具有极强的渗透性。
4. 采用纳米技术的石材表面防护剂具有极强的耐磨性。
5. 采用纳米技术的石材表面防护剂具有透明性。

二、国外研究发展现状

利用纳米科技研发出的高科技产品使用于古文物的保护在全世界目前的应用是一个非常新的研究课题。随着纳米科技近年来不断地进步，最近四五年方才引起古文物保护界的注目。

在国外研究的方向不外乎利用与古文物的物理和化学性质相同或相容的化学元素为材料，利用适当的纳米粉碎和稳定技术，和环保的载体所研发而成，转为保存和修复陈设于室内和室外的古文物而设计的保护材料。

1996 年由 C. A. Price 所撰写的《与石头的对话——当前研究的概述》记载了当时欧美针对石材文物保护所采用的材料，其中提到对于各种涂料用于古文物的保护时，无论是有机还是无机聚合涂料其在用于保护古文物时保护功能各有利弊。作者对有机聚合涂料的使用比较乐观，但并不排除无机聚合涂料的可用性。2006 年 6 月美国《文化遗产》（*Journal of Culture Heritage*）杂志刊载的希腊研究案例，即高分子合成涂料运用在石碑保护和保全的评估，具体地介绍了使用硅氧烷 / 丙烯酸基类涂料和为此实验项目所新合成的含氟有机硅烷组合涂料在保护古希腊与拜占庭时期的石碑中的应用。实验地点在希腊塞萨洛尼基的加莱里乌斯宫，研究的目的是为保护古石碑不受各种形态的水腐蚀。实验结果显示出，不是渗入石材的涂料决定抗水性，而是覆盖于石材表面涂料产生保护的性能。但石碑表面的抗水性会导致涂料下方（石碑表面）水汽滞留，使得涂料失去黏附性，因而导致涂料脱落。

数年前，德国和美国共同集资而发起的"NANOFORART"研究项目此研究项目仍在进行中。其主要研究内容包括从古文物的清洗，直到使用纳米科技研发出专为修复和保护壁画、水泥和石材的特殊材料等。其研究的不同于传统的清理和保护方法，使我们能够准确地控制保护进程。例如，使用微乳液和化学凝胶，代替传统的清洗方法，虽然进度较缓慢，但对古文物的损坏几乎没有，因而安全性大大提高了。"NANOFORART"研究的核心在于使用和被保护古文物的物理与化学性质相容与相同的材料作为基础材料，而研发出特制的保护材料。这与传统保护古文物的理念和方法截然不同，但是能达到更长久和更安全的效果。德国科学家利用最先进的纳米技术，为每一种古文物的基材特别定制了保护材料。这种方法被称为"最尊重古文物"的保护方法，是此次研究计划成功的主要因素。

在此研究项目之前，国外使用的材料主要丙烯酸类和乙烯基聚合物，用于保护石材，水泥和壁画。因保护材料使用不当，其效果已证实对古文物的损坏比保护效应多。往往见到保护材料片状脱落，而且脱落时将被保护古文物的表面也一起带下，古文物也因此受到无法弥补的损伤。这种弊大于利的古文物保护方法，在不久的将来会完全被淘汰。被取而代之的将是为保护不同基材的古文物特制的保护材料，以确保其效应。中华人民共和国为全世界古文物最多最密集的国家，中国目前研究利用纳米科技保护古文物题材的案例也可有迹可循。现有文物保护材料主要有天然高分子材料和人工合成材料两大类，有机硅的耐老化性能好粘接强度高，但是在老化后变黄变脆，因此，研发性能更为优异的保护材料成为该领域的热点。由于中国国内文物历史悠久，国内研究古文物保护的材料与世界其他国家相比较，虽属前卫但并非领导地位，其原因为文化的差距致使每个国家关心和研究的项目不太相同。国内对纳米材料的研发近几年来，因为科技的发达偏重于重工业，对于纳米尺寸的控制以美国为首的产品最为成熟。美国对纳米材料应用时的稳定性，和载体对文物的无侵害性与环保的警觉性，已有相应的一些产品用于文物的保存和保护。

对石质文物的勘察病害研究国外已经有大量的成果，成立于1976年的WTA（下同），中文翻译为"国际既有建筑维护与文物保护科技工作者协会，从20世纪80年代开始，编辑发表了30余项历史建筑外立面修缮保护有参考意义的技术规程，1997年发表了代号为"3-10-97/D石质建筑现状及材料学检测技术规程"。针对含水率检测方法的混乱，2002年又发表了代号为"4-11-02/D矿物材料的含水率检测技术规程"。在WTA各项技术规程中，特别强调了修复保护技术的成功与否与科学的检测及设计是息息相关的这一认识。

本书旨在对北京地区石质文物进行检测分析，探讨北京地区石质文物的风化原因，并根据风化机理选择相应的保护材料，筛选出一种合适的材料并应用于石质文物修复实践中，并在实践中摸索出一套完善的施工工艺，确保石质文物得到科学合理保护。首先以北京地区的风化石质文物为主要研究对象，采用无损或微损勘查技术手段与理论相结合，辨别文物本体所具有的"历史痕迹特征"与病害形态，提出风化石质文物保护前所需的必要检测手段、流程以及所需仪器设备；然后通过现场勘查检测与室内检测分析相结合，查清风化石质文物的工艺特征、存在状态及物理化学特性，筛选及改性现有保护材料，研究配套的施工工艺及保护技术，研究可行性保护效果评定技术，

从而提高修复技术和水平，将风化石质文物的保护水平提高到一个新的层次；第三，采用研发材料完成北京地区一处现场示范点试验工作，在施工过程中对各项数据进行记录；最后，通过实例工程施工及对保护效果的长期跟踪检测，并尽可能量化保护效果，确定施工工艺流程及方法，形成一套完整的以北京为代表的针对北方气候特点的风化石质文物保护技术导则。

石质文物是指那些"在人类历史发展过程中遗留下来的具有历史、艺术、科学价值的，以天然石材为原材料加工制作的遗物"。石质文物与人类文明的起源与发展息息相关，并且占据了全部文物的较大比例，可以说，做好石质文物的保护与研究工作，对我们这个文明古国来说意义重大。

在各类文物中，石质文物占有很大的比例，它泛指岩石材料制成的各种历史文化遗迹，包括摩崖石窟、佛像、题刻、岩壁画、古墓葬、石塔、石柱、华表、石桥和牌坊等。石质文物是我国古代灿烂文化的瑰宝、悠久历史的明证、古代文明的象征、历史年代的烙印、古代艺术的结晶，是古人留给后人最现实、最直观的宝贵历史文化遗产，具有极高的创造性、艺术性、观赏性，是研究古代历史文化的重要依据。然而，石质文物与其他文物不同，它体积大质量重，难以移至室内，大多长期暴露于户外，千百年来石质文物因受日晒雨淋、温度交变、污染霉变、烟炱熏烤和人为破坏等，特别是近代现代工业造成的环境污染等，使得石质文物已经变得污迹斑斑、破损开裂、风化酥解、轮廓模糊，而难以长久保存，因此亟待进行保护。例如北京故宫的汉白玉栏杆及望柱上的雕刻花纹，仅隔60多年就被风化得模糊不清，甚至有些地方手触即掉粉末，风化剥蚀已经深达10mm～20mm，因此，风化石质文物的修复是非常紧迫必要的。鉴于现有风化石质文物的修复材料及技术还有很大的缺陷，所以在现有基础上筛选合适的保护材料并在此基础上力求改良，研发配套的施工工艺及技术，研究合适的保护效果评定技术有着非常重要的现实意义。

本书以北京地区的风化石质文物为主要研究对象，以风化石质文物表面及其病害诊断和保护修复工艺为研究重点，以求在保护修复理论及技术上有创新突破。课题任务分为五大块：

1. 风化石质文物制作工艺、材料性能特征、成分检测的研究。

2. 风化石质文物现场取样及风化程度检测，结合室内分析完成病理诊断、分析。

3. 风化石质文物保护材料（加固材料和封护材料）的改性研究及筛选。

4. 进行室内外性能检测及现场跟踪检测，并利用技术手段进行保护效果评估；

5. 完成示范点工程施工，形成完整、系统的施工工艺，制定一套完整的以北京为代表的针对北方气候特点的风化石质文物本体保护技术导则。

三、研究目标

（一）病理诊断技术方法

拟用无损检测技术核磁共振、扫描电镜、热红外、硬度检测等国内外先进技术用于风化石质文物的现场检测，同时结合必要的取样、实验分析技术，以北京地区风化石质文物为研究对象，制定适用于风化石质文物病理诊断分析的技术手段及方法。

（二）"专用性材料"筛选及开发

在对北京地区风化石质文物本体病理诊断、工艺调查、材料特征检测分析及现场勘查基础之上提出保护材料相关性能技术指标，通过室内及现场实验，筛选出适用于北京地区风化石质文物本体修复的保护材料，并力求对现有保护材料进行改良。

（三）示范施工

以保护风化石质文物在经历历史沧桑后所具有的"第二历史特征"和病害治理相结合，使用"专用性"保护材料，完成示范点工程。

（四）保护效果评定

在示范施工前后，使用先进的仪器设备测定风化石质文物的物理、化学性能指标，并进行对比跟踪，从而评定保护效果，通过不同的保护工艺及技术，筛选最佳的保护材料和施工工艺。

（五）制定技术导则

通过病理诊断、实验分析、技术开发与引进、实例施工及效果评估，制定以北京地区为代表的针对北方气候特点的风化石质文物本体修缮技术导则。

本书首次对北京地区石质文物进行系统的无损检测分析，深入分析北京地区石质文物的风化原因，并根据风化机理选择相应的保护材料，筛选出一种最合适的材料并应用于石质文物修复实践中，并在实践中摸索出一套完善的施工工艺，确保石质文物得到科学合理保护。同时，本书是国内第一次针对某一个地区的石质文物风化病害特点，从"诊病"到"开方"，再到"吃药"的系统的、科学的保护研究，为今后北京地区石质文物保护提供了坚实的技术基础。

第二章　文献综述

一、石质文物无损检测技术及风化指标体系研究进展

北京作为一座文化古都，三千多年的建城史，八百多年的建都史，历史的沉淀造就了现在这座充满文化底蕴的北京城。据统计北京城内有大大小小的古建筑近三千处[①]，这些古建筑按照建筑类型可以将其划分为城垣（包括长城）、宫殿、坛庙、园林、寺观、府邸宅院、陵墓、学馆衙署（包括会馆）、近代重要建筑和其他重要史迹十大类，包含了从宫廷到民间，从宗教到艺术，从文化到科学等古代多方面的内容，可以说这些古建筑是千百年来北京历史、科学和艺术发展进程的重要实物承载者之一，是一座城市的记忆，并见证了北京的历史，它们所蕴含的是北京城市文化的源泉所在，也是北京城的文化之魂。

人们将天然岩石用于建造宫殿、佛塔、石桥、浮雕、牌坊、园林石、陵墓等，进而被赋予历史含义，这些不同类型的石质建筑通称为石质文物。大部分石质文物暴露于大自然中，长期受到酸雨、光照、风尘、微生物的侵蚀及人为因素而遭到破坏，最后导致石质文物的严重损害，有的甚至消失殆尽。石质结构古建筑是文物建筑重要的组成部分，这些石质结构古建筑是文化及文明的重要载体，是不可再生的珍贵文化遗产，为人们的文化生活提供场所，使广大人民和国内外游客享受到了中国五千年历史建筑的精华与沧桑。保护好我国重要的文化遗产之一的石质古建筑是我们的责任和使命。

---

① 李卫伟. 保护古都文化之魂，留下城市文之北京古建筑保护和利用的形式和方法回顾与思索［J］，学术前沿论丛——中国梦：教育变革与人的素质提升（下），2013：442–445.

（一）石质文物病害类型及风化机理

石质文物的病害（风化、劣化），是指石质文物由于物理状态和化学成分改变而导致价值缺失或功能损伤。风化后的石质文物呈现出不同的状态，主要有坍塌、脱落、裂缝、粉化、变色等，这不仅影响了文物的外观，严重风化还会对石质文物本身造成不可扭转的伤害。现存的石质文物都普遍存在着不同程度的风化，一般石质文物的风化表现在物理变化和化学变化上，在此基础上，人们将风化作用分为物理风化、化学风化及生物风化三类，毛志平又将生物风化具体解析成由生物作用造成的物理风化和化学风化。[①] 物理、化学以及生物风化三者是密切相关的，相互之间既可以单独进行，又能联合作用。郭宏等人对花山岩画的风化进行研究发现，石灰岩质的岩石同时受到三种风化作用的影响，[②] 除此之外，石质文物还受到人为因素的影响。[③]

1. 物理风化

物理风化是指温湿度、水分、可溶盐的物态变化等因素对岩石所产生的破坏，暴露在大自然环境中的石质文物极易发生物理风化，主要体现在由于太阳紫外线的辐射，温度与湿度的变化使石材表面中的水与气体体积的热变化，组成岩石的颗粒物质之间的连接遭到破坏，以至于成为松散破碎状态。随着破碎程度的增加，岩石的物理力学性质也相应发生变化，岩石的孔隙度、表面积相应增加，密度、比重等相应减少。

2. 化学风化

化学风化主要是指石质文物在水和空气的参与下发生化学反应，化学因素对石质文物的风化与文物所在地区的大气污染程度有关。空气中的二氧化硫、氮氧化物等酸性有害气体会形成酸雨、酸雾对石质文物产生溶蚀。例如，二氧化硫的长期作用会使坚硬的石灰岩变成粉末状的石膏，腐蚀机理如下：

$$2CaCO_3 + 2SO_2 + O_2 + 4H_2O = 2CaSO_4 \cdot 2H_2O + 2CO_2$$

---

① 毛志平. 石质文物病害及预防技术分析［J］. 中国文物科学研究，2009（3）：55-57.

② 郭宏，韩汝玢，赵静. 广西花山岩画风化产物微观特征研究［J］. 中原文物，2005，（6）：82-88.

③ 王丽琴，党高潮，梁国正. 露天石质文物的风化和加固保护探讨［J］. 文物保护与考古科学，2004,4（16）：58-63.

研究[①]表明，砂岩结构的石碑由于酸的侵蚀，使得矿物中的铁离子迁移，在石碑表面可形成污染物黑壳。

3. 生物作用

生物作用主要是指生活在石质文物表层的地衣、苔藓和菌类等真菌（微生物）和生活在石质文物周围环境中的昆虫、植物对石质文物的破坏作用，微生物的影响已经成为现今石质文物保护中面临的主要问题。[②]微生物的活动会产生有机酸（如草酸、枸橼酸等）或无机酸（如硫酸、亚硝酸等），有机酸可以直接与岩石的组成成分发生螯合作用和酸化作用，导致岩石结构的改变，使其物理性能减弱；[③]无机酸可以直接腐蚀岩石的表层。生物风化作用不只是对石质文物造成结构和组织上破坏，同时附着在文物上的各种生物及其残留物也严重影响文物的美观，改变文物的初始面貌，应当引起重视。

4. 人为因素

随着旅游业越发蓬勃，一个不容忽视的因素就是人为因素，若不加重视，有可能会对文物造成不可逆转的伤害，研究[④]发现，承德避暑山庄被一些素质不高且文物保护意识不强的游客肆意破坏，更有甚者在石碑上泼墨，给文物造成破坏。

一个由欧洲多个国家共同承担的跨国博物馆环境监测课题，[⑤]研究了意大利威尼斯 Correr Museum、奥地利维也纳 Kunsthistorisches Museum、比利时安特卫普 Royal Museumof Fine Arts、英国 Norwich Sainsbury Centure for Visual Arts 的环境状况，得出加热、通风、建筑物结构、室内外空气交换以及大量游客将导致博物馆温湿度失去平衡；游客会将外部微粒带入馆内，并释放热量和二氧化碳，影响博物馆的"微气氛"，因此，有人建议对参观博物馆的游客人数应加以限制。

① Machill S, Russ K, Estel K, et al. Mobility of iron during weathering of Elbe sandstone by various organic and inorganic acids. CANAS' 95, Colloq[J]. Anal Atomspektrosk, 1995（Pub. 1996）. 595–600.

② 冯楠，王蕙贞，宋迪生. 环境因素对露天石质文物的危害—以集安市高句丽王城、王陵和贵族墓葬为例. 边疆考古研究[J]. 2010,（9）：316–324.

③ 张秉坚. 石质文物微生物腐蚀机理研究[J]. 文物保护与考古科学，2001，13（2）：15–20.

④ 吴海涛. 承德避暑山庄露天石质文物病变机理研究[D]. 西安：西北大学，2007.

⑤ Camuffo D, Grieken V R, Busse H J, et al. Environmental monitoring in four European museums[J]. At Envir, 2001，35（1）：s127–140.

（二）无损或微损检测技术在石质文物中的应用

无损检测技术（NDT）形成的标志是 1895 年伦琴发现 X 射线，它是建立在现代科学技术基础之上的一门应用性技术学科。无损检测技术的原理是在不损伤被检测物体的前提下，利用材料内部存在的结构缺陷或异常引起的一些物理量的变化，并应用物理方法，研究其内部和表面有无缺陷，进而评价缺陷存在状况和结构损伤程度。[①] 微损检测技术是指在对文物损伤性特别小的前提下对文物进行研究。在文物保护领域，传统的检测方法容易对文物造成损坏并且检测效率低，正逐渐地被先进的无损检测技术所取代。正是由于无损检测技术对被检测物体无损伤且分辨率高，所以被越来越多地应用在文物保护领域，并在许多方面取得了实质性的成果。

国外的古建筑中以石质结构居多，其中欧洲国家对无损检测技术的研究比我国起步早，其中，意大利最先着手于无损检测技术的研究，拥有先进的技术和丰富的经验。[②] 中国作为四大文明古国之一，经历了漫长历史洗礼，不同朝代的更替使得中华大地上屹立着众多的历史遗址与古建筑，其中以石质文物居多。无损检测技术在石质文物保护工作中的应用，主要包括探测石质文物的风化程度、评价岩石加固效果、探测裂隙分布和裂缝灌浆深度、探测石窟渗水原因、研究彩绘和壁画的颜色及分析颜料成分等方面的内容。[③]

无损或微损检测技术包括实验室和现场两个方面：

1. 实验室常见的检测分析一般包括 X 射线照相技术、超声波 CT 检测技术、拉曼光谱法、红外热成像检测技术、扫描电镜分析、X 射线荧光光谱分析、X 射线衍射分析法（XRD）、红外光谱技术等。

（1）X 射线照相技术的研究进展

丁忠明[④] 等采用 X 射线照相技术对上海博物馆的青铜、陶瓷、书画、漆木器进行无

---

① 刘遂宪，薛晓金. 无损检测文化与技术发展概论［J］，粮食流通技术，2004：40-42.

② M.R. Valluzzi, A. Bondì, F. da Porto, P. Franchetti, C. Modena. Structural investigations and analyses for the conservation of the 'Arsenale' of Venice［J］. Journal of Cultural Heritage，2002, 3（1）: 65-71.

③ 任建光，黄继忠，李海. 无损检测技术在石质文物保护中的应用［J］. 雁北师范学院学报，2006（5）: 58-62.

④ 丁忠明，吴来明，孔凡公. 文物保护科技研究中的X射线照相技术［J］. 文物保护与考古科学，2006（1）: 38-46.

损检测，用 X 射线直接照射被测文物得到 X 射线照相底片，从而获取文物内部信息，反映各类文物的保存状况、制作工艺、修复情况、内部缺陷、真伪鉴别等方面的信息。上海博物馆将 X 射线照相技术应用于瓷器、漆木器、书画文物研究，他们采用上海新跃仪表厂生产的 DGX6 型软 X 射线机，该设备焦点较小，靶材为钼，起步电压低，适用于拍摄精度要求高、材质相对轻的物件，上海博物馆采用 2515 型的工业 X 射线机也进行了许多检测实验。X 射线照相技术是利用 X 射线的众多特性（如感光），通过在射线照相胶片上观察记录有关 X 射线在被检材料或工件中发生的衰减变化，在不破坏或不损害被检材料和工件的情况下判定被检材料和工件的内部是否存在缺陷。[①] 但是，目前 X 射线照相技术还没有在石质文物上的应用实例。

（2）超声波 CT 检测技术

超声波 CT 技术是通过获得声速和频率等物理量，由此反映出物体内部材料性质和缺陷。这项技术最先被意大利科学家所使用，主要用于大坝的安全检测，[②] 国内也在大坝检测领域运用超声波 CT 技术。[③] 近年来，超声波 CT 技术被越来越多地应用于石质文物检测。意大利科学家采用低频超声波 CT 检测技术对建于 13 世纪的桑巴特鲁姆教堂进行检测，用于探测出建筑内的缺陷损坏处，同时确定了这种方法的可靠性；[④] 孙进忠等[⑤] 应用 CT 技术检测宋代古月桥的风化程度，结果表明桥身条石的风化程度与实际情况比较符合，说明了这一方法的可行性。何发亮等[⑥] 在探知卢沟桥内部结构（填充物）时，用声波 CT 层析成像探测技术，将其探测结果与台侧钻空勘察结果相对比，结果说明声波 CT 层析成像探测技术对文物的无损检测有作用。

（3）拉曼光谱法

传统的拉曼光谱仪由于质量重，体积大，常被用作室内检测，拉曼光谱测试仪所

---

① 李涛，成曙，张乐等. 固体发动机高能 X 射线照相检测工艺参数的确定方法［J］. 航天制造技术，2010，（3）：29-31.

② 李珍照. 国外大坝监测几项新技术［J］. 大坝观测与土工测试，1997，21（1）：16-18.

③ 余志雄，薛桂玉，周洪波. 大坝 CT 技术研究概况与进展［J］. 岩石力学与工程学报，2004,23（8）：1394-1397.

④ S. Fais, G. Casula. Application of acoustic techniques in the evaluation of heterogeneous building materials［J］. NDT&E International, 2010，43（2）：62-69.

⑤ 孙进忠，陈祥，袁加贝. 石质文物风化程度超声波检测方法探讨［J］. 科技导报，2006,24（8）：19-24.

⑥ 何发亮，李苍松，谷明等. 成声波 CT 技术在泸定桥东桥台内部结构探测中的应用［J］. 文物保护与考古科学，2001（1）：28-32.

使用的样品用量很少，只需取少量脱落样品即可，因此该方法可作为微损检测技术应用在石质文物检测领域。拉曼光谱技术是对金属器物无损检测的一种方法，而且比传统的电镜与 X 光衍射等分析方法更有效，近年来拉曼光谱主要用于古颜料的成分分析和矿物鉴定，[①] 拉曼光谱以其原位、无损及高灵敏的检测特性，可谓材料的指纹光谱。

（4）扫描电镜分析

扫描电镜（SEM）的测试样品可以取自石质文物脱落样品，用量少，可作为石质文物微损检测方法之一，分辨率可达纳米级、放大倍数为数十万倍，可清晰地观察岩石中矿物的结构及微观构造特征。光学显微镜作为岩石结构组分观察的主要手段，主要观察岩石中矿物的相关关系、矿物的赋存状态、空隙的形态及分布等特征。扫描电镜作为微区原位分析的主要测试仪器之一，具有分辨率高、景深大、放大倍数大、图像立体感强等优点。扫描电镜通过对微孔隙的形态进行观察，还可推断储层埋藏阶段主要的成岩作用类型等信息。[②] 伊利石由高岭石转化而来，呈絮状、丝条状、丝缕网络分布于高岭石的表明或边缘。通过对黏土矿物的形貌特征进行观察，从而为储层评价、成岩作用及成岩阶段的分析提供依据。[③]

（5）X 射线荧光光谱分析（XRF）

室内大型的 X 射线荧光光谱分析技术（XRF）也是因为用量极少，样品可以来自文物脱落样品，因而作为微损检测技术的一种。目前便携式 XRF 已经用于石质文物现场的无损检测中。可用于分析绘画，壁画，手稿，陶器，金属制品，玻璃等诸多物品的材质，生产技术和产地，以及辨别真伪，已成为考古学中使用的标准方法。捷克的 Ladislav Musílek[④] 等人用 X 射线荧光光谱对捷克文化遗产布拉格的 CTU-FNSPE 进行深度分析。

（6）X 射线衍射分析法（XRD）

X 射线衍射分析技术所用样品量也很少，可以选取现场散落的石质样品在实验室内进行检测，是一种微损的检测手段。X 射线衍射（XRD）不仅可根据晶体的衍射揭示晶体内部结构，还可根据衍射强度建立物质定量分析关系。运用 X 射线粉晶衍射根

① 杨永梅. 拉曼光谱技术应用的综述［J］. 应用技术，2010（10）：115-116.

② 包书景，扫描电镜及能谱仪在河南油田石油地质研究中的应用［J］. 电子显微学报，2003,22（6）：607.

③ 张晓萍. 细微粒高岭石与伊利石疏水聚团的机理研究［D］. 长沙：中南大学，2007.

④ Ladislav Musílek, Tomas Cechak, Tomas Trojek, X-ray fluorescence in investigations of cultural relics and archaeological finds［J］. Applied Radiation and Isotopes，2012（70）：1193-1202.

据矿物的衍射强度与含量成正相关关系，快速准确地对岩石中矿物含量进行分析，且随着数据库的完善能够快速对自然界95%以上的矿物种进行快速、准确的定量分析。[①] 采用X粉晶衍射，能快速对碳酸盐岩中方解石与白云石的含量进行分析，且结果与化学分析结果吻合。[②] 运用X射线粉晶衍射分析川西微晶白云母的矿物类质同象特征，首次发现矿床中存在白云母—多硅白云母矿物组合，具有重要地质意义。[③]

2. 现场检测方法包括超声波检测技术、超声波CT检测技术、便携式拉曼光谱法、红外热成像检测技术等。现场测试是为了研究岩石材料的工程特性和保存现状，在现场原地层或岩石材料表面进行的针对文物岩石材料保存现状各项性质所开展的各项测试方法的总称。[④]

（1）红外热成像检测技术

红外热成像技术被广泛用来对建筑结构的缺陷进行检测，[⑤] 刘枫等[⑥] 在对我国古建筑的修复中，采用红外热成像技术确定出建筑体外立面饰面层的黏结缺陷程度和位置，保证了修缮的可靠性。红外热成像技术因具备检测的快速、大范围、全场性和无损伤性等优点，而被应用在石质文物的检测中。[⑦] 利用红外热成像很容易找出岩石中含水和渗水区域。[⑧]Avdelidis等[⑨] 对不同含水率的岩石进行红外热成像分析，发现含水率与岩石表面温度有明显的关系，热成像技术能够将不同含水率的岩石区分开。JoséL. Lerma[⑩] 等也利用热红外成像技术，同时结合多瞬时分析法对比利时阿伦贝格城堡外墙

① 庞小丽，刘晓晨，薛雍. 粉晶X射线衍射法在岩石学和矿物学研究中的应用［J］. 岩矿测试，2009,28（5）：452–456.

② 郝原芳，赵爱林. 方解石／白云石定量分析——X射线衍射法快速分析［J］. 有色矿冶，2005,21（5）：58–60.

③ 邓苗，汪灵，林金辉. 川西微晶白云母的X射线粉晶衍射分析［J］. 矿物学报，2006,26（2）：131–136.

④ 孟田华. 云冈石窟风化的综合分析研究［D］. 北京：中国地质大学（北京），2014.

⑤ D. M. McCann, M. C. Forde. Review of NDT methods in the assessment of concrete and masonry structures［J］. NDT& E International，2001，34（2）：71–84.

⑥ 刘枫，程金蓉. 红外热像无损探测技术在外墙修缮施工中的应用［J］. 建筑施工，2009,31（10）：893–894.

⑦ 郭天太. 红外热成像技术在无损检测中的应用［J］. 机床与液压，2004,（2）：110–111.

⑧ 吴育华，刘善军. 岩画渗水病害的红外热成像检测研究［J］. 工程勘察，2010,（5）：31–35.

⑨ N. P. Avdelidis, A. Moropoulou, P. Theoulakis. Detection of water deposits and movement in porous materials by infrared imaging［J］. Infrared Physics& Technology, 2003，44（3）：183–190.

⑩ JoséL. Lerma, Miriam Cabrelles, Cristina Portalés. Multitemporal thermal analysis to detect moisture on a building façade［J］. Construction and Building Materials, 2011，25（5）：2190–2197.

的水分及水分变化进行测定，通过热红外图像能较好地确定渗水区域。

（2）超声波检测技术

超声波对被测材料的损伤性小，而且分辨率较高，在探究岩石裂缝分布及风化程度研究方面有独特的优势。20世纪90年代，KrisA[①]通过物质中超声波反射截面的扇束和平面波脉冲回波的后向散射能来评估超声波反射成像的可行性，M. S. King[②]和L. J. Pyrak-Note[③]等人设计超声波穿过天然岩石和模拟岩石节理试验，建立了依据于节理变形本构关系的线弹性位移不连续模型等。近些年来，有人对超声波法检测石质文物裂隙和风化病害方面进一步探索，研究结果表明采用超声波透射法检测裂隙深度应用效果良好，可行性较高。[④]

（3）激光扫描仪分析

激光扫描仪通过安全传输层协议（TLS）和高分辨率数字成像获得的高精度、高密度的信息为检测建筑细微结构奠定了研究的基础，它是现场检测领域及其便利和有效的无损检测方法之一。意大利的Arianna Pescia[⑤]等人使用激光扫描仪为古建筑的修复提供了一种更为有效的勘测手法，此外，它是恢复历史图像和了解纪念碑复杂的内部结构的一种最为有效的方法。

（4）红外光谱技术

红外光谱的定量分析逐渐成为分析测试研究的热点之一，杜谷[⑥]等人采用德国布鲁克公司生产的Vertex70型便携式傅立叶变换红外光谱仪Hyperion及显微镜，对贵州仁怀地区震旦系灯影组碳酸盐岩进行测试，从而对方解石族矿物的矿物种进行鉴定。运用红外光谱仪进行矿物定性分析克服了光学显微镜下光性差异小、需染色对矿物区分

---

① Kris A. Dines, Stephen A. Goss. Computed Ultrasonic Reflection Tomography［J］. Ieee Transactions On Ultrasonics, Ferroelectrics And FrequencyControl, 1987，34（3）：309-318.

② King M S, Myer L R,Rezowalli J J. Experimental studies on elastic wave propagation in a columnar jointed rock mass［J］. Geophysical Prospecting, 1986，34（8）：1185-1199.

③ Pyrak-nolte L J，Myer L R，Cook N G W. Transmission of seismic waves across single natural fractures［J］. Journal of Geophysical Research, 1990，95（6）：8617-8638.

④ 姚远. 超声波在检测石质文物病害方面的试验研究［D］. 北京：中国地质大学，2011.

⑤ Arianna Pescia, Elena Bonalib, Claudio Galli, Enzo Boschic. Laser scanning and digital imaging for the investigation of an ancient building Palazzo d'Accursio study case（Bologna, Italy）［J］. Journal of Cultural Heritage, 2012（13）：215-220.

⑥ 杜谷，王坤阳，冉敬等. 红外光谱/扫描电镜等现代大型仪器岩石矿物鉴定技术及其应用［J］. 岩矿测试，2014（33）：625-633.

的琐碎环节，而且随着红外光谱仪相关软件的智能化、操作的简单化及分析测试成本的降低，使得红外光谱仪在岩矿鉴定的定性分析中可得到广泛的应用。

（5）便携式拉曼光谱

便携式拉曼光谱仪以其方便有效的特点被广泛应用在石质文物检测领域，便携式拉曼光谱仪可以分为两类：色散型和傅立叶变换型。国外曾采用微探针拉曼法分析古文明玛雅建筑，得出不同时代建筑物上地质色素的来源。[1] 国内也有人利用便携式光纤拉曼光谱仪对莫高窟壁画及残片中矿物颜料及混合颜料进行原位无损检测，这种方法利用拉曼和表面增强拉曼光谱技术对结构相似、环境影响下易发生结构转化的有机染料 Flavanthrone 和 Indanthrone 进行分析，通过对其表面增强拉曼光谱信号的分析指认，总结出了两种染料在受污染或表观难辨状态下拉曼鉴别方法的表面增强拉曼数据特征及特征指认官能团信号。[2] 上海交通大学的孙振华[3] 等人利用自行研制的 Hc-Spec 便携式拉曼光谱仪观测了不同类别寿山石的拉曼光谱，无损快速地区分叶蜡石基质与地开石基质。Philippe Colomban[4] 等人利用拉曼光谱仪对巴黎的圣礼拜堂的古、现代彩绘玻璃进行现场拉曼识别和年代测定。

（6）表面回弹锤击测试技术的应用

利用回弹仪测定岩石风化前后的表面强度，对于风化石质文物采用砂浆回弹仪（比混凝土回弹仪冲击力小）对所选各区域表面强度和大裂缝沿线区域进行回弹强度测试，进行多次回弹测试，保证每次测量点不重合，舍弃最大与最小值，其余数据取平均值。

（7）表面吸水率测试（卡斯腾量瓶法）技术的应用

卡斯腾量瓶法（Karsten tube）可用于定量、半定量地检测材料在一定压力下的毛细吸水能力和憎水能力，能够直观地反映材料表面的保存现状及在保护处理前后的吸水能力的变化。

---

① R.A. Goodall, J. Hall, H.G.M. Edwards. Raman microprobe analysis of stucco samples from the buildings of Maya Classic Copan［J］. Journal of Archaeological Science, 2007，34：666-67356.

② 常晶晶. 古代壁画中颜料及染料的拉曼光谱研究［D］. 长春：吉林大学 2010.

③ 孙振华，黄梅珍，余镇岗等. 便携式拉曼光谱仪在寿山石检测中的应用［J］. 光电子激光，2015，26（6）：1152-1156.

④ Philippe Colomban, Aureˊlie Tournie, On-site Raman identification and dating of ancient/modern stained glasses at the Sainte-Chapelle, Paris［J］. Journal of Cultural Heritage 8，2007（8）：242-256.

（8）岩石声学测试

由于受到现场杂音的影响，一般使用两种方法：用时距法求均匀的或不均匀的岩石平均波速、用多向法求岩体的平均波速来分别求得岩石和岩体的平均波速。

（9）电阻率微电极测深技术

电阻率微电极测深是将电测深极距缩小至 cm 甚至 mm 级用于测量岩石表层风化深度，这种微电极高密度电法探测系统在介质表面微细构造的无损检测方面能够定性描述被测介质的近表层的细微构造、劣化程度及含水情况，目前更适合检测起伏不大的岩石表面。

（10）表面硬度检测技术

岩石表面硬度值是表征岩石力学性能的一种简便有效的参数，可以快速估算岩石单轴抗压强度，现被广泛应用于研究石质文物强度。硬度测试属于一种非破坏性试验，且测试仪器轻巧便携，可在现场多方位测试，是目前石质文物现场检测中不可缺少的测试技术之一。岩石表面硬度测试仪器有很多种，有损的包括微钻孔仪、压痕测试（包括布氏硬度计、洛氏硬度计和维氏硬度计等），无损的包括施密特锤和里氏硬度计等。一般而言，可以无损检测的仪器更适合石质文物，因而，现阶段施密特锤和里氏硬度计被更多地用于石质文物检测。

（三）实验室模拟风化方法研究进展

大部分石质文物暴露在大自然中，故而风化是不可避免的自然过程，但可采取一些现代保护措施一定程度上加以缓解。对于岩石风化模拟的研究，一般是在室内，主要是通过模拟岩石所处环境加速劣化试验研究、分析和评价，这种模拟研究一般是通过控制其他影响因素，改变单一环境影响因素，例如，分析冻结温度对岩石细观损伤特性的影响时，杨更社等在中国科学院寒区旱区环境与工程研究所冻土工程国家重点实验室进行模拟试验，研究及分析冻结温度对岩石损伤，进行有关冻融研究的有冻融对石材压缩强度影响。[①] 谢振斌等[②] 在研究外界因素对崖墓石刻风化影响因素时，在实

① 杨更社，张全胜，蒲毅彬. 冻结温度对岩石细观损伤特性的影响［J］. 西安科技学院学报，2003，23（2）：139-142.

② 谢振斌，郭建波等. 外界因素对崖墓石刻风化影响的实验研究［J］. 四川文物，2014（1）：54-62.

验室内模拟冻融实验时，将试块在 20℃清水中浸泡 48 小时后立即将试块放入 –20℃冰箱中冷冻 4 小时，40 个循环后发现试块破损严重。有人研究了花岗岩材料三种风化程度（新鲜、微风化、中风化）的力学行为，对现有的岩石细观力学模型进行拓展和改进，基于数字图像处理方法表征岩石的矿物分布，利用电镜扫描试验进行矿物鉴定并确定主要矿物成分含量，建立了花岗岩细观离散元模型。[①]

（四）石质文物风化指标体系研究进展

石质文物风化过程是指在大自然环境的影响下，石材的物理性状、化学组分、矿物组成及内部结构变化的过程，风化程度进一步增加，则会造成劣化。工业的快速发展引起酸雨的增多，对石灰石、大理石等构成的石质文物造成很大程度的破坏。[②] 由于风化过程具有阶段性，因此需要对岩石的风化程度系统分级，以便得知每一阶段的风化程度，建立风化指标体系。对岩石风化程度的评价分级，主要从岩体的三类指标着手：岩体外部特征指标，岩体结构指标，岩体物理学指标。[③] 根据文物保护原则，选取可以通过无损和微损检测得到，同时能反映岩石风化特征的物理性质作为评价风化和安全状况的指标，选取的风化评价指标包括：整体形貌状况、孔洞状况（个数和面积）、裂缝状况（多少和粗细）、表面酥粉质量、整体回弹强度；安全评价指标包括：超声波波速、裂缝沿线回弹强度、裂缝宽度、裂缝个数、裂缝深度、裂缝长度、是否有荷载裂缝、推算抗折强度。[④]

尚彦军[⑤]等人在对香港九龙地区花岗岩进行风化分级时，利用化学、矿物和微结构等特征统计结果对风化岩 P 土级别的定量划分、校核和验证等方面研究提供参考依据。对样品的肉眼观察和风化指标统计可知，九龙花岗岩体的风化级别在物质成分及结构特征等指标均值上显示出的一定的变化规律，归纳如下：新鲜花岗岩（成分及结构没

① 康政．风化花岗岩破损行为的试验及细观解析［J］．广州：华南理工大学，2014．

② 张秉坚，尹海燕．一种生物无机材料—石质古迹上天然草酸钙保护膜的研究［J］．无机材料学报，2001，16（4）：752–756．

③ GB50292–1999（4），民用建筑可靠性鉴定标准［S］．四川：中国建筑工业出版社，1999．

④ 李杰．古建筑石质构件健康状况评价技术研究与应用［D］．北京：北京化工大学，2013．

⑤ 尚彦军，吴宏伟，曲永新．花岗岩风化程度的化学指标及微观特征对比——以香港九龙地区为例［J］．地质科学，2001，36（3）：279–294．

有明显的变化，其中只存在一些原生闭合的结构面）、微风化（沿节理和裂隙发生氧化铁的浸染，在结构面表面上和钠长石四周有轻微风化，但它们所包围的岩石仍是新鲜的）、中等风化（最明显的特点是高岭石（呈白色粉末状）沿着钠长石周边大量出现，黑云母明显褪色，只有石英和钾长石因抗风化能力较强而基本没有变化）、强风化（主要的化学变化为碱、碱土金属组分的强烈淋失，低价铁继续向高价铁转化，脱硅富铝作用不很明显）、全风化（除剩余的碱、碱土金属进一步淋失，低价铁向高价铁明显转化外，还表现出较强的脱硅富铝作用）、残积土（脱硅富铝铁作用很强烈，SiO_2 的含量已经明显减少，而 Al_2O_3 和 Fe_2O_3 的含量强烈增加，同时，Na、Mg、Ca 和 K 几乎全部淋失）。

目前，在对岩石进行风化评价和风化机理研究时，各种手段被应用，既有实验室内和现场测试方法，也有类似于医学诊断学的方法。[①]

表征风化强度的方法和指标有很多，可利用点荷载强度、声波速度、标贯击数及回弹值这四种指标的测试手段，[②] 还有些指标如黏粒组份及矿物含量、元素迁移顺序、风化系数、风化率、风化度、富铝化诊断系数、风化物中微量元素的特征值 Mn+Zr 和 Mn/Zr。黄镇国[③] 在上述各种风化强度表征方法（指标）的基础上，建立了一种概括性较强的风化强度指标，其出发点是表达相对于母岩而言的风化强度，其主要依据是元素氧化物的迁移状况。康政[④] 采用试验与数值仿真手段，对不同风化程度花岗岩试件的破损行为进行了研究。结果表明，随着风化程度加深，花岗岩的部分矿物风化成黏土矿物，结晶强度降低，导致试验得到的劈裂强度及抗压强度均降低；也因为新鲜岩石的结晶强度较强，在受外力作用时可承受更大的变形，破裂前积聚的能量更多，导致破裂时其破裂程度最为剧烈。微风化、中风化岩石的试验破裂的剧烈程度逐渐降低；裂纹的萌生、发展主要集中在软弱矿物如黏土、云母附近。

---

① Á. Török, R. Přikryl. Current methods and future trends in testing, durability analyses and provenance studies of natural stones used in historical monuments[J]. Engineering Geology, 2010, 115（3–4）: 139–142.

② 尚彦军，曲永新，胡瑞林. 花岗岩风化壳工程地质研究现状及问题——以东南沿海地区为例[Z]. 2005.

③ 黄镇国，蔡福祥，雷琼. 第四纪火山活动的新认识[J]. 热带地理, 1994（01）: 1–10.

④ 康政. 风化花岗岩破损行为的试验及细观解析[D]. 广州：华南理工大学, 2014.

二、石质文物保护材料研究进展

（一）保护材料种类研究进展

1. 保护材料的要求

石质文物的风化问题日益突出，人们开始将目光投向文物保护材料上，包括清洗材料、加固材料、封护材料及黏结材料。传统的保护材料分无机和有机两大类，无论哪种材料都需满足文物保护的要求。根据《中国文物保护准则》，保护文物尽量体现保护真实性、完整性、安全性，"不改变文物原状"和"尽量少干预"以及"保护文物环境"等。石质文物属于特殊的保护对象，当使用保护材料时，应不改变文物的外观和形貌，溶剂不与石材反应，尽可能保持原有的水蒸气透气性。此外，要求保护材料不会对文物产生副作用，老化产物不会加速文物的腐蚀和风化。[①] 目前为止，还尚未出现一种理想的保护材料来满足文物保护的所有要求，每种材料都或多或少有自己的缺点和局限性，所以仍然需要研发新材料或改性已有的材料，找到合适的材料用在古文物的保护和修复工作中。

2. 保护材料的种类和机理

用于石质文物保护的材料有无机材料、有机材料、复合材料、仿生材料等。

（1）无机材料

①传统无机材料

无机材料属于传统的石质文物保护材料，既包括碱土金属氢氧化物（石灰水、氢氧化钡等）、硅酸盐等加固剂，还包括油、蜡等表面封护剂。无机材料的加固机理是材料在石质文物的孔隙中凝结或与石质文物中胶结物反应，生成新的物质，最终使石材的孔隙减小。以氢氧化钡和石灰水为例，与空气中的 CO_2 进行反应，产物碳酸钙或碳酸钡填充在石质文物的孔隙中，化学方程式如下：

$$CO_2 + R(OH)_2 \rightarrow RCO_3 \downarrow + H_2O$$

---

① Andrea Pednaa, Giulia Giuntolia, b, Marco Frediani, et al. Synthesis of functionalized polyolefins with novel applications as protective coatings for stone Cultural Heritage [J]. Progress in Organic Coatings, 2013（76）：1600–1607.

②纳米材料

纳米材料具有优良的抗紫外线、耐老化、防水和呼吸性等性能，因此理论上在石质文物保护方面有一定的优势。纳米 TiO_2、纳米 ZnO 等可以降低紫外线的透过率，李迎等[1]通过对十二烷基三甲氧基硅烷进行 TiO_2 纳米改性，发现抗紫外线性能明显提高；纳米粒子和高分子材料形成的复合材料可以形成"微隙"，提高石质文物的透气性，段宏瑜等[2]通过聚合的方法在纳米 TiO_2 的表面包覆一层（如 FEVE 氟树脂）有机高分子材料，降低纳米材料的表面能，改性后测试发现既保持了封护材料原有的憎水性，又提高了试样的透气性；Lucia D'Arienzo 等[3]用 Cloisite 30B 硅酸盐纳米粒子添加到 Fluormet CP 加固凝灰岩，有效地改善了凝灰岩的耐水性；罗宏杰等[4]通过实验发现 PMC（纳米粒子改性的 TEOS 基保护剂）弹性模量增强，有机硅保护剂通过纳米改性能够降低毛细压力，从而有效防止开裂。

氢氧化钙石灰水的有效性曾饱受争议，其保护效果可能与石材质地、用量用法有关。[5]近年来有关纳米 $Ca(OH)_2$ 加固材料的研究很多，它的加固机理是有机分散剂易挥发，而纳米 $Ca(OH)_2$ 颗粒小，分散度好，可以渗入到石材内部的空隙中，与二氧化碳反应，生成碳酸钙加固石材。纳米 $Ca(OH)_2$ 作为加固材料有两方面的优势：[6]一方面，克服了无机加固材料易停留在石材表面形成硬壳及无机材料反应慢的问题。另一方面，避免了有机溶剂与石质文物兼容性差及老化残留的问题，保留了纳米材料的优越性。Carlos Rodrigues-Navarro 等[7]研究发现 $Ca(OH)_2$ 纳米粒子在醇中分散体可以看作一种有效的石质文物加固材料，研究了纳米 $Ca(OH)_2$ 对砂岩的加固效果，氢

① 李迎，王丽琴．纳米材料在文物保护中应用的研究进展［J］．材料导报，2011，25：34-37.

② 段宏瑜，邱建辉，朱正柱，等．原位聚合改性纳米 TiO_2 在封护涂料中的应用研究［J］．上海涂料，2007，45（5）：20-22.

③ Lucia D'Arienzo, Paola Scarfato, Loredana Incarnato. New polymeric nanocomposites for improving the protecting and consolidating efficiency of tuff stone［J］. Journal of cultural heritage, 2008：253-260.

④ 罗宏杰，刘溶，黄晓．石质文物保护用有机硅材料的防开裂问题研究进展［J］．中国材料进展，2012，31（11）：1-7.

⑤ 杨富巍．无机胶凝材料在不可移动文物保护中的应用［M］．2011：22-31.

⑥ Valeria Danielea, b, Giuliana Taglieria. Synthesis of $Ca(OH)_2$ nanoparticles with the addition of Triton X-100. Protective treatments on natural stones：Preliminary results［J］. Journal of Cultural Heritage, 2012（13）：40-46.

⑦ Carlos Rodriguez-Navarro, Amelia Suzuki, Encarnacion Ruiz-Agudo. Alcohol Dispersions of Calcium Hydroxide Nanoparticles for Stone Conservation［J］. Langmuir, 2013，29：11457-11470.

氧化钙纳米粒子的价格比较低，是一种比较经济高效的加固材料。

虽然纳米材料有诸多的优势，但是仍有许多问题亟待解决。一方面，纳米材料极易团聚，从而降低了材料的优异性能；另一方面，在高分子材料中加入纳米材料，可能会导致色差和黏度增大问题，另外，纳米材料在紫外线的作用下，可能对基体造成破坏。要探索纳米材料的分散剂、分散条件，使得纳米材料不发生团聚。此外还要合理改进配方，使纳米材料的负面效应降到最低，使纳米材料的优异性能得到发挥。

（2）有机材料

石质文物保护的有机材料包括环氧树脂、有机硅树脂、丙烯酸树脂、有机氟聚合物等。

①环氧树脂类

环氧树脂因含有苯环、醚键而具有较强的抗化学溶剂能力，对于酸、碱、有机溶剂都有一定的抵抗力。羟基、醚键、氨基及其他极性基团对岩石的黏合力高，因此环氧树脂曾在石质文物保护方面有广泛的应用。常用的是二酚基丙烷环氧树脂，日本的桂离宫、美国California大厦都曾用环氧树脂修复加固。事实上，理想的涂层应该是高效、稳定、耐用、透明、安全应用并容易去除的，而环氧树脂在露天环境下容易发生黄变，会改变文物原有的颜色。而且，环氧树脂黏度较高，老化后不易清理，会把部分文物粘连下来，造成文物的进一步损伤。所以，硬度、黄变和低可逆性等特性导致环氧树脂对石质文物保护来说是危险的，近年来，因美观问题已被禁用。[①]

②有机硅树脂

有机硅树脂渗透性好、稳定性强，是目前应用最广泛的有机材料。作用机理：含有可水解的Si-O活性基团（如硅酸乙酯、甲基甲氧基硅烷、甲基乙氧基硅烷等），能与石质基材黏附，对石质文物起到加固保护作用；或者含有非极性烷基（如长链烷基硅氧烷、聚硅氧烷等），具有疏水性、透气性，对石质文物起到防风化保护作用。[②]在过去的40年间，正硅酸乙酯、烷基硅氧烷等有机硅树脂普遍用作天然石材的保护材

---

① Jean-Marc Tulliani, Chiara Letizia Serra, Marco Sangermano. A visible and long-wavelength photocured epoxy coating for stone protection［J］. Journal of Cultural Heritage, 2014（15）：250-257.

② 范敏，陈粤，崔海滨. 有机硅材料在石质文物保护中的应用［J］. 广东化工，2013，40（21）：107-108.

料。[①] 郭广生等用聚合硅氧烷对故宫博物院汉白玉进行加固。[②] 美国盖蒂研究所采用硅酸乙酯和聚氨酯加固遗址，修复后基本维持原貌，强度、防水性大大提高。有研究表明，有机硅材料主要针对砂岩的保护，对碳酸盐基石材保护效果不佳。[③]

③丙烯酸树脂

丙烯酸树脂也是一种在石质文物保护领域应用较为广泛的有机材料，其疏水性、成膜性和附着性等性能良好。印度蒙黛拉的太阳神庙采用聚甲基丙烯酸甲酯加固。[④] 目前使用最为广泛的丙烯酸树脂是ParaloidB72，杨璐等研究表明，ParaloidB72在光老化后会出现涂膜变硬、重量损失及可逆性降低现象，可通过氟化、复合等方法改变丙烯酸树脂的化学稳定性。[⑤]

④有机氟聚合物

有机氟树脂具有优良的防水、耐黏污及耐候性。这些性能决定有机氟树脂在石质文物保护上有一席之地。和玲等研究有机氟聚合物对砂岩文物的加固，保护效果良好。氟化聚丙烯酸酯已经成为许多研究的焦点，因为氟化烷基丙烯酸酯聚合物具有良好的成膜性能、优良的耐水、耐光和耐老化性能，改变丙烯酸酯本身的耐老化性差等问题[⑥]。用于文物保护的有机氟聚合物有含氟聚醚、全氟聚乙烯嵌段聚合物、四氟甲基丙烯酸、三氟乙基甲基丙烯酸等。

虽然有机材料的种类众多，但很多材料单一使用时的效果并不理想，把两种或两种以上的材料通过化学或物理的方法，得到新的复合材料，在宏观上保持了原材料的优点，克服原材料的缺点。常见的有环氧改性硅树脂、有机硅丙烯酸树脂、丙烯酸改性硅树脂、有机硅氟聚合物等。环氧改性硅树脂改性后耐高温、疏水性好、黏附力强。

---

① Ramón Zárragaa, Jorge Cervantes, Carmen Salazar-Hernandez, et al. Effect of the addition of hydroxyl-terminated polydimethylsiloxane to TEOS-based stone consolidants [J]. Journal of Cultural Heritage, 2010 (11): 138-144.

② 刘佳，刘玉荣，涂铭旌. 石质文物保护材料的研究进展 [J]. 2013，32（5）：13-18.

③ Zendri E, Biscontin G, Nardini I, Riato S. Characterization and reactivity of silicatic consolidants. Constr. Build. Mater，2007，21（5）：1098-1106.

④ 王丽琴，党高潮，梁国正. 露天石质文物的风华和加固保护探讨 [J]. 文物保护与考古科学，2004，16（4）：58-63.

⑤ 杨璐，王丽琴，王璞. 文物保护用丙烯酸树酯ParaloidB72的光稳定性能研究 [J]. 文物保护与考古科学，2007，19（3）：54-58.

⑥ Min Sha, Ding Zhang, Rennming Pan. Synthesis and surface properties study of novel luorine-containing homopolymer and copolymers for coating applications. Applied Surface Science, 2015，349（15）：496-502.

丙烯酸改性硅树脂改性后耐候性、耐污性、渗透性好，[①]有机硅—丙烯酸酯改性树脂对石刻文物起到防风化的效果，[②]Cheng X 等人采用半连续种子乳液聚合工艺制备了含氟的丙烯酸树脂，乳液耐溶性、耐水性、热稳定性好。[③]有机硅氟聚合物改性后耐候性、耐化学药品性、耐腐蚀性、憎水憎油性等性能优异。

有机材料在石质文物保护方面有很大的优势，但是仍存在诸多的问题。一方面，有机材料与无机石材之间的相容性不好，使用寿命较短，短则几年、长则数十年；另一方面，有机材料的疏水性和无机石材的亲水性之间的矛盾，部分材料对紫外线敏感，黏度高、渗透性差，加速风化。人们都希望防护剂的寿命越长越好，但文物保护要求的可逆性更重要。所以，防护材料要么可以取出，要么失效后无负面影响。因此，石质文物的保护材料应经过严格的可逆性鉴定。此外，石材亲水性和防护层憎水性之间的矛盾带来一系列不利于石质文物保护的恶劣影响，所以，改善防护膜层的呼吸功能或调节防护剂的憎水梯度，以缓解水力膨胀应力或结晶膨胀应力等。除此之外，减少防护材料中的碳原子数，增加硅原子数，以降低材料失效后变色和危害性；增加防护剂的渗透深度，以加大抗应力失衡的能力。这些缺点限制了有机材料在石质文物上的应用，所以现在急需研发新材料或改性已有材料，改善有机材料的性能，更好地保护石质文物。

（3）仿生材料

生物矿化是指生物体内形成矿物质的过程，仿生即模仿生物矿化合成矿物质的过程。仿生材料作为一种新型材料，目前处于试验阶段。张秉坚等[④]研究发现，在石质文物表面有一层天然的草酸钙膜，对石材起到很好的保护作用。Fuwei Yang 等研究发现，磷酸氢二铵溶液与大理石基体之间反应生成羟基磷灰石，结果显示羟基磷灰石具有良好的黏结强度、相容性和耐酸性，是一种有潜力的大理石保护材料。[⑤]Gabriela Graziani

① Cnudde V, Ier Ickm D, Vlassenbroeck J, et al. Determination of the impregnation depth of siloxanes and ethylsilicates in porous material by neutron radiography [J]. Journal of Cultural Heritage, 2007，8（4）：331–338.

② 聂玉焰，周艺焰. 石刻保护有机硅—丙烯酸酯乳液涂料的研究 [J]. 涂料工业，2006，36（5）：29–32.

③ Cheng X, Chen Z, Shi T, et al. Synthesis and characterization of core–shell LIPN–fluorine–containing polyacrylate latex [J]. Colloids and Surfaces A：Physicochemical and Engineering Aspects, 2007，292（2–3）：119–124.

④ 刘强，张秉坚. 石质文物表面生物矿化仿生材料的制备 [J]. 化学学报，2006，64（15）：1601–1605.

⑤ Fuwei Yang, Yan Liu. Artificial hydroxyapatite film for the conservation of outdoor marble artworks [J]. Materials Letters, 2014（124）：201–203.

等研究发现羟基磷灰石的溶解度和溶解速率要低于草酸钙和方解石。[①]

（二）保护材料评价方法研究进展

1. 保护材料自身的性能评价

在保护材料与石材结合之前，要先对保护材料自身的性能进行评价，通常包括酸碱度、固含量、表面张力和黏度等指标。

固含量是溶剂型材料在规定条件下烘干后剩余部分占总质量的百分数，了解材料不同浓度下，其固含量是否与浓度配比后的计算结果呈线性关系，应当是评价保护加固材料的重要参数，参照《色漆、清漆和塑料不挥发物含量的测定》（GB/T 1725—2007）进行。

表面张力是由于液体表面层的分子所受引力不均衡而产生的，保护材料对文物的渗透过程一般是通过其内部的毛细管作用进行的，因而保护材料或其溶液的表面张力值就直接决定着材料渗透性的好坏，参照 GB/T 18396-2008 天然胶乳环法测定表面张力。

参照《用旋转（BROOKFIELD）黏度计测定非牛顿材料流变性能试验方法》（ASTM D 2196—2010）测定材料黏度，黏度过低，封护效果会减弱；黏度过高，渗透性降低，加固性能变差。

2. 材料保护效果评价方法

从石质文物的病害机理和保护材料的性能要求两方面考虑，材料保护效果评价指标主要包括：透气性、渗透性、耐水性、耐老化性（酸碱老化、可溶盐老化、冻融老化、紫外光老化）、颜色变化（色差和光泽度）、强度（抗压强度、抗折强度、回弹强度）、微观形貌、耐磨性等。

参照《建筑材料水蒸气透过性能试验方法》（GB/T 17146-1997），采用湿杯法测定试样的透气性；参照《天然饰面石材试验方法 第1部分：干燥、水饱和、冻融循环后压缩强度试验方法》（GB/T 9966.1-2001），对试样进行冻融老化；参照 MT 41-1987 测定试样的孔隙率；参照《砖砌墙试验方法》（GB/T 2542-2003），测定试样加固

[①] Gabriela Graziania, Enrico Sassonia, Elisa Franzoni. Hydroxyapatite coatings for marble.

前后的抗压和抗折强度；参照《回弹法检测混凝土抗压强度技术规程》（JGJ/T 23-2001 J115-2001），选用合适的岩石回弹强度测定仪，测定试样的回弹强度；参照 WW/T 0028-2010（砂岩质文物防风化材料保护效果评价方法），测定试样表面光泽度和色差，使用岩相显微镜和扫描电镜观察试样表面和剖面的微观形貌以及材料与石材的胶结情况，测定材料的渗透性，测定试样的吸水率、接触角，测定材料的耐紫外老化、耐酸碱、耐可溶盐等耐老化性，按照上述标准提供的检测方法，对保护材料的性能进行评估，制定出一套保护材料效果评价体系。

第三章　北京地区石质文物调研及其性质研究

一、北京地区石质文物的岩性调查

研究前和研究过程中对北京地区石质文物的岩性进行调查，发现北京地区石质文物的主要材质是大理岩，且以汉白玉和青白石居多。表3-1列出了北京地区23处石质文物的名称和石质构件的岩性。

表3-1　部分北京市石质文物的石材岩性统计

文物名称	所在区县	建造年代	石材的岩性	说明
故宫	东城区	1406年～1420年	大理岩	大理岩主要为汉白玉
颐和园	海淀区	始建于清朝乾隆年间（1736年～1796年）、重建于清光绪年间（1875年）	大理岩等	大理岩主要为汉白玉
圆明园	海淀区	清乾隆年间（1736年～1796年）	大理岩等	大理岩主要为汉白玉
天坛	东城区	1420年	大理岩等	主要为汉白玉，部分为青白石
孔庙	东城区	1302年～1306年	大理岩、石灰岩、砂岩等	包括进士题名碑在内，大理岩为汉白玉和青白石
国子监	东城区	1306年	大理岩等	大理岩主要为汉白玉和青白石
石经山	房山区	605年	大理岩	大理岩主要为汉白玉和青白石
先农坛观耕台	西城区	始建于清乾隆年间（1736年～1796年）	大理岩	汉白玉
五塔寺	海淀区	始建于明永乐年间（1403年～1424年）	大理岩和石灰岩	五塔寺大部分由石灰岩组成，部分栏杆为大理岩。五塔寺内的诸多石碑以大理岩（汉白玉）和石灰岩为主。

文物名称	所在区县	建造年代	石材的岩性	说明
西黄寺清净化城塔	朝阳区	1781 年 ~ 1782 年	大理岩、砂岩	大理岩主要为汉白玉
十三陵长陵	昌平区	1409 年	大理岩、石灰岩等	大理岩主要为汉白玉
卢沟桥	丰台区	重建于清康熙年间（1662 年 ~ 1722 年）	大理岩、花岗岩	栏杆和石碑为汉白玉，桥面为花岗岩
八大处	石景山区	始建于隋末唐初，后代重修	大理岩等	石碑的材质大多为汉白玉
毛主席纪念堂	东城区	1976 年 ~ 1977 年	大理岩、花岗岩	大理岩主要为汉白玉
人民英雄纪念碑	东城区	1952 年 ~ 1958 年	大理岩、花岗岩	大理岩主要为汉白玉
古崖居	延庆区	不详	砂砾花岗岩	—
大高玄殿	西城区	1542 年	大理岩	大理岩主要为汉白玉和青白石
乾隆御制碑	西城区	清乾隆年间（1736 年 ~ 1796 年）	大理岩	大理岩主要为汉白玉
居庸关云台	昌平区	1345 年	大理岩	大理岩主要为汉白玉
利玛窦墓碑——葡萄牙（高嘉乐）碑	西城区	1746 年	大理岩	大理岩主要为汉白玉
利玛窦墓碑——法国（汤尚元）碑	西城区	1723 年	大理岩	大理岩主要为青白石
天安门城楼——须弥座	东城区	1417 年	大理岩	大理岩主要为青白石
天安门金水桥——抱鼓	东城区	1417 年	大理岩	大理岩主要为汉白玉
五塔寺金刚宝座塔	海淀区	1403 年 ~ 1424 年	大理岩	大理岩主要为白青石
景山公园寿皇殿牌楼	西城区	始建于元代，修复于民国	大理岩	大理岩主要为汉白玉

　　表 3-1 所列举的石质文物基本涵盖了北京市著名的石质文物，并且这些石质文物时间跨度长（从隋代到现代）、分布也比较广泛（从市区到郊区），可以说具有一定的代表性。从表中可以看出，北京市石质文物以大理岩（尤其是汉白玉）为主，部分为石灰岩、砂岩和花岗岩。

二、北京大理岩石质文物的病害类型及病害机理分析

（一）石质文物的病害的定义及其分类

1.石质文物的病害的定义

1992 年，在由中国地质大学的潘别桐和中国文物保护研究所的黄克忠主编的《文物保护与环境地质》[①] 一书中正式提出了"环境地质灾害"的概念，按照病害的主要成因，将地质灾害环境划分为两大类：一类是由于自然地质作用引起的地质灾害；另一类是由于人类生产或工程活动，引起自然环境改变，在改变后的自然环境营力作用下，引起第一类地质灾害的加剧或诱发新的环境地质病害。基于对我国石窟寺常见的环境地质病害调查研究，提出了 9 类主要病害类型。

然而，上述环境地质灾害的研究对象是石窟寺。石窟寺是在地质体内开凿建造的，与脱离了地质体的石碑、石栏杆、石桥等有差异。基于上述原因，李宏松[②] 对于石质文物病害给出了的定义为"石质类文物在自然营力作用和人为因素影响下所形成的，影响文物结构安全和价值体现的异常或破坏现象"。同时，石质文物病害的按照现象和风化形式可分成三类：结构失稳病害、渗漏侵蚀病害、文物岩石材料劣化病害。

张金凤[③] 也曾给出石质文物病害的概念。她认为石质文物病害与风化、劣化意义相同，是指石质文物由于物理状态和化学组分改变而导致价值缺失或功能损伤。按照石质文物病害的不同表现，可分为三大类：稳定性问题、水的渗漏侵蚀问题、风化问题。

另外，据国家文物局 2008 年颁布的《石质文物病害分类与图示》，所谓石质文物病害，是指在长期使用、流传、保存过程中由于环境变化、营力侵蚀、人为破坏等因素导致的石质文物在物质成分、结构构造、甚至外貌形态上所发生的一系列不利于文物安全或有损文物外貌的变化为石质文物的病害。

2.病害形态分类

由于文物岩石材料病害极为复杂，多年来各国从事石质文物保护的科学家都在致力于病害类型划分和界定的研究。目前，意大利、德国、英国、美国和有关国际石质

---

① 潘别桐，黄克忠. 文物保护与环境地质. 武汉：中国地质大学出版社，1992：1-228.
② 李宏松. 文物岩石材料劣化特征及评价方法. 博士学位论文. 北京：中国地质大学（北京），2011.
③ 张金凤. 石质文物病害机理研究. 文物保护与考古科学，2008（20）：60-67.

文物保护学术组织都先后提出了相关研究成果，中国国家文物局在 2008 年也颁布了《石质文物病害分类与图示》。目前，国外更多地以德国亚琛工业大学 Fitzner B. 教授提出的 4 级风化形态分类[①] 和国际古迹遗址理事会石质学术委员会（ICOMOS-ISCS）提出的 3 级分类为标准。[②]

鉴于 Fitzner B. 教授提出的 4 级风化形态分类较为复杂，本报告拟以国际古迹遗址理事会石质学术委员会（ICOMOS-ISCS）提出的 3 级分类为标准给出北京大理岩的风化病害。在此之前，首先简要介绍该风化病害的分类标准，该分类标准是以现象为依据，共有 3 级分类结构（见图 3-1）：其中第一级由裂隙与变形、分离、材料缺失、变色与沉积、生物寄生 5 个部分组成，二级界定的独立类型共计 35 个，三级界定的类型 32 个。

另外，本报告还结合中国国家文物局在 2008 年颁布的《石质文物病害分类与图示》[③] 标准。该标准共分为文物表面生物病害、机械损伤、表面（层）风化、裂隙与空鼓、表面污染与变色、彩绘石质表面颜料病害、水泥修补等 7 类一级分类及若干二级分类。

（二）北京大理岩石质文物风化病害

随着时间的推移，这些石质文物都经历着不同程度的病害，有的已经完全毁坏无法修复。下图给出相关病害类型的照片，可以作为参考。

图 3-3　所示的（a）~（d）都拍摄自天坛，（e）拍摄自国子监。龟裂即为网状的裂隙，也称为龟裂。

图 3-4 拍摄于天坛，其病害形式为颗粒脱落和结壳。颗粒脱落主要表现为单一颗粒或颗粒的集合体脱落于母岩，在石质文物风化病害调查地点有限，虽然仅在天坛发现颗粒脱落现象。但是研究认为，颗粒脱落是北京大理岩（尤其是汉白玉）石质文物中比较严重，也比较有代表性的一种病害形式。

---

① Fitzner, B., Heinrichs, K., Kownatzki, R. 2002. Weathering forms at natural stone monuments：classification, mapping and evaluation. International Journal for restoration of buildings and monuments, Vol.3, No.2, PP.105-124, AedificatioVerlag / Fraunhofer IRB Verlag, Stuttgart, 1997.

② ISCS Website, glossary in English list of terms of stone deterioration, updated in Bangkok, 2003.

③ WW/T 0002-2007，石质文物病害分类与图示. 中华人民共和国文物局发布，2008.

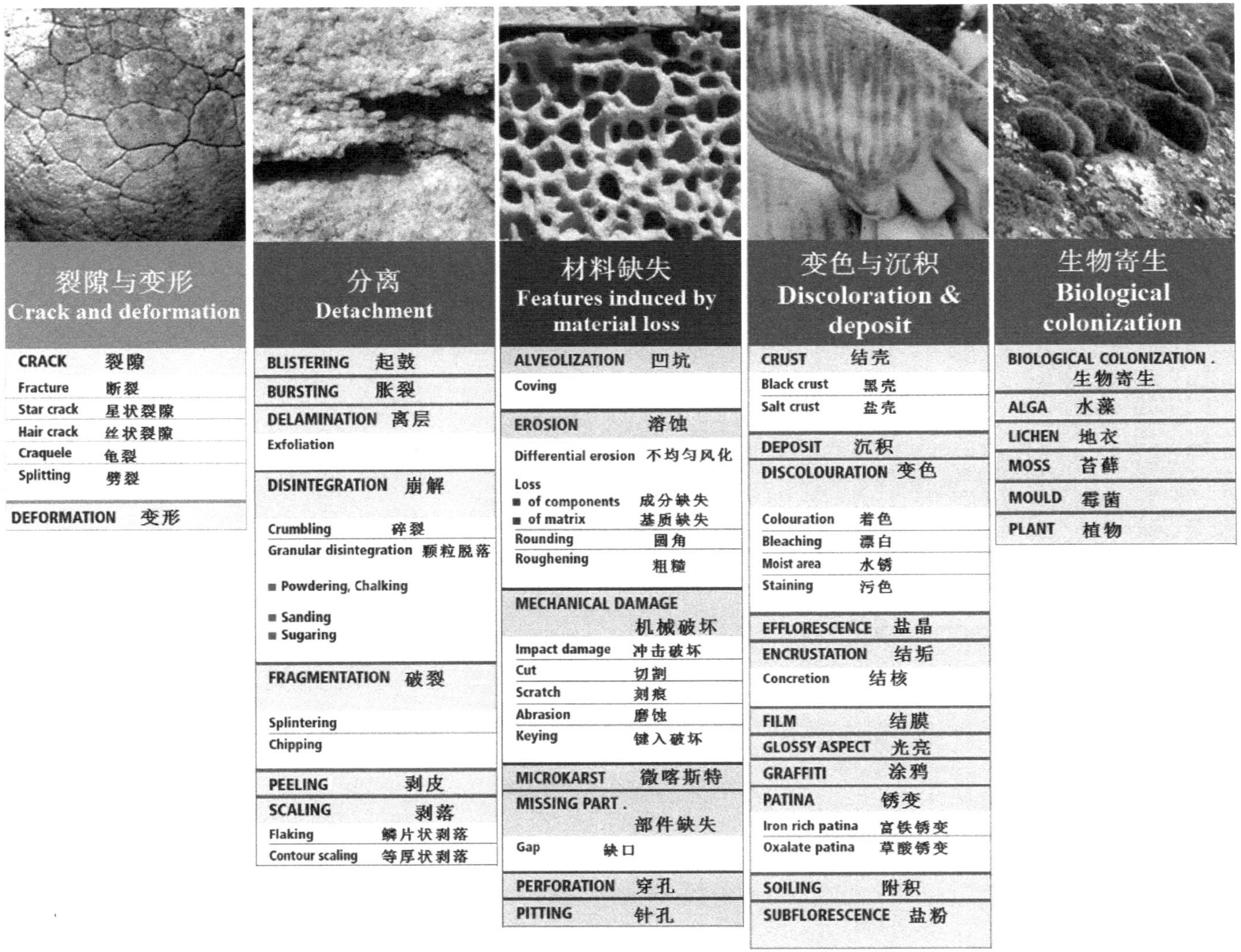

图 3-1　石质文物病害分类体系及术语（据 ICOMOS-ISCS[99]）

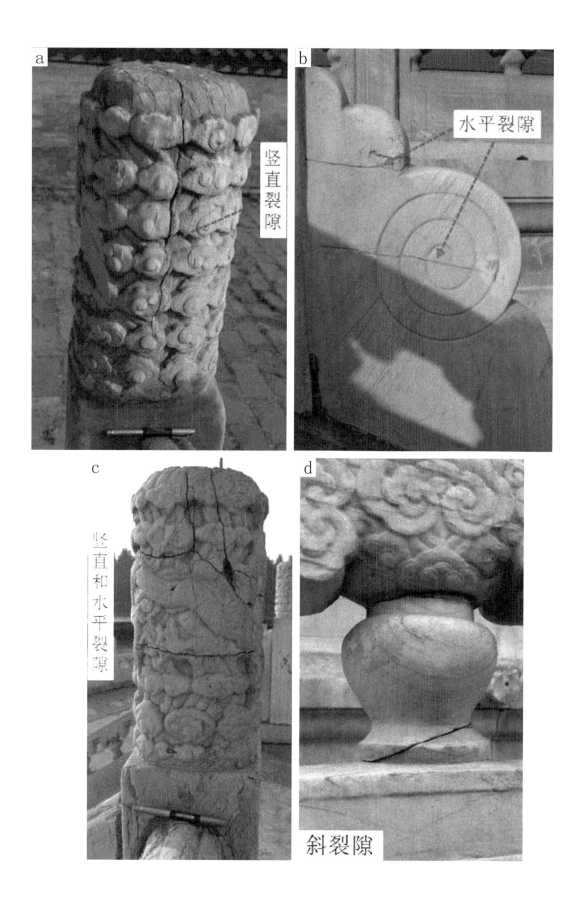

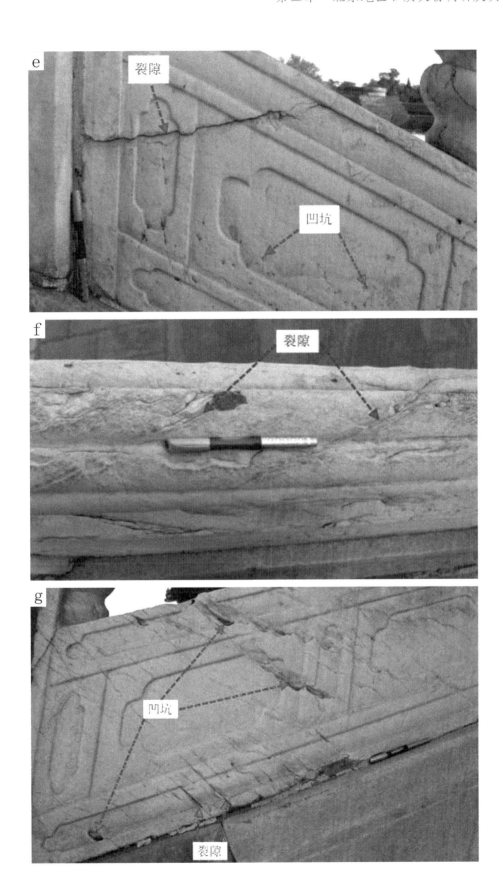

图 3-2　裂隙（断裂与丝状裂隙）

说明：（1）a、b、c、e、g 拍摄于天坛

　　　　　d 拍摄于十三陵长陵

　　　　　f、h 拍摄于先农坛观耕台

（2）a、b、c、d、e 裂隙宽度 2mm～5mm，且都已贯穿石构件，可称之为断裂（见图 3-1）。

（3）f、g 的裂隙宽度小于 2mm、深度不足 5mm，并且这些裂隙都是相互平行的，应该与原生的构造裂隙有关，另外，该两条裂隙的形成机理和原因见后文图 3-11 及相关论述。

（4）h 的裂隙宽度小于 0.1mm，称之为丝状裂隙。

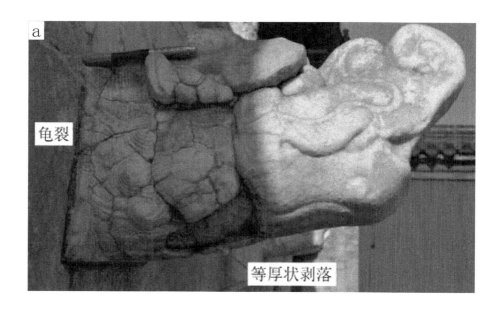

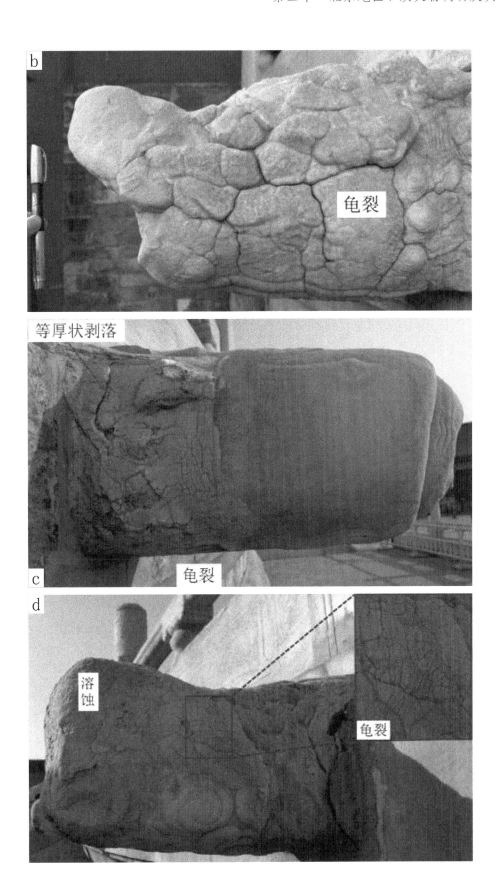

e

f
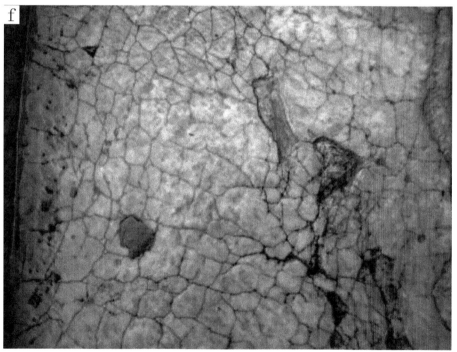

图 3-3 裂隙（龟裂）

图 3-4　颗粒脱落和结壳

——据北京市古代建筑研究所张涛在 2013 年维修天安门金水桥时，发现桥面最外层为一层的硬壳，硬壳里面都是呈砂状的大理岩粉末。

——中国地质大学（北京）张彬副教授在房山周口店地区进行地质调查时，曾发现大理岩最外层有一层硬壳，用地质锤轻轻一敲，硬壳就破碎，在硬壳里面都是白色的大理岩粉末，这种地质现象与金水桥桥面发生的病害基本一致。

——在房山区韩村河镇皇后台村钻孔时，约有 20m 的长度没有取到完整岩芯，打捞上来的全是白色粉细砂；而在大石窝镇北尚乐村和青龙湖镇辛庄村修建水井，在水井竣工后洗井时，发现水中也含有大量白色粉细砂，显然，这些粉细砂都是白云石颗粒。

——对取自房山大石窝镇的新鲜汉白玉进行单轴抗压强度测试，发现岩样被压裂后几乎呈粉状，如图 3-5a 所示。另外，部分青白石压裂后也发生了碎裂，如图 3-5b 所示。

大理岩是一种变质岩，它是原岩较为纯的石灰岩或白云质灰岩、白云岩，经接触变质后，发生重结晶形成的均粒状变晶结构的一种变质岩。其白云石矿物颗粒之间的连接是一种紧密镶嵌结构，如图 3-6 所示。然而，在大气降水（包括酸降）等的溶蚀

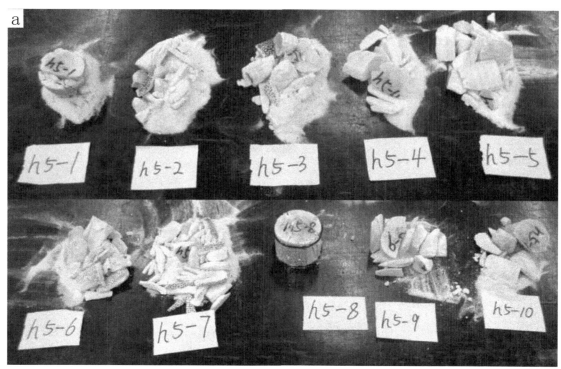

图 3-5　汉白玉和青白石在压机上压裂后的状态

下，会导致：

1. 白云石矿物颗粒被溶解，白云石矿物晶体内会形成裂隙、溶孔等（如图 3-7 所示）。

2. 白云石矿物晶体之间的裂隙会逐渐增大（如图 3-8 所示），岩石的孔隙增大，镶嵌结构也被逐渐遭受破坏，颗粒之间的结构力降低。

---

① 中国文化遗产研究院. 西黄寺清净化城塔及其附属石质文物石材表面劣化机理分析及工程性能评价报告（项目负责人：李宏松），2005.

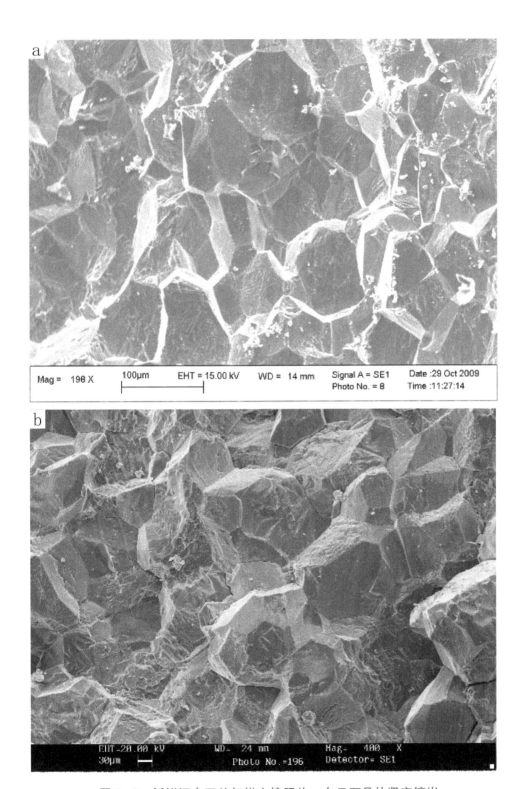

图 3-6　新鲜汉白玉的扫描电镜照片，白云石晶体紧密镶嵌

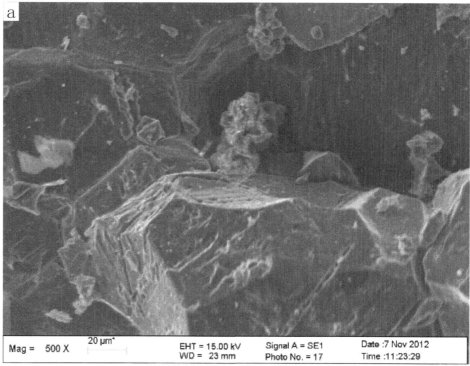

Mag = 500 X	20 µm⁺	EHT = 15.00 kV	Signal A = SE1	Date :7 Nov 2012
		WD = 23 mm	Photo No. = 17	Time :11:23:29

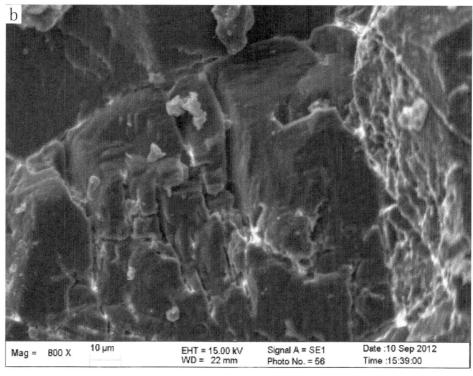

Mag = 800 X	10 µm	EHT = 15.00 kV	Signal A = SE1	Date :10 Sep 2012
		WD = 22 mm	Photo No. = 56	Time :15:39:00

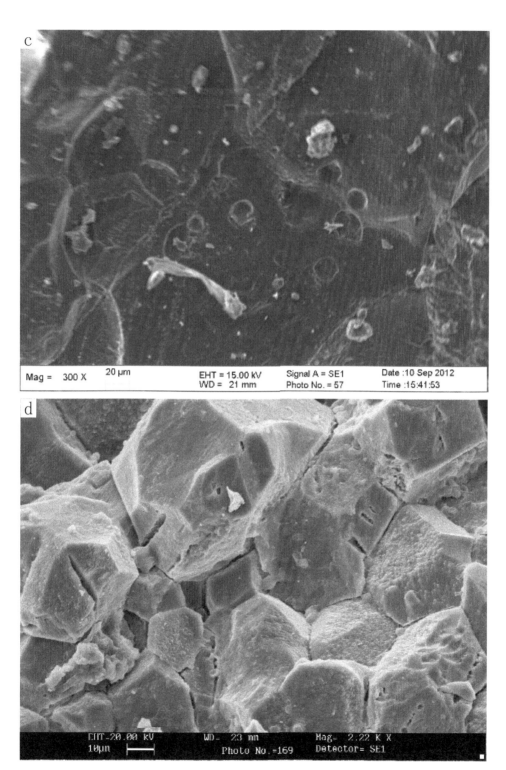

图 3-7　白云石矿物晶体内的裂隙（图 a、b、d）和溶孔（图 c）

说明：图 a ~ c 为石经山某石栏杆等厚状剥落物；图 d 为西黄寺清净化城塔鳞片状剥落物

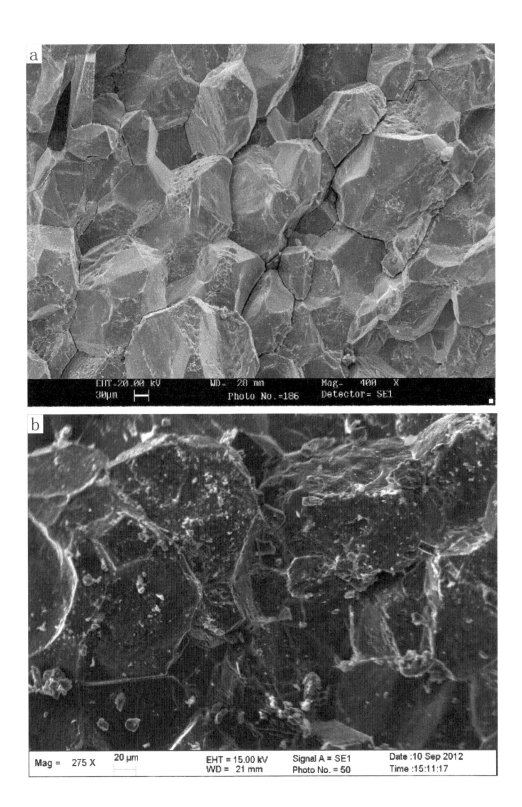

图 3-8 白云石矿物晶体间的裂隙

说明：图 a 为西黄寺清净化城塔鳞片状剥落物（来自李宏松[①]）；图 b 为石经山某石栏杆等厚状剥落物；图 c&d 为天坛某栏杆的剥落物。

随着溶蚀的继续进行，白云石矿物沿着晶体内的裂隙和溶孔裂开，同时白云石矿物颗粒之间的结构力学完全丧失，大理岩最终变成粉末状颗粒。在重力作用下，会形成颗粒脱落病害。

图3-4中还显示出该处大理岩有结壳病害。该处大理岩的颗粒脱落病害并未从岩石的表层开始脱落。岩面的最外层为一层厚度约 3mm ~ 5mm、黑色的硬壳，该硬壳可称为结壳病害。初步分析，该黑色硬壳的主要成分应该是石膏（$CaSO_4 \cdot 2H_2O$）。

石膏（$CaSO_4 \cdot 2H_2O$）是一种结晶膨胀性矿物，表面有微孔隙，易吸收灰尘及空气中未燃烧完全的碳氢化合物，便形成了黑色的污垢层。而污垢层多孔，是水、气体、离子等的通道和载体，所以污垢层内部会继续发生病害，污垢层厚度会缓慢增长。[②] 作者不仅在天坛汉白玉石质文物中发现了石膏，在云居寺石经山某栏杆中也发现了石膏矿物（如图3-9左侧照片的箭头所指），石膏的存在可以根据图3-9右侧能谱图及元素含量来证明，李宏松在西黄寺清净化城塔[③]、何海平[④]在孔庙进士题名碑等汉白玉石质文物上都发现了石膏的存在。而Siegesmund[⑤]发现在匈牙利布达佩斯灰岩石质文物上的黑色硬壳主要是石膏，并认为该结壳是环境污染（指 SO_2 和灰尘）造成的。

据分析，石膏的出现就是由于空气中的 SO_2 与雨水结合形成亚硫酸（H_2SO_3），而亚硫酸氧化后变成硫酸（H_2SO_4），再与 $CaCO_3$ 反应，形成 $CaSO_4 \cdot 2H_2O$。其具体反应过程如下化学方程式所示：

$$SO_2+H_2O=H_2SO_3$$

$$2H_2SO_3+O_2=2H_2SO_4$$

$$H_2SO_4+CaCO_3=CaSO_4+CO_2+H_2O$$

$$CaSO_4+2H_2O=2CaSO_4 \cdot 2H_2O$$

① 中国文化遗产研究院. 西黄寺清净化城塔及其附属石质文物石材表面劣化机理分析及工程性能评价报告（项目负责人：李宏松），2005.

② 张秉坚. 碳酸岩建筑和雕塑表面黑垢清洗研究. 新型建筑材料. 1999,（3）：39-40.

③ 中国文化遗产研究院. 西黄寺清净化城塔及其附属石质文物石材表面劣化机理分析及工程性能评价报告（项目负责人：李宏松）. 2005.

④ 何海平. 北京孔庙进士题名碑病害及防治技术研究［博士学位论文］. 北京：北京科技大学，2011年.

⑤ Siegesmund S, Török A, H ü pers A, et al. Mineralogical, geochemical and microfabric evidences of gypsumcrusts：a case study from Budapest. Environmental Geology, 2007，52：385-397.

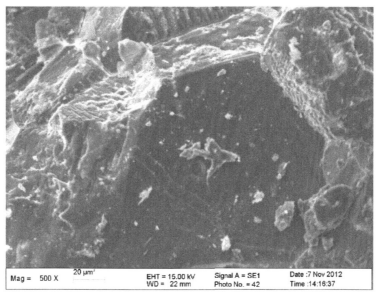

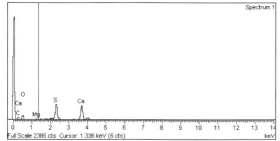

Element	Weight%	Atomic%
C	21.09	35.49
O	29.03	36.67
Mg	0.82	0.68
S	19.15	12.07
Ca	29.9	15.08
Totals	99.99	99.99

图 3-9 取自房山云居寺石经山的风化汉白玉的扫描电镜照片（左）及能谱图（右）

图 3-10 和图 3-11 分别给出了等厚状剥落风化和鳞片状剥落风化的照片。

研究认为，图 3-3 所示的龟裂病害和图 3-10、图 3-11 所示的剥落风化病害，其中主要的原因就是大理岩中矿物的热胀冷缩作用导致的。

北京大理岩的主要矿物成分为白云石。纯的白云石是三方晶系，它们在不同方向的膨胀系数是不同的。当温度反复变化时，白云石的各个方向就有不同程度的胀或缩。另外，北京大理岩中有的还含有一定量的方解石和石英，各个矿物颗粒之间的膨胀系数也不相同。温度反复变化时，不同矿物也有不同的胀或缩。这样，原先连接在一起的白云石颗粒或者不同的矿物颗粒就会彼此脱离开，使完整的大理岩破裂。

另一方面，岩石（包括大理岩）是热的不良导体，当大理岩的向阳面处在太阳光的直接辐射下时，大理岩表层升温很快，由于热向岩石内部传递很慢，遂使大理岩内外之间出现温差。大理岩中的白云石向三个方向膨胀的量值各有不同，如果大理岩中还含有方解石、石英其他矿物的话，各部分矿物就按照自己的膨胀系数膨胀，于是在

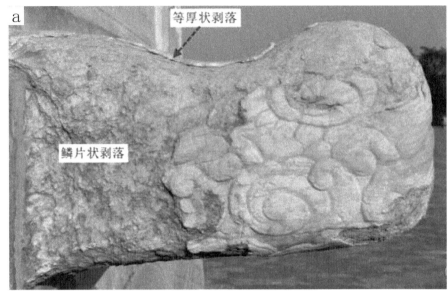

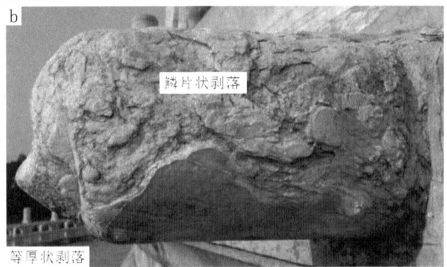

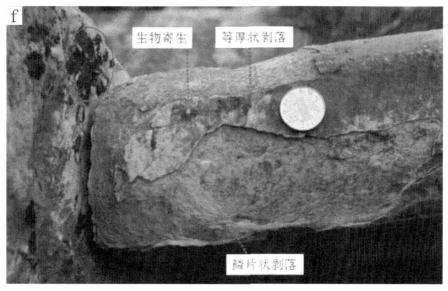

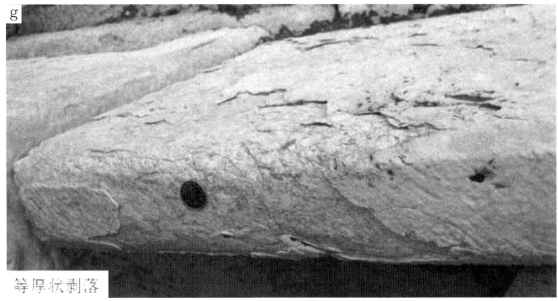

图 3-10　剥落（等厚状剥落）

说明：

（1）a、b、c、d、e 拍摄于天坛；

　　f、g 拍摄于石经山；

　　h 拍摄于十三陵长陵。

（2）等厚状剥落是指剥离面平行于岩石表面，且剥落物的厚度基本相等，一般在 2mm～3mm～10mm。

（3）等厚状剥落应该主要是大理岩中矿物的热胀冷缩作用导致的，具体分析见后文。

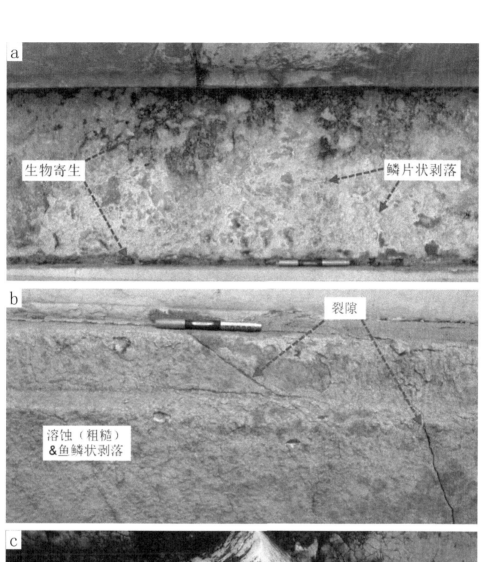

图 3-11　剥落（鳞片状剥落）

说明：a、b 拍摄于天坛；c 拍摄于十三陵长陵；d 拍摄于先农坛观耕台。

大理岩的向阳面内外之间出现与表面平行的风化裂隙。到了夜晚，向阳面吸收的太阳辐射正继续以缓慢的速度向岩石内部传递时，大理岩表面迅速散热降温，体积收缩，而内部岩石仍在缓慢地升温膨胀，此时出现的风化裂隙垂直于岩石表面，[①]彼此网状相连，形成了类似龟裂的现象。久而久之，这些风化裂隙日益扩大、增多，被这些风化裂隙割裂开来的大理岩表皮层层脱落。就形成了等厚状剥落或鳞片状剥落现象。

国际古迹遗址理事会（ICOMOS-ISCS）石质学术委员会定义的穿孔指某些生物（如蜜蜂、蜘蛛等）钻入岩石表面一定深度形成的小孔穴。而针孔是指 mm 级或小于mm 的小孔，一般呈圆柱形或圆锥形。这些小孔相互之间基本没有连通。所研究的大理岩石质文物的孔穴不像上述穿孔或针孔，根据李宏松[②]的研究，这一类孔穴可定义为溶孔，即"岩石内部不均一，造成石材原表面溶蚀后形成的小型孔洞的现象，多发生在大理岩石材表面"，具体见图 3-12 所示。

至于图 3-12 所示溶孔发生的原因，可以做以下解释：

在相同温度下，白云石的溶解度大于方解石的结论，但是白云石的溶解速度仅为方解石的 1/3 ～ 1/4。所以，当水（主要指大气降水）降落于含有方解石的白云质大理岩表面时，首先会溶解方解石矿物颗粒，而使整个岩体中产生细小的孔洞，形成如图 3-12 所示的溶孔。当溶孔尺寸较大时便形成了凹坑。图 3-2（f）、（g）所示的裂隙和

① 成都地质学院普通地质教研室编. 动力地质学原理. 北京：地质出版社，1978：1-304.

② 李宏松. 文物岩石材料劣化特征及评价方法. 博士学位论文. 北京：中国地质大学（北京），2011.

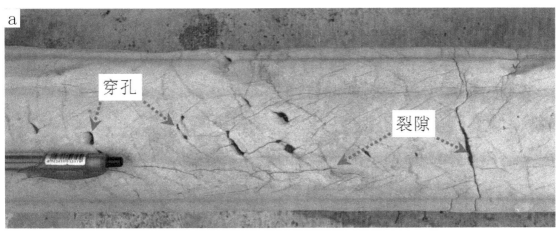

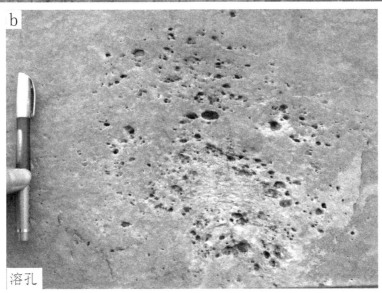

图 3-12 溶孔

说明：a 拍摄于先农坛观耕台；b 拍摄于天坛。

图 3-2（e）（g）中所示的凹坑都是因为方解石首先溶解形成的。

　　虽然白云石的溶解速度慢，但它在降水（特别是水中 $H+$ 离子）的作用下也能发生缓慢的溶解（其溶解度大于方解石的溶解度）。表层的白云石矿物首先发生溶解，且这种溶解比较均匀，导致溶解后的石质文物表层较为平滑。这种石质文物失去初始平面的现象，可称为溶蚀（如图 3-13 所示的溶蚀）。在地层岩性方面，房山大石窝所开采的主要石材都属于蓟县系（J_x）雾迷山组（J_{xw}）。它是一套富镁的巨厚碳酸盐岩建造，富含燧石（燧石的矿物成分为石英）。作者在距房山大石窝采石场几千米远的石经山上就发现了含有燧石条带的大理岩（如图 3-14 所示），显然，燧石不容易发生溶解。当富含燧

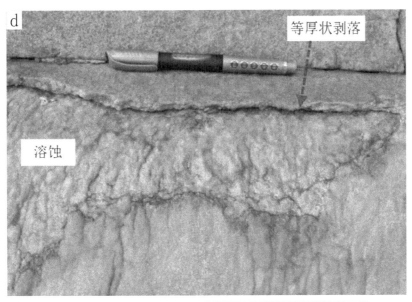

图 3-13 溶蚀（包括圆角和不均匀风化）

说明：a 拍摄于先农坛观耕台；b 拍摄于石经山；c ~ e 拍摄于天坛。

石的大理岩中的白云石矿物缓慢溶解之后，本来平整的石板面就会凸显出燧石条带。这种现象称之为不均匀风化（或不均匀溶蚀），如图 3-13 中 c、e 所示的不均匀风化。

图 3-15 所示的病害拍摄于国子监，该病害也是由于方解石的溶解形成的。按照

图 3-14　云居寺石经山中的汉白玉含有燧石条带（厚 0.5-2.0cm）

图 3-15　微喀斯特

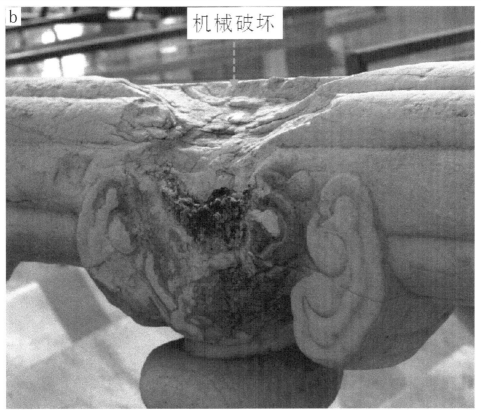

d

材料
缺失

e

图 3-16 部件缺失

说明：图 3-16 中 a 拍摄于先农坛观耕台；b、c、d 拍摄于天坛；e 拍摄于十三陵长陵。

ICOMOS-ISCS 的分类，将其称之为微喀斯特（Karst）病害。喀斯特，国内也称之为岩溶。凡是以地下水为主、以地表水为辅，以化学过程为主（溶蚀与淀积）、机械过程为辅（流水侵蚀和沉积、重力崩塌和堆积）的、对可溶性岩石的破坏和改造作用，称为喀斯特作用。由这种作用所产生的水文现象和地貌现象统称为喀斯特，所谓微喀斯特是指碳酸盐岩石表面形成的 mm 到 cm 尺度、网状的裂隙。微喀斯特现象也是由于差异性溶蚀引起的。

图 3-16 所示的部件缺失就是由于某种原因构件的某些部位缺失的现象。一般情况下，某些凸出部位比较容易缺失，比如图 3-16c、d、e 所示的兽首的头部凸出部位。图 3-16a、b 的缺失原因未知，如果是机械外力导致的，则该类病害应该属于机械破坏。

图 3-17 所示的病害可归为一类即变色，指色彩的三要素中的一种或多种发生了变化。所谓色彩的三要素指色彩的色相、明度和饱和度（纯度）。色相是色彩中最重要的特性，它是指从物体反射或透过物体传播颜色。明度表示色所具有的亮度和暗度，而饱和度指用数值表示色的鲜艳或鲜明的程度。

需要特别说明的是，图 d 所示污色是因为游人的触摸而使汗渍等留在大理岩表面导致的。按照国家文物局颁布的《石质文物病害分类与图示》标准，也可定为人为污染。

因温度和湿度适宜，在石质文物的某些位置会出现生物，包括植物和低等的苔藓、地衣、霉菌，可称之为生物寄生，如图 3-18 所示。另外，图 3-10f 和图 3-11a、c 所示的图片中也包括生物寄生病害。

图 3-19 给出了各种不正当的人工修复、加固的图片，按照国家文物局颁布的《石质文物病害分类与图示》标准，这也是一种病害。

现场考察时，发现某些悬臂突出的石构件在应力集中最大的部位（如悬臂交接部位）容易发生破裂，如图 3-20 所示的天坛螭首散水病害情况。

据分析，由于悬臂构件的重力作用，会在构件各个部位产生弯矩，该弯矩在交接部位达到最大值。在交接部位的上顶点会产生最大的拉应力，最下点则产生最大的压应力。虽然上述压应力和拉应力还达不到大理岩的抗拉和抗压强度，但 1. 在长期风化作用下，大理岩的抗压和抗拉强度会降低；2. 某些应力集中部位由于原生层面的影响也许会产生微小的裂隙，这些微小的裂隙受到进一步风化作用时会进一步扩展。某些不利因素或不利因素的组合作用下，悬臂突出的构件可能会从交接处断裂，2011 年故

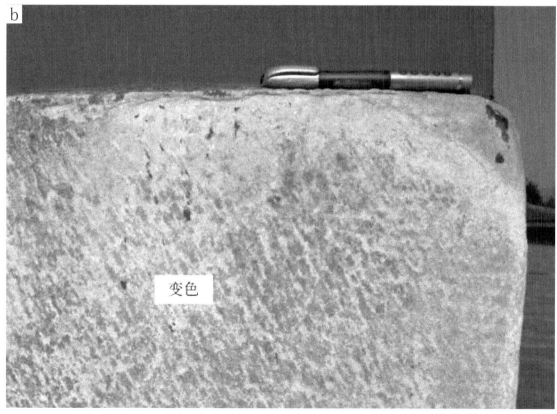

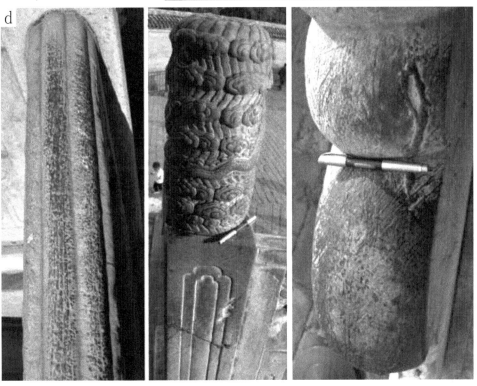

图 3-17　变色（包括污色）

说明：图 3-17 中 a、b、d 拍摄于天坛；c 拍摄于石经山。

图 3-18　生物寄生

说明：图 3-18 中 a 拍摄于国子监，b 拍摄于天坛。

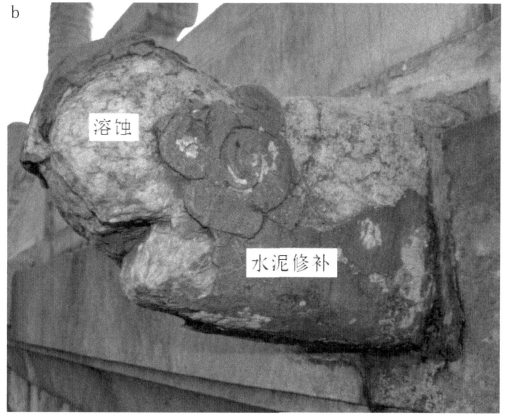

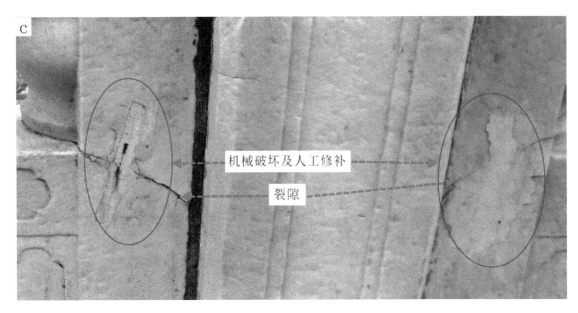

图 3-19　不正当的人工修复和加固

说明：图 3-19 中 a、b 拍摄于天坛，c 拍摄于十三陵长陵。

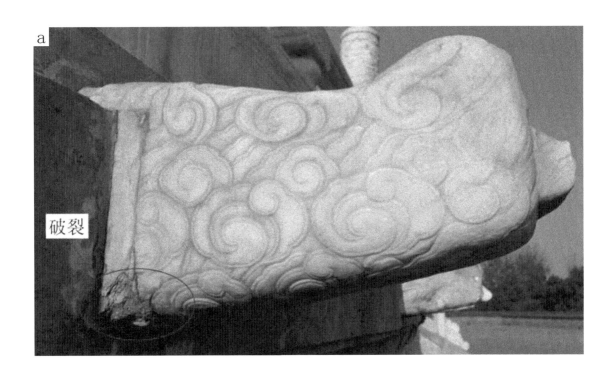

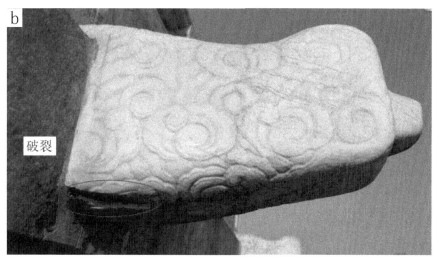

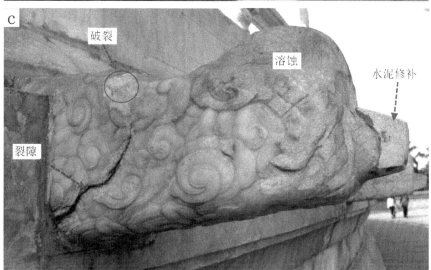

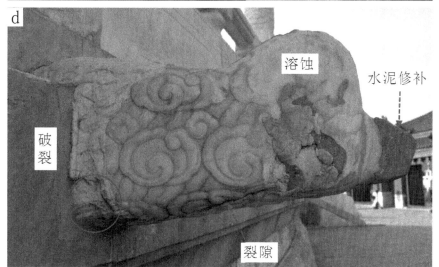

图 3-20　悬臂的螭首散水在应力集中处容易发生破裂病害

宫汉白玉某螭首因裂纹贯穿而突然断裂。[1]

（三）总结

1. 根据国际古迹遗址理事会石质学术委员会（ICOMOS-ISCS）提出的石质文物病害标准，结合李宏松提出的标准以及中国国家文物局颁布的标准，北京汉白玉石质文物的病害类型主要有裂隙、剥落、崩解、结壳、溶孔、溶蚀、部件缺失、变色、生物寄生、不正当的人工修复等。

2. 汉白玉中白云石三个方向的膨胀系数各不相同，并且不同矿物（如白云石、石英等）晶体之间的膨胀系数也不相同。在太阳辐射作用下，矿物的热胀冷缩作用导致剥落病害（包括等厚状剥落和鳞片状剥落）的发生。

3. 对于崩解病害则主要是由于白云石矿物的缓慢溶蚀造成矿物颗粒间的结构力降低造成的，利用扫描电镜的微结构分析发现了白云石晶体内和晶体间都有溶缝和溶孔，而溶缝和溶孔的进一步发展将导致白云石矿物颗粒之间的黏结力丧失，进而形成崩解病害。

4. 在相同条件下，白云石的溶解速度仅为方解石的 1/3 ~ 1/4。某些汉白玉中含有少量的方解石，而溶孔则是由于方解石的首先溶解造成的。实际上，某些裂隙也是因为方解石的溶解形成的（如图 3-7 所示）。而白云石矿物的缓慢溶解就造成了溶蚀病害。

三、北京大理岩的矿物学和岩石学特征

据记载，北京地区有大量的古代建筑都采用产地大石窝的大理岩来建造，例如故宫、国子监、云居寺、十三陵、圆明园、颐和园、毛泽东纪念堂等，其中汉白玉主要用于栏杆、雕刻、石碑等。青白石主要用于古建筑的台明石、套顶石以及石桥、石板等承重构件。

下文将以汉白玉和青白石为例，研究房山大理岩的矿物学和岩石学性质。

---

[1] 李杰. 古建筑石质构件健康状况评价技术研究与应用. 硕士学位论文. 北京：北京化工大学，2013.

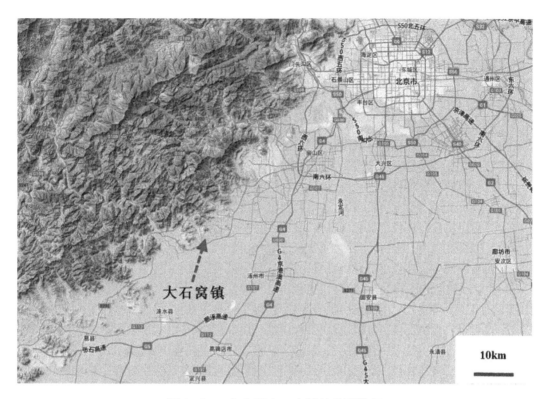

图 3-21　房山区大石窝镇的地理位置

（一）房山大石窝的地层岩性

大石窝镇在房山区西南部，位于北京城区西南 70 千米。它东邻长沟镇，南接河北省涿州市，西连张坊镇，西南接壤河北省涞水县，北接韩村河镇的上方山地区，如图 3-21 所示。

房山区已探明的大理岩资源储量为 2450 万立方米，汉白玉储量达 80 万立方米，而大石窝镇又是房山大理岩的主产区。据《房山县志》卷三记载"大石窝在房山西南六十里黄龙山下，前产青白石，后产白玉石，小者数丈，大者数十丈，宫殿建筑多采于此"。房山大石窝镇的大理岩矿石储藏量丰富，品种多达 13 种（俗称 13 弦），即汉白玉、艾叶青、明柳、大六面、小六面、青白石、砖碴、芝麻花、大弦、小弦、黑大石、黄大石、螺丝转。

在房山地区大理岩岩层中，靠近地表的一层是青白石，而汉白玉一般距地表十几米深。据报道[①]，汉白玉作为一种高品质大理石，一般深藏于地下。它是石层中最深的

---

① 隐汗线藏金星　大石窝专出"国宝" http://fzwb.ynet.com/3.1/0612/26/2055114.html

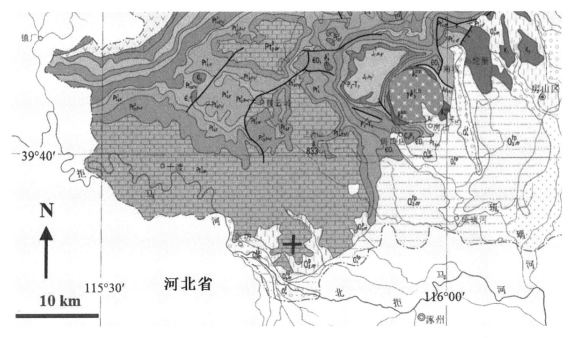

图 3-22　房山大石窝地区（图中红色"+"所示）周边地质构造（来自①）

一层，一般有 90cm 到 150cm 厚。在开塘采石时，一般要经过 12 层发掘才能见到汉白玉。这十二层依次为：一层土、二层青白玉、三层混柳子、四层小六面、五层大六面、七层麻沙、八层花铁子、九层麻沙、十层三胖、十一层麻沙、十二层汉白玉。

从地层上讲，大石窝所开采的主要石材属于中元古界蓟县系雾迷山组（$Pt_2^2 w$）。图 3-22 给出了大石窝镇附近区域的地质概况，雾迷山组是一套富镁的巨厚碳酸盐岩建造。其主要特征为：

1. 岩性以白云岩为主，其次为硅质岩，含少量泥质岩。

2. 岩性层序比较稳定、富含各种形态的藻叠层石。

3. 形态多样的硅质岩（值硅质条带、团块）。

4. 种类繁多的粒（砾）屑白云岩。

———————————

① 北京市地质矿产局. 北京市区域地质志［M］. 北京：地质出版社，1991.

图 3-23 石经山景区含有燧石条带（厚 0.5cm ～ 2.0cm）的中厚层大理岩

5. 显著的沉积韵律等。①

由于动热变质作用，雾迷山组的白云岩在房山大石窝一带变为白云质大理岩，其中色白纯洁如玉者被称为汉白玉。由于雾迷山组含有硅质岩，在部分变质大理岩中含有硅质矿物，图 3-23 为位于大石窝 NNW 方向约 6 千米的云居寺石经山上富含层状燧石条带的大理岩。

① 北京市地质矿产局. 北京市区域地质志［M］. 北京：地质出版社，1991.

69

（a）青白石采坑

（b）所开凿的青白石石材

（c）所开凿的汉白玉石材

图 3-24　位于大石窝镇的大理岩采矿坑及所采石材

（二）大理岩的矿物学性质

本报告所研究的大理岩主要为汉白玉和青白石，且都分为新鲜样品和风化样品。新鲜样取自位于大石窝镇的玉石源石材加工厂，而风化样品则为北京市的各个大理岩石质文物的剥落物。然后利用地质上常用的测试手段，如镜下薄片观察、X射线衍射、X荧光光谱分析、扫描电镜、电子探针等手段对上述样品的矿物学性质进行了研究。

1. 镜下观察

对取自房山大石窝的一级汉白玉（编号为H1）、三级汉白玉（编号为H3）、青白石（编号为Q）和砖碴（编号为Z）进行现场取样，切薄片并进行镜下观察，制样和鉴定都是由河北省廊坊市科大岩石矿物分选技术服务有限公司完成。

鉴定结果如下所述：

对于一级汉白玉（H1）：岩石结构为粒状变晶结构，块状构造，岩石几乎全部由白云石组成。白云石呈它形粒状、粒度一般为0.02mm～0.6mm，镶嵌状分布，多数相邻颗粒之间相交面角近120°，形成三边镶嵌的平衡结构。白云石高级白干涉色，部分可见聚片双晶，原岩为镁质碳酸盐岩石经变质作用形成，岩石定名为白云石大理岩，其正交偏光和单偏光照片见图3-25所示。

对于三级汉白玉（H3）：岩石为状粒状变晶结构，块状构造。岩石由白云石（约75%）、石英（约20%）及少量白云母（约5%）组成。白云石呈它形粒状、粒度一般为0.05mm～0.6mm，镶嵌状分布，多数相邻颗粒之间相交面角近120°，形成三边镶嵌的平衡结构。具高级白干涉色，一轴晶负光性，闪突起明显，No方向为正高突起，Ne方向为负低突起。石英呈它形粒状，粒度一般为0.1mm～0.8mm，与白云石一起镶嵌状分布，部分集合体呈条带状分布，粒间多具三边镶嵌平衡结构。一级黄白干涉色，正低突起，无解理，粒内可见波状消光。白云母呈片状，粒度一般为0.05mm～0.4mm，星散分布。薄片中无色，具一组极完全解理，平行消光，正延性，闪突起明显，其正交偏光和单偏光照片如图3-26所示。

青白石（Q）：岩石为粒状变晶结构，似变余层理构造。岩石由白云石（约99%）和少量的石英、炭质（1%～2%）组成。白云石它形粒状，一般0.05mm～0.1mm，部分0.01mm～0.05mm，少量可达0.3mm～0.5mm。白云石呈镶嵌状、定向分布。石英它形粒状，部分似砂状，大小一般0.05mm～0.1mm，部分0.1mm～0.2mm，星散

（a）正交偏光

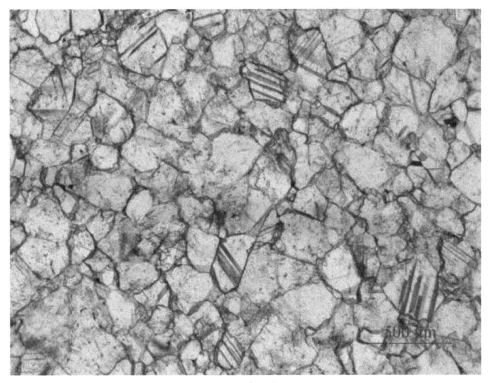

（b）单偏光

图 3-25　一级汉白玉镜下显微照片

（a）正交偏光

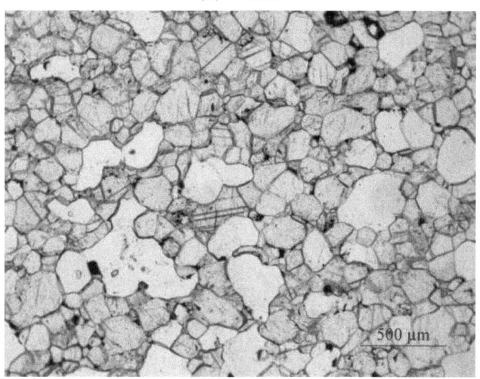

（b）单偏光

图 3-26　三级汉白玉镜下显微照片

（a）正交偏光

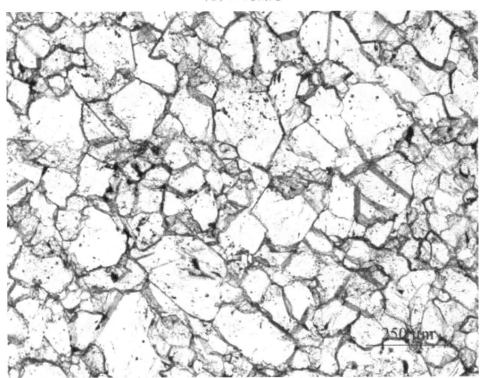

（b）单偏光

图 3-27　青白石镜下显微照片

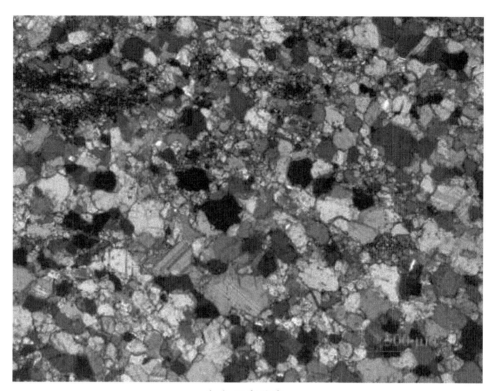

（a）正交偏光

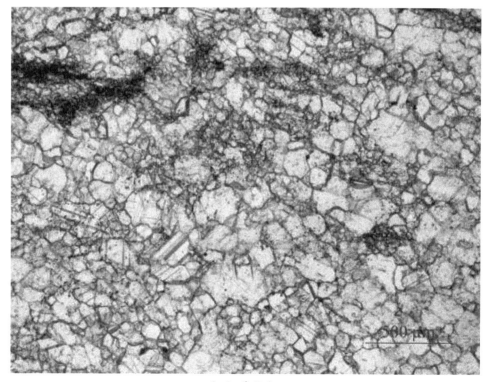

（b）单偏光

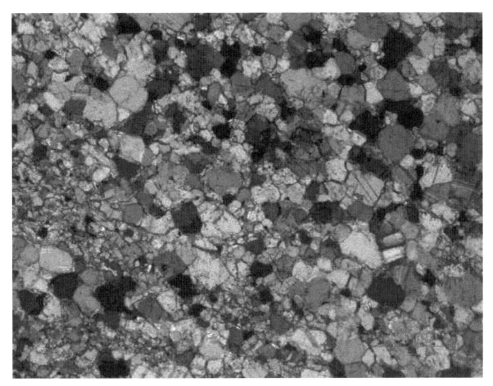

（c）正交偏光

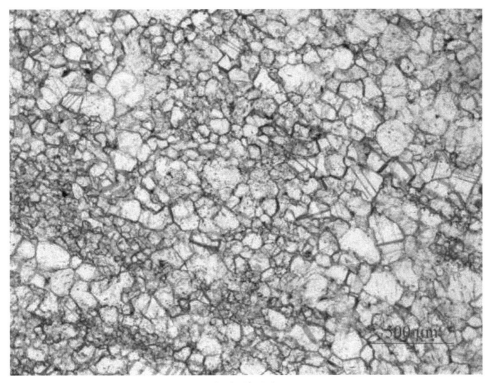

（d）单偏光

图 3-28　砖碴镜下显微照片

状、定向分布。炭质呈尘点状，部分细分散状分布，少量集合体似细条纹状定向分布。以上各组分、粒度分布不均匀，构成似变余层理，其正交偏光和单偏光照片如图3-27所示。

前文已给出了青白石和砖碴在显微镜下的微观照片，可作为参考。

汉白玉（包括一级和三级）、青白石矿物晶体的颗粒尺寸有所差别。颗粒尺寸是变质岩（包括大理岩）的一个分类标准，例如，可以根据主要变晶粒度，将变晶结构分为粗粒（＞2mm）、中粒（1mm～2mm）、细粒（0.1mm～1mm）、微粒（＜0.1mm）。[①] 粒径尺寸对大理岩的物理、力学性质有影响。[②] 本文基于图像处理软件，利用汉白玉和青白石的显微照片对其矿物晶体（主要是白云石）进行粒度分析。

首先，选取晶粒边界线清晰的照片，正交偏光和单偏光下拍摄的照片都可以。然后，利用一款专业图像分析软件Image-Pro Plus来计算颗粒的尺寸。本次统计是通过

图3-29　图像处理软件Image-Pro Plus

---

① 路凤香，桑隆康. 岩石学［M］. 北京：地质出版社，2002. pp：295.
② 尤明庆. 两种晶粒大理岩的力学性质研究［J］. 岩土力学，2005，26（1）：91-96.

在颗粒外接一个矩形，用矩形的长边尺寸代表颗粒粒径。最后，将统计得到的数据导入 excel 表格中，并在 excel 中统计出不同粒组下的百分含量，以及每张照片所含的颗粒总数和平均粒径。需要说明的是，砖碴不是本课题主要的研究对象，并且砖碴的颗粒尺寸变化较大（如图 3-28 所示），后文未研究砖碴的具体颗粒尺寸。

本文共选出一级汉白玉、三级汉白玉各 6 张以及 3 张青白石显微照片，其放大倍数为 100 或 200 倍，每一张照片所含颗粒数量、平均粒径等参数见表 3-2。另外，图 3-30、图 3-31 和图 3-32 分别给出了一级汉白玉、三级汉白玉和青白石的粒径分布图（注意其纵坐标为某粒组的百分含量）。

表 3-2　汉白玉和青白石的平均粒径

大理岩类型	照片编号	统计颗粒数量	平均粒径（微米）
一级汉白玉	H1-1-1	261	141.7
	H1-1-8	304	133.8
	H1-2-2	280	122.3
	H1-2-3	290	128.4
	H1-2-5	238	144.4
	H1-2-8	249	128.1
	合计	1622	132.6
三级汉白玉	H3-1-1	168	88.5
	H3-1-5	158	95.2
	H3-2-5	425	112.9
	H3-2-8	406	103.0
	H3-3-1	136	98.6
	H3-3-1	169	89.1
	合计	1462	97.9
青白石	Q-1-3	949	73.3
	Q-1-23	230	74.7
	Q-2-11	365	54.1
	合计	1544	67.4

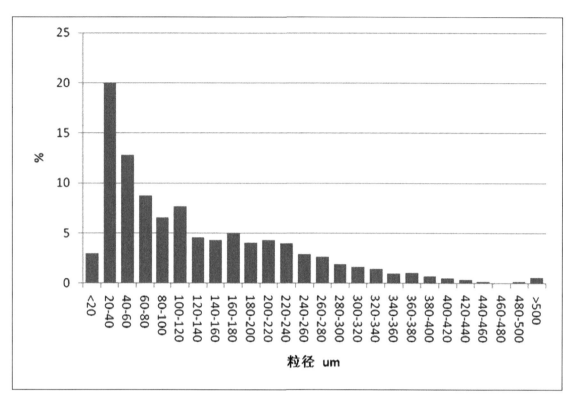

图 3-30　一级汉白玉的粒径分布图（统计颗粒数量 1622 个，平均粒径为 132.6 微米）

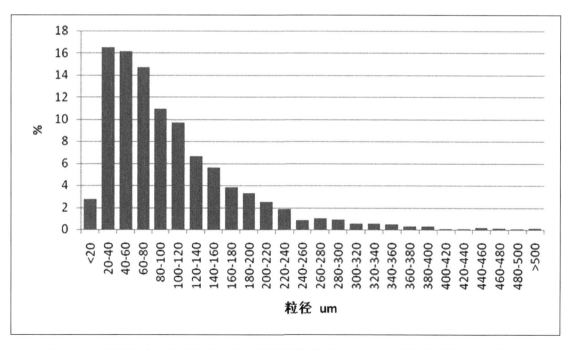

图 3-31　三级汉白玉的粒径分布图（统计颗粒数量 1462 个，平均粒径为 97.9 微米）

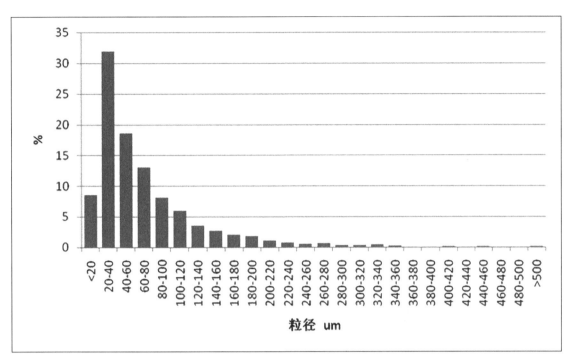

图 3-32　青白石的粒径分布图（统计颗粒数量 1544 个，平均粒径为 67.4 微米）

分析并比较一级汉白玉、三级汉白玉和青白石的粒径，可以看出：

（1）三者粒径都比较小，以小于 100 微米居多，属于微粒大理岩。

（2）三者的平均粒径分别为 132.6 微米、97.7 微米、67.4 微米，即一级汉白玉＞三级汉白玉＞青白石。

作为参考，图 3-1 ～图 3-15 给出表 3-1 所列的 3-15 张编号的显微照片原图、图像分析软件 Image-Pro Plus 处理后的图以及粒径统计结果。

2. 矿物成分测试

矿物成分及含量是利用 X- 射线衍射仪进行测试的。XRD 即 X-Ray Diffraction 的缩写，X 射线衍射，通过对材料进行 X 射线衍射，分析其衍射图谱，获得材料的成分、材料内部原子或分子的结构或形态等信息的研究手段。

对新鲜样品和风化剥落样品刚玉研钵盆中碾磨，并在中国科学院地质与地球物理研究所进行 XRD 测试，图 3-13 给出了一级汉白玉的 XRD 的谱图。所用的仪器为 D/max 2400 射线衍射仪，实验条件：Cu 靶，1°-1°-0.3，0.02°/步长，8°/分钟，40KV，60mA。

表 3-2 给出了其他新鲜大理岩以及对北京多个大理岩石质文物剥落物的 XRD 测试

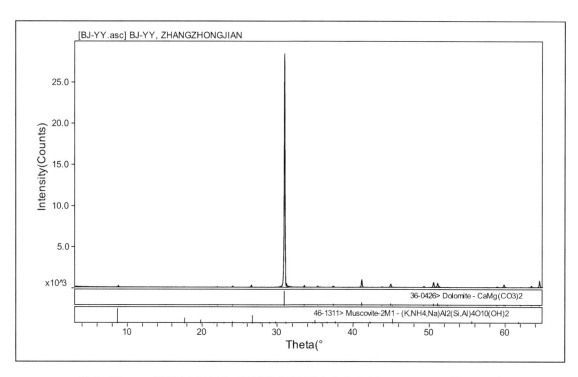

图 3-33　一级汉白玉的 X-射线衍射谱图（含白云石＞97%，云母＜1%）

结果。

由表 3-2 可以看出，北京大理岩主要矿物成分为白云石，一级汉白玉和青白石的白云石矿物含量都大于 90%（甚至 95%），因为 X 射线衍射仪仅检测出了白云石矿物。对于三级汉白玉，除了主要的白云石矿物外，还含有部分石英矿物。天坛、观耕台、故宫、十三陵长陵等古代建筑都使用了一级汉白玉石材，而石经山、西黄寺清净化城塔及部分故宫的汉白玉建筑也使用了三级汉白玉石材。

表 3-3　北京大理岩矿物成分的 XRD 测试结果

种类及取样位置		矿物成分			
		白云石	方解石	石英	白云母
新鲜岩样	汉白玉一级	+++++	–	–	TR
	汉白玉一级	+++++	–	–	–
	汉白玉三级	+++	–	++	–
	青白石	+++++	–	–	–
	砖碴	+++++	–	–	–

续 表

种类及取样位置		矿物成分			
		白云石	方解石	石英	白云母
风化剥落样	天坛	+++++	–	–	–
	观耕台 1	+++++	–	–	–
	观耕台 2	+++++	–	–	–
	故宫 1	++++	–	++	–
	故宫 2	+++++	–	–	–
	十三陵长陵	+++++	–	–	–
	隆福寺碑	+++++	–	–	–
	普惠生祠香火地亩疏碑	+++++	–	–	–
	杜尔户贝勒敕建碑	+++++	–	–	–
	西黄寺清净化城塔 *	+++++	–	+	–
	石经山云居寺	+++++	–	+	–

说明：（1）* 来自李宏松等（参考文献①）。

（2）+++++ 表示含量＞90%（甚至＞95%），+++ 表示含量在 60% 左右，++ 表示含量 30% 左右，+ 表示含量在 10% 左右，TR 表示含量小于 5%。

3. 化学成分测试

大理岩中各元素浓度利用溶片 X– 射线荧光光谱法（XRF）测定。该测试技术是一种比较分析技术，测试原理为：在较严格条件下用一束 X 射线或低能光线照射样品材料，致使样品发射特征 X 射线。这种特征 X 射线的能量对应于各特定元素，样品中元素的浓度直接决定特征 X 射线的强度。

对上述新鲜和风化大理岩进行测试，测试地点为中国科学院地质与地球物理研究所，相关的测试结果见表 3–3。相关测试结果与表 3–2 测试结果完全对应，二者可以相互验证。除了上述结论外，需要补充的是：1. 石经山某栏杆所用的大理岩除了主要的白云石和少量的石英外，还应该含有微量的重晶钡石。2. 通过微量元素的相关分析，

① 李宏松　刘成禹　张晓彤，两种岩石材料表面剥落特征及形成机制差异性的研究. 岩石力学与工程学报，2008，27（S1）：2825-2831

表3-4 北京大理岩主量元素的 XRF 测试结果（wt%）及微量元素的测试结果（ppm）

种类及取样位置		SiO_2 (%)	TiO_2 (%)	Al_2O_3 (%)	TFe_2O_3 (%)	MnO (%)	MgO (%)	CaO (%)	Na_2O (%)	K_2O (%)	P_2O_5 (%)	LOI (%)	TOTAL (%)	Ba (ppm)	Cr (ppm)	Ni (ppm)	Sr (ppm)	V (ppm)	Zr (ppm)
新鲜岩样	汉白玉一级	0.19	0.01	0.19	0.1	0.02	22.88	30.4	0.01	0.05	0.01	46.56	100.42	456	7	6	39	6	9
	汉白玉一级	0.75	0.03	0.21	0.21	0.01	22.10	30.31	0.02	0.10	0.01	45.95	99.70	765	15	7	26	8	5
	汉白玉三级	37.36	0.05	0.7	0.20	0.01	13.90	19.20	0.04	0.37	0.02	28.86	100.71	832	9	1	27	6	43
	青白石	0.51	0.01	0.09	0.07	0.01	22.10	30.55	0.01	0.01	0.01	46.0	99.37	222	6	6	26	9	3
	砖碴	1.44	0.01	0.27	0.27	0.01	22.0	30.25	0.02	0.05	0.01	45.74	100.07	42	10	14	28	2	4
风化剥落样	天坛	0.52	0.02	0.13	0.12	0.01	22.28	30.57	0.02	0.04	0.01	46.4	100.12	98	9	5	38	4	15
	观耕台1	0.78	0.02	0.11	0.25	0.01	22.27	30.63	0.01	0.04	0.02	46.0	100.14	408	15	7	30	7	4
	观耕台2	0.38	0.02	0.06	0.08	0.01	22.35	30.88	0.01	0.02	0.01	46.41	100.23	652	4	0	50	3	0
	故宫1	19.15	0.02	0.39	0.26	0.02	17.91	24.87	0.05	0.20	0.02	37.35	100.24	171	6	3	28	5	31
	故宫2	0.30	0.01	0.05	0.15	0.01	22.15	30.38	0.01	0.03	0.01	46.77	99.87	387	6	4	30	8	1
	隆福寺碑	0.34	0.0	0.03	0.14	0.01	22.33	30.71	0.02	0.01	0.07	46.17	99.83	24	0	0	40	6	0
	普慧生祠香火地亩疏碑	0.40	0.01	0.03	0.11	0.01	22.22	30.38	0.03	0.02	0.01	46.32	99.54	62	0	0	22	15	1
	杜尔户贝勒敕建碑	0.28	0.02	0.06	0.10	0.01	22.42	30.77	0.02	0.01	0.01	46.26	99.96	641	0	0	35	10	1
	西黄寺清净化城塔*	10.42	—	0.52	0.39	—	19.48	26.92	0.02	0.28	—	41.33	99.36	—	—	—	—	—	—
	石经山·云居寺	13.32	0.64	0.44	0.27	0.01	18.37	25.15	0.05	0.21	0.01	38.38	96.85	28569	0	1	117	6	24

说明：(1) * 来自李宏松等（参考文献①）。(2) 白云石中 MgO 和 CaO 的理论含量为 21.7% 和 30.4%，方解石中 CaO 和 CO_2（即烧失量 LOI）的理论含量为 56.0% 和 44.0%.

① 李宏松 刘成禹 张晓彤，两种岩石材料表面剥落特征及形成机制差异性的研究. 岩石力学与工程学报，2008.27 (S1): 2825-2831

可以认为所分析的大理岩石质文物的石材产地大体相同，且都与新鲜大理岩相同，也就是说所分析的大理岩石质文物的石材来自房山大石窝镇。

4. 扫描电镜测试

扫描电镜 SEM 是用细聚焦的电子束轰击样品表面，通过电子与样品相互作用产生的二次电子、背散射电子等对样品表面或断口形貌进行观察和分析。现在扫描电镜 SEM 都与能谱（EDS）组合，可以进行成分分析。所以，扫描电镜 SEM 也是显微结构分析的主要仪器。图 3-14 和图 3-15 分别给出新鲜和风化汉白玉扫描电镜图片。

图 3-16 给出了该风化汉白玉的扫描电镜照片，显示其表面有风化碎屑（图 3-16a）、溶缝（图 3-16b）、溶孔（图 3-16c）及结垢（图 3-16d&e）。需要说明的是，结垢经能谱 EDS 测试，证明含有一定量的 S 元素（如图 3-17 所以），也就说明该结垢为石膏（$CaSO_4 \cdot 2H_2O$）。

石膏（$CaSO_4$）的出现就是由于空气中的 SO_2 与雨水结合形成亚硫酸（H_2SO_3），而亚硫酸氧化后变成硫酸（H_2SO_4），与大理岩的主要成分 $MgCa(CO_3)_2$ 或反应，形成 $CaSO_4$。

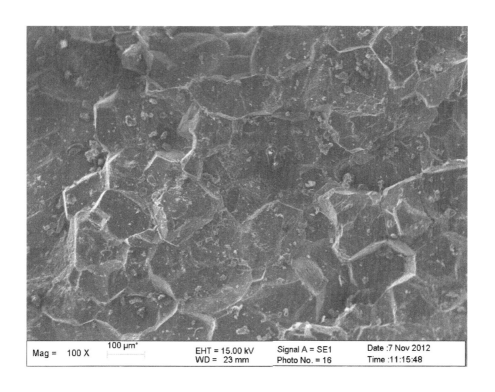

| Mag = 100 X | 100 µm² | EHT = 15.00 kV WD = 23 mm | Signal A = SE1 Photo No. = 16 | Date :7 Nov 2012 Time :11:15:48 |

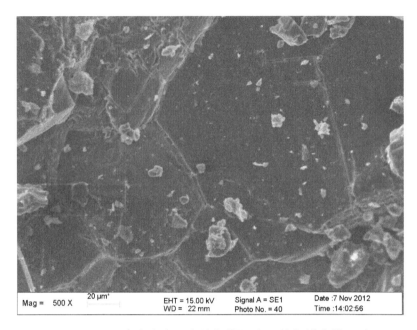

图 3-34　取自房山大石窝的新鲜汉白玉的扫描电镜照片

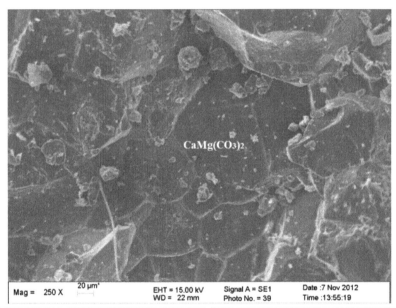

Element	Weight%	Atomic%
C	19.43	28.46
O	49.60	54.55
Mg	11.92	8.63
Ca	19.04	8.36
Totals	99.99	100.00

图 3-35　房山石经山的风化汉白玉的扫描电镜照片及能谱图（其化学成分证明是白云石）

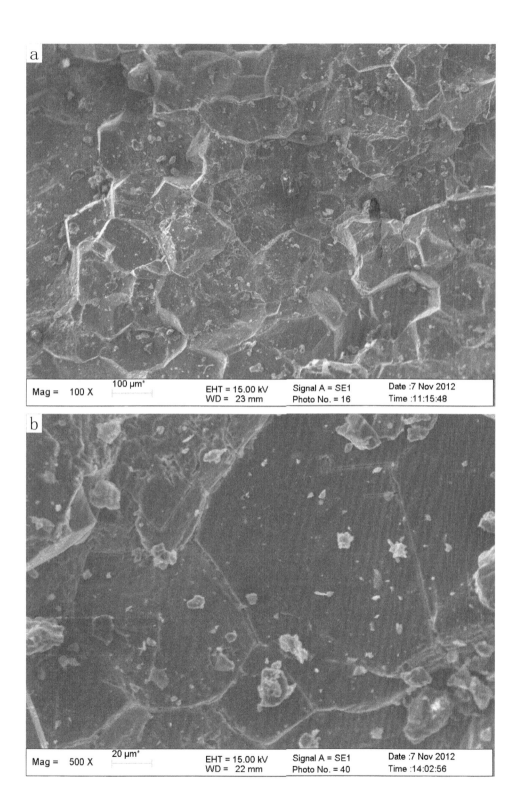

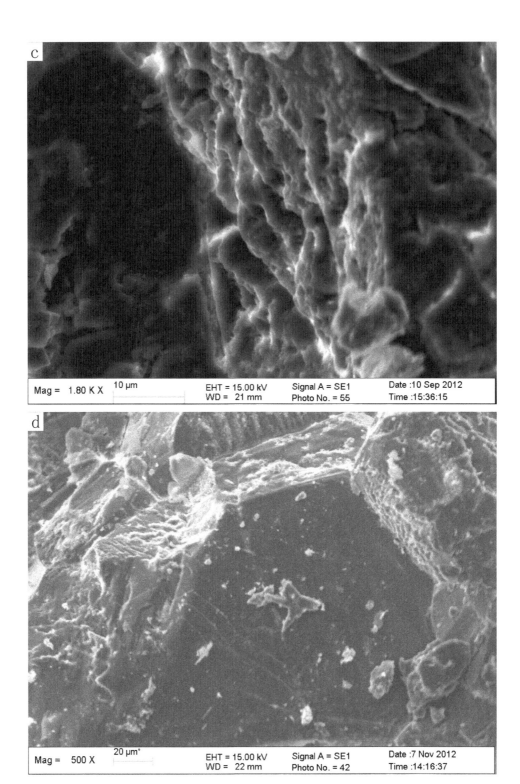

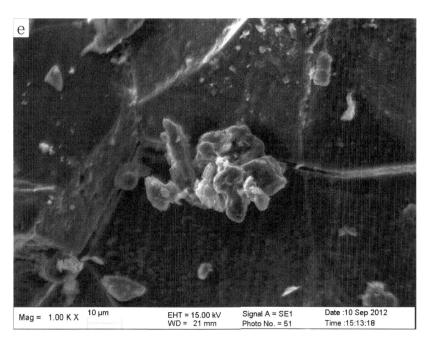

图 3-36 石经山云居寺大理岩风化的微观形式

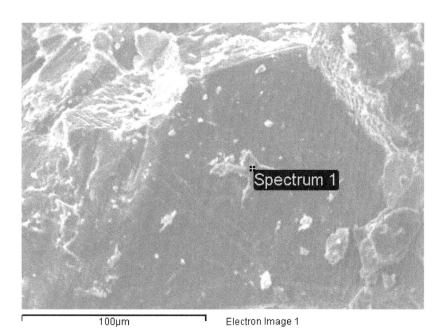

Element	Weight%	Atomic%
C	21.09	35.49
O	29.03	36.67
Mg	0.82	0.68
S	19.15	12.07
Ca	29.9	15.08
Totals	99.99	99.99

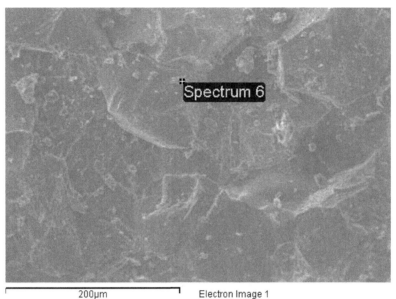

Element	Weight%	Atomic%
C	17.53	32.48
O	20.60	28.64
Si	6.01	4.76
S	22.44	15.57
Ca	33.43	18.56
Totals	99.99	99.99

图 3-37　自石经山·云居寺的风化汉白玉的扫描电镜照片及能谱图

$$SO_2+H_2O=H_2SO_3$$

$$2H_2SO_3+O_2=2H_2SO_4$$

$$H_2SO_4+CaCO_3=CaSO_4+CO_2+H_2O$$

无独有偶，作者利用 X 射线衍射和扫描电镜研究河北邯郸南响堂寺灰岩石质文物时都发现了石膏的存在。李宏松[1] 利用 X 射线衍射方法在西黄寺大清净化城塔的大理岩剥落物中也检测到石膏。何海平[2] 利用 X 射线衍射和 X 射线荧光分析方法研究北京孔庙进士题名碑时，在多个大理岩石碑的风化剥落物中都发现了石膏的存在。另外，

---

[1] 中国文化遗产研究院. 西黄寺清净化城塔及其附属石质文物石材表面劣化机理分析及工程性能评价报告（项目负责人：李宏松）. 2005.

[2] 何海平. 北京孔庙进士题名碑病害及防治技术研究.［博士研究论文］北京：北京科技大学，2011.

张秉坚 [①] 在研究杭州白塔时，利用 X 射线衍射发现石材的表面黑垢就是石膏。

5. 电子探针测试分析

利用电子探针仪分析对取自房山石经山的汉白玉石质文物进行了分析。共取样 2 个，取样地点皆为岩体表面。实验仪器采用了中科院地质与地球物理究所 Cameca SX51 型电子探针仪。

（1）1 号岩样的鉴定结果

该岩样的岩石名称为大理岩，基质为白云石，含有石英、钾长石、方解石、金云母、金红石等矿物。上述矿物为半自形和他形，外观上多为粒状，颗粒大小在 10 微米～200 微米不等，金云母为层状。上述矿物均存在着不同程度的蚀变，岩石的风化程度总体较弱。图 3-18a 给出了 1 号岩样中矿物的背散射电子像。

（2）2 号岩样的鉴定结果

2 号岩样的岩石名称也为大理岩，基质为他形晶的细腻白云石，均无风化现象。另外还含有颗粒状方解石，颗粒大小约为 10 微米～50 微米，局部有风化现象，图 3-18b 给出了 2 号岩石样品中矿物的背散射电子像。

另外，两个岩样的化学成分如表 3-4～表 3-7 所示。

表 3-5　岩样中白云石矿物部位的电子探针分析结果（wt.%）

成分	1 号岩样的测点 1-1	1 号岩样的测点 1-2	2 号岩样的测点 2-1
Na_2O	0.0000	0.003	0.028
MgO	22.804	22.713	22.144
K_2O	0.018	0.011	0.006
CaO	32.878	31.714	31.938
Al_2O_3	0.0000	0.0000	0.0000
SiO_2	0.161	0.016	0.015
TiO_2	0.027	0.0000	0.0000
Cr_2O_3	0.0000	0.0000	0.022
MnO	0.0000	0.0000	0.0000
FeO	0.053	0.467	0.321

① 张秉坚，碳酸岩建筑和雕塑表面黑垢清洗研究. 新型建筑材料，1999，（3）：39-40

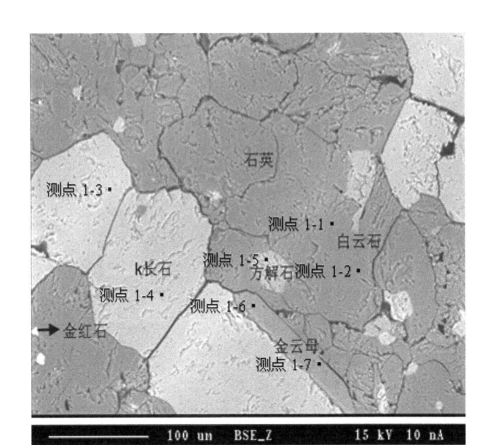

（a）1号岩样

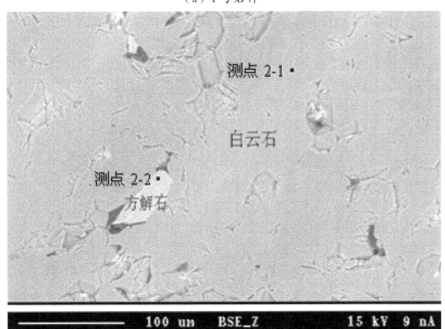

（b）2号岩样

图3-38　石经山汉白玉岩样中矿物的背散射电子像图

续　表

成分	1 号岩样的测点 1-1	1 号岩样的测点 1-2	2 号岩样的测点 2-1
NiO	0.0000	0.0000	0.0000
Total	55.941	54.924	54.473

说明：由于进行的是喷碳观测，电子探针测试中对白云岩和方解石中的碳酸根不进行测定。

表 3-6　岩样中钾长石矿物部位的电子探针分析结果（wt.%）

成分＼测点	1 号岩样的测点 1-3	1 号岩样的测点 1-4
SiO_2	59.9814	60.1451
TiO_2	0.0000	0.0000
Al_2O_3	19.0498	19.0832
Cr_2O_3	0.0879	0.0000
MgO	0.0000	0.0000
CaO	0.0000	0.0188
MnO	0.0162	0.0162
FeO	0.0000	0.0359
NiO	0.0000	0.0000
Na_2O	0.8511	0.9165
K_2O	13.7838	13.7856
Total	93.7702	94.0014

表 3-7　岩石中方解石矿物部位的电子探针分析结果（wt.%）

成分＼测点	1 号岩样测点 1-5	2 号岩样测点 2-2
Na_2O	0.016	0.027
MgO	1.069	0.421
K_2O	0.112	0.014
CaO	62.136	59.235
Al_2O_3	0.007	0.029

续　表

成分＼测点	1号岩样测点 1-5	2号岩样测点 2-2
SiO_2	0.072	0.034
TiO_2	0.060	0.0000
Cr_2O_3	0.0000	0.018
MnO	0.021	0.017
FeO	0.0000	0.050
NiO	0.161	0.032
Total	63.654	59.877

表 3-8　岩石中金云母矿物部位的电子探针分析结果（wt.%）

成分＼测点	1号岩样测点 1-6	1号岩样测点 1-7
SiO_2	44.9336	44.7900
TiO_2	0.5166	0.5349
Al_2O_3	12.4974	12.7373
Cr_2O_3	0.1007	0.0574
MgO	23.1298	23.2016
CaO	0.0000	0.1572
MnO	0.0000	0.0000
FeO	0.2988	0.2234
NiO	0.0065	0.0161
Na_2O	0.0836	0.0933
K_2O	10.5532	10.7214
H_2O	4.2085	4.2208
Total	96.3286	96.7533

（三）总结

对取自房山大石窝的新鲜大理岩岩样和取自北京市古代建筑剥落下的大理岩岩样进行薄片镜下观察、XRD矿物分析、XRF化学成分分析等测试，得到以下结论：

1. 一级汉白玉和青白石的主要矿物成分为白云石，占到95%以上。三级汉白玉的主要矿物成分也是白云石，但含有一定量的石英。

2. 天坛、观耕台、故宫、十三陵长陵等古代建筑都使用了一级汉白玉石材，石经山、西黄寺清净化城塔及部分故宫的汉白玉建筑也使用了三级汉白玉石材，从大理岩所含微量元素上可初步认定上述古建筑的汉白玉取自房山大石窝。

3. 一级汉白玉、二级汉白玉和青白石的粒径都比较小，以小于100微米居多，属于微粒大理岩。相比而言，三者矿物晶体大小顺序为：一级汉白玉>三级汉白玉>青白石，其均值分别为132.6微米、97.9微米和67.4微米。

第四章　石质文物现场检测技术预筛选

对于珍贵的石质文物病害的评估，现场检测应采用无损或微损的检测方法而非有损的方法。本课题在多年经验积累及初步预筛选试验中，对于石质文物的内部缺陷和体缺陷的无损检测从探地雷达及超声波测试技术中选择出超声波测试技术；对于表面风化及表层剥落程度（通常只有1cm～2cm）的无损测试从超声波测试技术及红外热成像技术中选择红外热成像技术；对于表面硬度的无损测试从邵氏硬度计、莫氏硬度计及里氏硬度计中选择出里氏硬度计；对于表面强度的无损检测从混凝土回弹强度仪、砖回弹强度仪及砂浆回弹强度仪中筛选出适用于一定风化程度的、数据有一定区分度的北京地区大理岩类文物的测试。本章将着重介绍这些检测技术应用状况及在本课题中的可行性。

一、红外热成像无损检测技术

红外技术应用于无损检测领域，始于20世纪60年代末，[1] 其重要特点是能远距离测量温度，具有非接触、远距离、实时、快速、全场测量等优点。红外热像无损检测技术将图像处理和计算机相结合广泛应用于医疗卫生、航空航天、无损探伤和安全检查等领域。[2]

红外热像无损检测技术被越来越多的应用于建筑领域，尤其是建筑物表面损伤鉴定，伊藤宪雄[3]应用红外热像仪鉴定冻融破坏混凝土损伤程度，结果表明根据红外热像

---

① 陈积懋. 无损检测新技术的发展［J］. 无损检测，1994，16（8）：221.

② Antoni Rogalski, Infrared detectors:status and trends, Progress in Quantum Electronics, 2003.

③ 伊藤宪雄，平静和喜. 红外热像仪鉴定混凝土冻融破坏损伤的程度［C］. 第48届红外技术大会论文集，1994，160.

可测定距表面 1cm 深处的缺陷，可确定的裂缝宽度＞0.6mm，根据混凝土表面的温度分布可确定受灾混凝土的损伤范围和程度。近年来，红外热成像技术也渐渐被应用到文物保护领域，王永进等[①]用红外热成像仪观察金川湾石窟主佛背部毛细水分布热图，根据热图不同颜色区域可以区分毛细水活动频繁的区域。红外热成像技术的应用对文物保存安全、保存现状评估及探索文物病害原因起到了积极的作用，因此，本课题将选取热红外成像仪作为北京石质文物无损检测方法之一。

二、超声波无损检测技术

超声波探伤技术的基本原理是在被测物体中激发出一定频率的超声弹性波，以一定路线在物体内部传播并通过仪器接收，通过分析研究所接收的信号，就可了解物体内部的力学特性和缺陷的分布情况。超声波探测技术对被测物体没有损伤，而且测试简便易行，到目前为止，超声波探测广泛应用于混凝土、铁路钢轨、金属构件的内部空洞、表层缺陷、裂缝深度、抗压强度等检测中。[②]张志国等[③]用超声波无损探伤检测应用在不同年代的石质文物（如石佛像雕、石碑、石柱等），探测其内部裂隙的走向和发育程度，而且能根据声波的特征判断其风化程度和强度。姚远[④]系统讨论了超声波在检测石质文物病害方面的应用，并经理论计算、试验验证和材料表征技术验证等最终评析超声波法检测裂隙病害和风化病害的应用效果良好，具有可行性。因此，本课题将超声波法作为主要的无损检测方法应用到石质文物病害检测中。

三、表面强度和表面硬度检测技术

岩石的强度和硬度也是评价石质文物风化的重要指标参数，目前，比较适合风化石质文物无损检测的表面强度检测仪器有砂浆回弹仪，表面硬度检测仪器有里氏硬度计。

---

① 王永进，齐扬等. 红外热像技术在文物保护中的应用［J］. 众观全局，2013：50-52.

② 刘福顺，汤明. 无损检测基础［M］. 北京：航空航天大学出版社，2002.

③ 张志国，彭华等. 超声波无损探伤检测在现代出土石质文物保护中的应用［J］. 地质力学学报，2005，11（3）：278-285.

④ 姚远. 超声波法在检测石质文物病害方面的试验研究［D］. 北京：中国地质大学，2011.

　　回弹仪也称施密特锤，它是用一弹簧驱动弹击锤并通过弹击杆弹击样品表面所产生的瞬时弹性变形的恢复力，使弹击锤带动指针回弹并指示出回弹的距离。用回弹值（弹回的距离与冲击前弹击锤与弹击杆的距离之比，按百分比计算）来推算混凝土的抗压强度。因其不损坏构件、仪器构造简单、操作方便，检测效率高而费用低廉等优点，在混凝土的强度检测方面得到广泛应用，[1]近年来，也用在了岩石[2]的检测方面。但是，混凝土回弹仪的冲击面积和冲击能量较大，其影响深度可以达到被测对象表面以下几cm，对石质文物的表层有一定的损伤，并且影响深度内的岩石性质对回弹仪的数值都有一定的影响，对于风化石质文物最好用冲击能量较小的砂浆回弹仪或砖回弹仪。

　　里氏硬度计（Equotip）的原理与回弹仪相似，它起初是为检测金属材料的硬度而设计的，我国也于1999年制订了相应的技术标准。[3]Aoki等[4]测试了多种岩石的硬度值和单轴抗压强度值，并建立了两者之间的关系，他们将回弹仪和硬度计应用在了一座砂岩的石桥上，并验证了这两种方法对于石质文物的可行性。Hack等[5]人使用里氏硬度计测量了某岩石的硬度值，并将该值与该岩石的单轴抗压强度建立了关系。本课题中，选取砂浆回弹仪和里氏硬度计作为强度和硬度检测的主要仪器。

---

① 伦志强. 回弹法检测混凝土抗压强度的不确定度研究［D］. 广州：华南理工大学，2011.

② 谭国焕，李启光，徐钺等. 香港岩石的硬度与点荷载指标和强度的关系［J］. 岩土力学，1999，20（2）：52-56.

③ 中华人民共和国国家标准. 金属里氏硬度试验方法（GB T17394-1998）［S］. 北京：中国标准出版社，2008.

④ Aoki H, Matsukura Y. A new technique for non-destructive field measurement of rock-surface strength: an application of the Equotip hardness tester to weathering studies［J］. Earth Surface Processes and Landforms, 2007, 32: 1759 ~ 1769.

⑤ Hack HRGK, Hingira J, Verwaal W. Determination of discontinuity wall strength by Equotip and ball rebound tests［J］. International Journal of Rock Mechanics and Mining Sciences, 1993, 30: 151 ~ 155.

四、现场测试流程

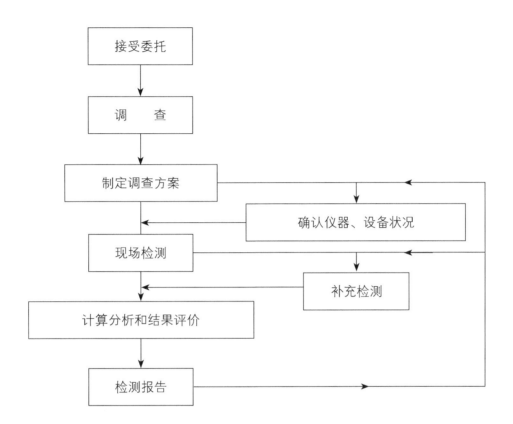

五、现场病理诊断分析流程

测试内容和步骤如下：

1.记录构件名称、位置、测量构件尺寸，加标尺并对各面照相，填表。

2.表面风化状况观察并确定测试区域。通过肉眼观察，对构件的风化状况进行整体描述，包括病害主要类型，粉化、剥落程度，裂缝、孔洞数量和尺寸等，记录并填表。据此确定测试区域，对各区域用橡皮泥标示病害位置、照相，区域的确定依据是不同位置、不同病害特征、不同病害程度，每个构件测试 10 个区域。

3.显微形貌观察。采用 3R Anyty 视频显微镜对螭首的区域进行表面显微形貌观测，获得单位面积上裂缝的数量、宽度、长度，以及孔洞的个数和直径。并在实验室内用 3R AnytyView40101 软件进行特征提取、计算、分析、比对。

4.矿物成分分析。采用型号为 NITON XL3T 的便携式 XRF 对所选区域进行成分检测，获得矿物的组成元素和含量，在实验室内用 Thermo Niton NDT7.2.2 软件对数据进行处理和分析。取少许测试区域脱落的粉末样品，在实验室内采用型号为 Rigaku D/max 2200 XRD 测试仪进行矿物成分测试，工作管压和管流分别为 40KV 和 40mA，Cu 靶，测试角度范围为 10°～75°，对所得谱图采用分析软件 Jade5.0 进行解析确定矿物的主要成分，把现场 XRF 和实验室内 XRD 测定结果相结合判断风化原因。

5. 回弹强度测试。考虑到有些构件风化严重，为避免测试过程对构件的破坏，采用型号为 ZC5 的砂浆回弹仪（比混凝土回弹仪回弹强度小）对各区域表面强度进行测试，并与未风化表面强度进行比较，进行 16 次回弹测试，保证每次测量点不重合，舍弃最大与最小值，其余数据取平均值。

6. 表面硬度测试。先根据表面风化状况初步判定表面硬度大小，选择 Leeb140 里氏硬度计。

7. 附着力测试。对所选区域采用透明胶带测量附着力，该项测试在所有测试工作前进行。选取一定宽度、长度的胶带，称重，将胶带贴附在各区域表面，然后缓缓揭取下来，测得附有风化颗粒的胶带质量，求取试验前后胶带质量差。

8. 采用型号为 ZBL-U520 非金属超声波测试仪并参考"超声波法检测混凝土缺陷技术规程（CECS21：2000）"，对 6 个不同风化程度的螭首进行超声波波速测试，发射器置于螭首一侧，接收器置于螭首中部对应的另一侧，耦合剂采用面粉团，采集超声波纵波波速值。

第五章 北京地区石质文物风化程度评价

本章选取北京地区具有代表性石质文物的地点作为评价对象，将第二章拟定的无损检测技术应用于现场测试中，并确定现场无损诊断技术参数、结果评定方法，为石质文物风化程度定量评价技术的建立奠定基础。主要对大高玄殿、乾隆御制碑、居庸关云台、利玛窦、天安门、五塔寺和景山公园等的石质文物进行现场无损检测研究，其中重点选取"大高玄殿"和"乾隆御制碑"这两处石质文物进行深入研究。除此之外，为了补充、验证现场无损检测技术所获得的结果，还对各位置所取样品进行实验室风化程度、风化结果及风化原因分析。

一、大高玄殿石质文物

（一）大高玄殿简介

大高玄殿，又称大高元殿、大高殿，始建于明嘉靖二十一年（1542 年），坐落在故宫的西北侧，东临景山，西近北海，北面是著名的陡山门和御史衙门，南面与紫禁城以筒子河相隔。大高玄殿是我国现存唯一一座明清两代皇家御用道观，是明代道教与皇权相结合的最具代表性的产物，明清两代皇帝多在此祈雨。大高玄殿占地 14000 平方米，院内现存的主要建筑是乾元阁、九天应元雷坛、大高玄殿、大高玄门以及内外、山门（如图 5-1）。

由图 5-2 可见，基于现场勘察结果，依照《石质文物病害分类与图示》（WW/T 0002-2007）石质文物病害分类及图示规定，大高玄殿古建筑群石质构件存在的主要病害为：残损、裂缝、表面风化（包括表面粉化、片状剥落、孔洞状风化、溶蚀等）、表面污染与变色和水泥修补等。因此，大高玄殿石质文物保存状况堪忧，维修迫在眉睫。

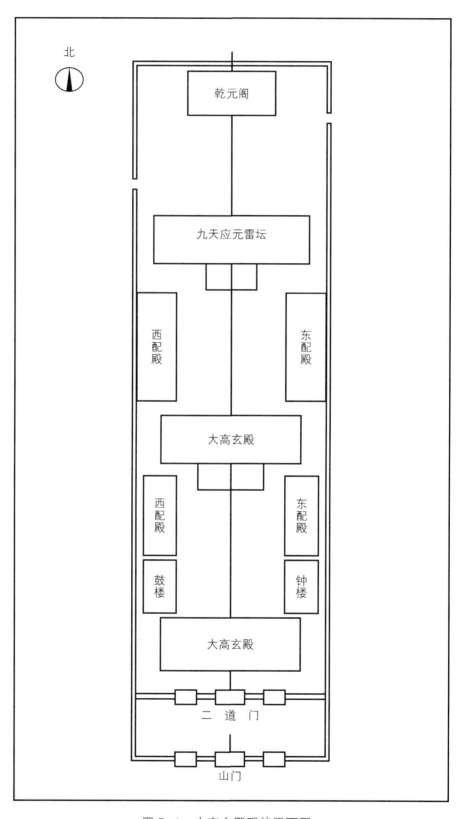

图 5-1 大高玄殿现状平面图

图 5-2 大高玄殿院内石质构件保存现状

（二）石质构件病害状况现场检测

为了更准确地了解大高玄殿石质构件的保存状况，本节通过超声波仪、回弹强度仪、附着力测试条和硬度计等现场无损检测手段对出现典型病害的石质构件进行现场测试，以定性及定量地对石质构件病害程度进行评估。根据石质构件病害类型及程度，将现场石质构件大体分为 5 类，分别为表面无明显病害的完好构件、表面有荷载裂缝的石质构件、轻微风化的石质构件、片状剥落的石质构件和表面酥粉的石质构件。各类构件风化程度的示意图如图 5-3 至图 5-7，构件的超声波波速、回弹强度、表面酥粉质量、硬度、抗压强度等指标在表 5-1 中列出。其中各构件的抗压强度通过将超声波波速和回弹强度代入式（1）计算得出，该式是前期对故宫太和殿、中和殿、保和殿基座上汉白玉栏板进行现场测试和实验室对更换下来的残损石质汉白玉栏板的破损试验、模拟试验及曲线拟合得出，材质和风化状况与故宫大高玄殿一致。

$$f=1.6738R^{1.42493v-0.1387} \tag{1}$$

其中：f 为抗压强度，v 为超声波波速，R 为回弹强度。

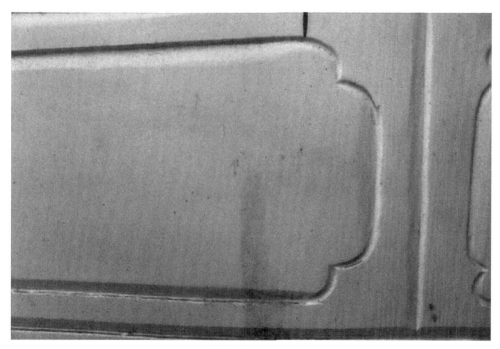

乾元阁 D-LB1

乾元阁 N-LB1

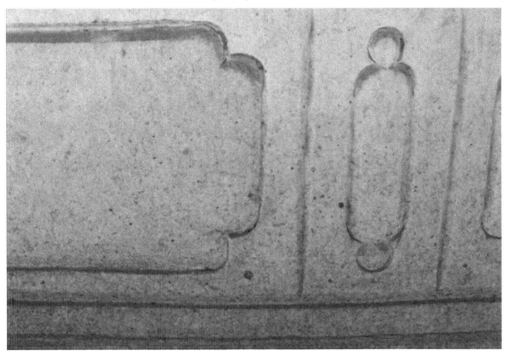

乾元阁 X-LB9

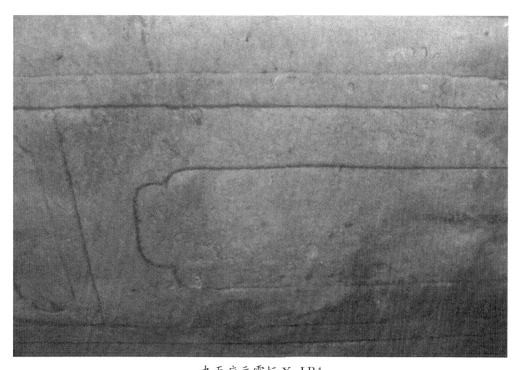

九天应元雷坛 X-LB4

图 5-3 表面无明显病害的石质构件

九天应元雷坛 N-LB3

九天应元雷坛 B-LB8

乾元阁 N-LB4

大高玄殿月台 N-LB1

图 5-4　轻微风化的石质构件

乾元阁 X-LB5

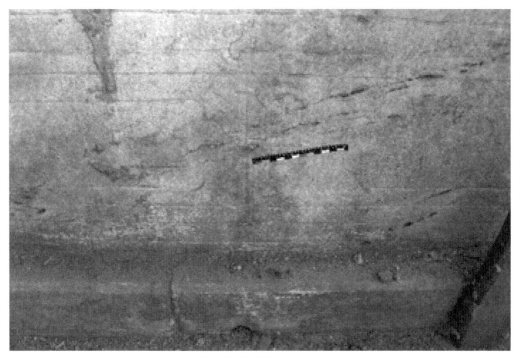

九天应元雷坛 X-LB6

乾元阁 N-LB2

内山门 N-LB6

图 5-5　表面有裂缝的石质构件

外山门 N-LB4

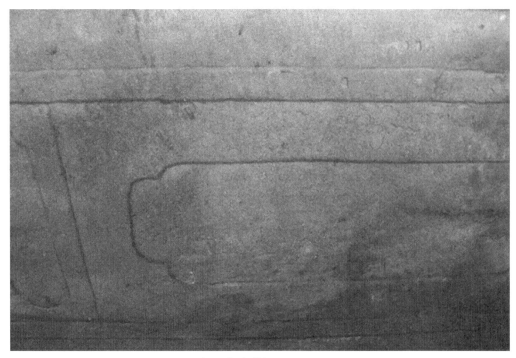

九天应元雷坛 X-LB4

图 5-6 片状剥落的石质构件

大高玄殿 N-LB2

大高玄殿 N–LB3

图 5-7　表面酥粉的石质构件

　　由表 5-1 可知，不同类型及程度的病害会影响石质构件的各项指标，各构件的超声波波速值未呈现明显的规律性，推测是由于各构件天然石材内部纹理不同造成。表面酥粉质量是衡量石质构件表面附着力，评估石质构件表面风化程度的重要指标，表面出现酥粉现象的石质构件，测得的酥粉质量明显高于其余四类构件，说明其表面风化较为严重。

　　表面无明显病害的完好构件具有较大的回弹强度（25MPa ~ 43MPa）和抗压强度（92MPa ~ 120MPa），而表面轻微风化的石质构件的回弹强度（30MPa ~ 35MPa）和抗压强度（72MPa ~ 83MPa）则相对较低；出现表面酥粉和片状剥落现象的石质构件回弹强度和抗压强度均发生明显下降，抗压强度下降率分别为 34% ~ 49% 和 38% ~ 44%；荷载裂缝的存在对石质构件的整体强度有极大影响，石质构件裂缝周边的回弹强度仅 22MPa ~ 30MPa，抗压强度下降率达到 55.73%。据此可以初步定量判断因为风化、受力等因素造成汉白玉材质劣化而使其承载力下降幅度，为修缮提供依据。

　　片状剥落、酥粉和裂缝等石质文物风化病害会对石质文物外观和整体安全性产生较大影响，片状剥落和酥粉会造成石质构件表面雕刻纹饰的破坏，影响构件的外观，并一定程度上降低构件的强度；荷载裂缝的存在会使石质构件强度大大降低，严重影

表 5-1　石质构件现场无损检测指标

病害类型	构件编号	所属殿座	超声波波速（m/s）	回弹强度（MPa）	硬度	酥粉质量（mg）	抗压强度（Mpa）	抗压强度下降率（%）
表面无明显病害	D-LB1	乾元阁	2141	35.64	18	5.4	94.00	—
	N-LB1		2692	43.00	83	9.7	118.99	
	X-LB9		1892	40.36	18	4.8	114.17	
	B-LB5		3837	38.25	36	4.3	95.88	12.04
	X-LB4		2329	35.4	23	4.5	92.02	15.58
轻微风化	N-LB3	九天应元雷坛	1733	31.13	25	10.0	79.83	26.76
	B-LB3		4190	33.64	28	10.9	79.09	27.44
	B-LB8		3187	34.00	22	7.6	83.18	23.69
	D-LB6		2837	31.84	17	7.1	76.99	29.37
	N-LB4	乾元阁	2481	30.31	49	7.7	73.12	32.92
	D-LB8		3378	33.15	30	12.1	79.59	26.98
	N-LB1	大高玄殿月台	2419	30.08	12	13.5	72.78	33.23
裂缝	X-LB5	乾元阁	1213	22.03	25	11.6	51.41	52.83
	N-LB2		4094	30.29	30	2.7	68.15	37.45
	N-LB2	外山门	3182	24.92	32	5.3	53.44	50.97
	N-LB6	内山门	3779	27.50	35	6.1	60.04	44.92
	X-LB6	九天应元雷坛	2583	22.73	5	14.6	48.25	55.73
片状剥落	X-LB4		2826	27.20	23	4.3	61.54	43.54
	N-LB1	外山门	3409	29.38	13	13.5	66.93	38.60
表面酥粉	N-LB2	大高玄殿	2353	24.93	0	22.3	55.91	48.71
	N-LB3		1923	29.14	1	23.1	71.62	34.29

　　注：乾元阁 N-LB1、X-LB9、DL-LB1 为修缮后更换的新构件，故取这三个构件的抗压强度平均值作为基准，计算其他已风化构件的抗压强度下降率。

响石质构件的安全性。

（三）石质构件病害状况实验室检测

　　对大高玄殿古建筑群各殿座中出现典型病害的代表性石质构件取样进行实验室检测分析，部分样品的取样位置及样品照片如图 5-8 所示，样品的具体信息在表 5-2 中给出。

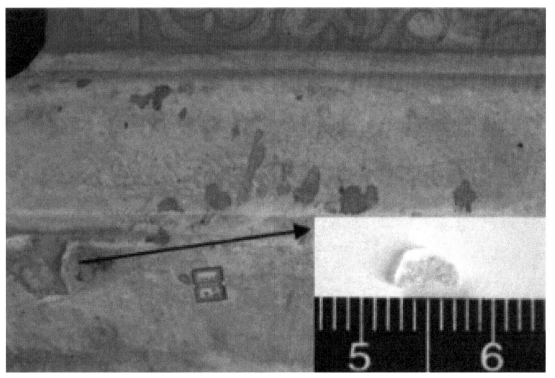

外山门 N-XMZ6

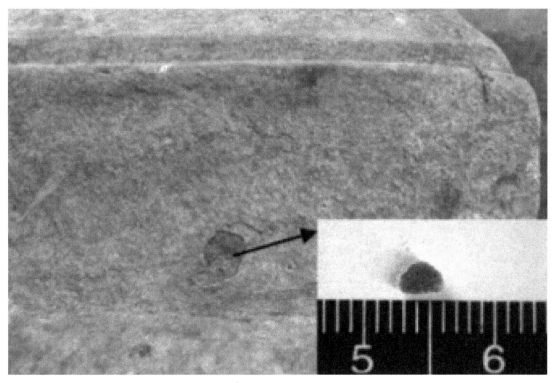

外山门 N-XMZ5

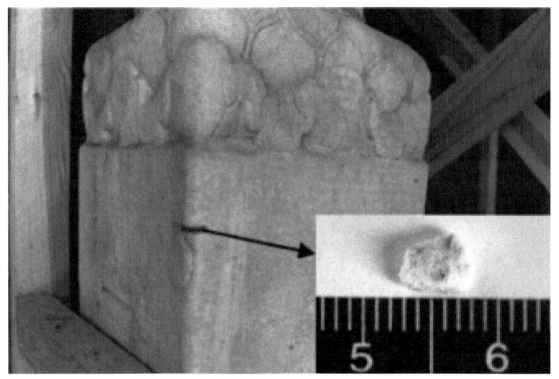

大高玄门 N-WZ3

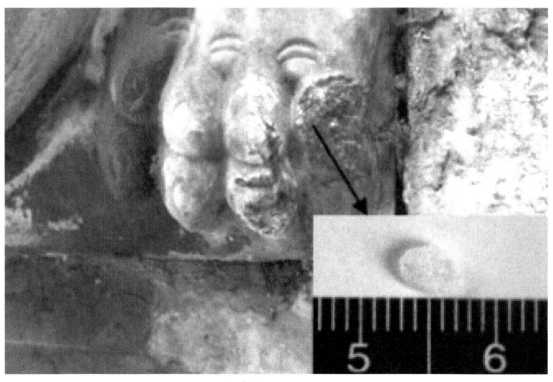

大高玄殿 DN-CS

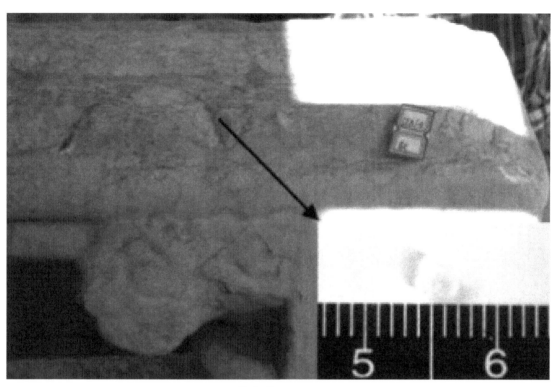

外山门 N-LB1

大高玄殿 ZJS4

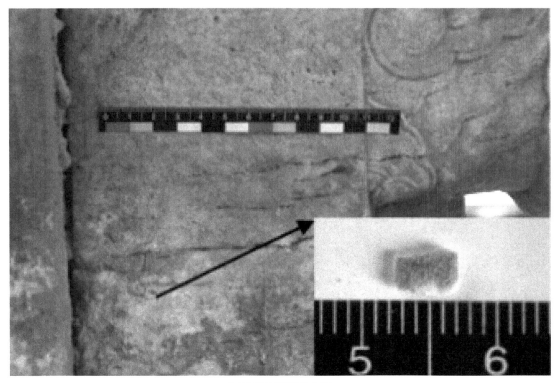

九天应元雷坛 X–LB7

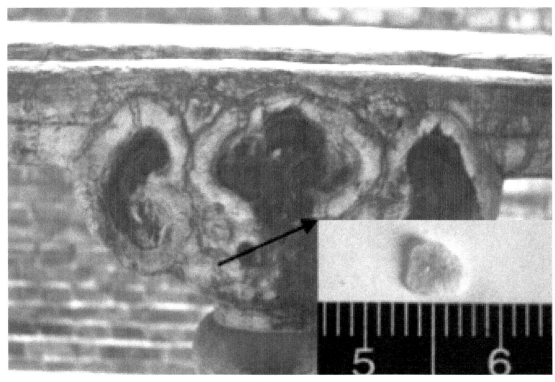

乾元阁 D–LB7

乾元阁散落构件 LB56

图 5-8　取样位置及样品信息

表 5-2　大高玄殿样品信息表

所属殿座	构件编号	取样位置
外山门	N-XMZ6	须弥座东侧下枋
	N-XMZ5	须弥座北侧下枋
内山门	N-LB1	寻杖
大高玄门	N-WZ3	望柱柱身
大高玄殿	DN-CS	大螭首左侧兽脚
	ZJS4	大高玄殿月台中基石大面
九天应元雷坛	X-LB7	净瓶
乾元阁	D-LB7	净瓶
乾元阁散落构件	LB56	面枋

图 5-9 所示为新鲜石材及已风化石质构件样品岩石颗粒在 100 倍下的偏光显微镜照片，新鲜汉白玉和青白石大多表面光滑且颗粒均匀；已风化石质构件样品则显现出明显的风化破坏特征，其中，外山门 N-XMZ6、内山门 N-LB1、大高玄殿 DN-CS、九

新鲜汉白玉

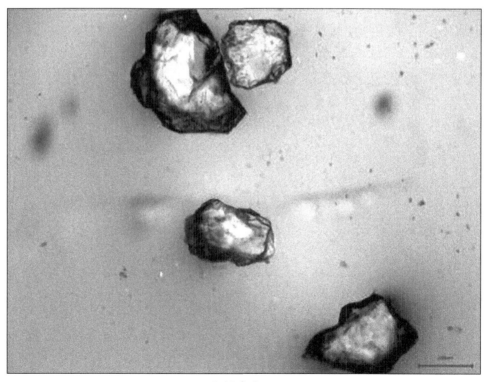

新鲜青白石

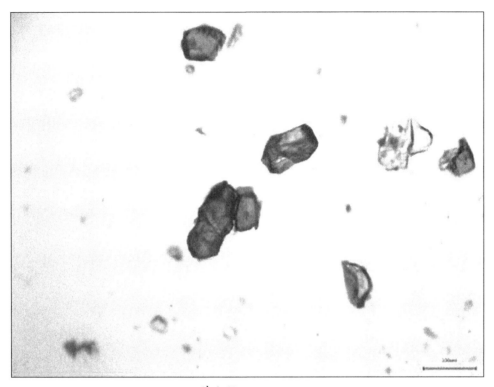

外山门 N-XMZ6

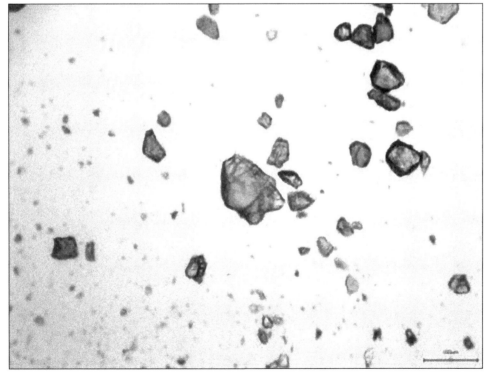

外山门 N-XMZ5

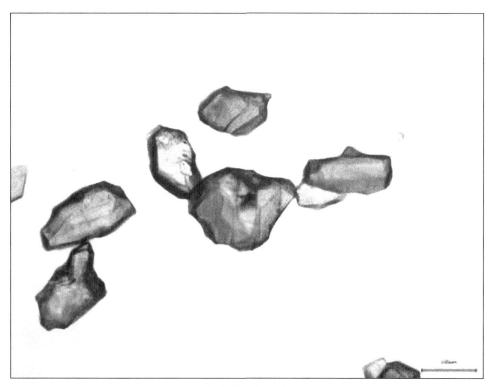

内山门 N–LB1

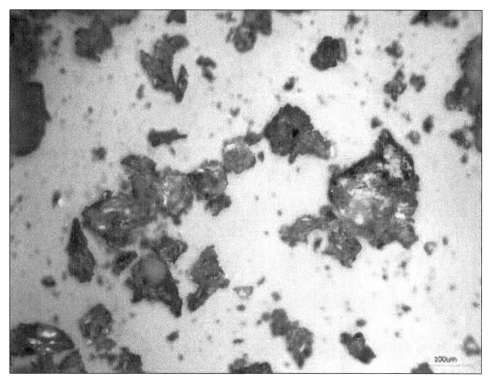

内山门 N–XMZ6

大高玄门 N-WZ3

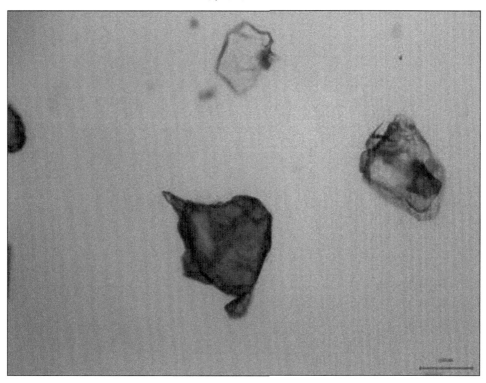

大高玄殿 DN-CS

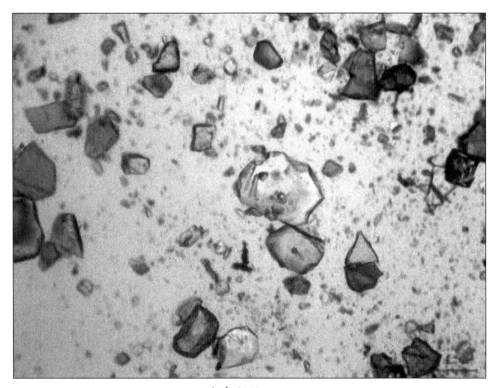

大高玄殿 ZJS4

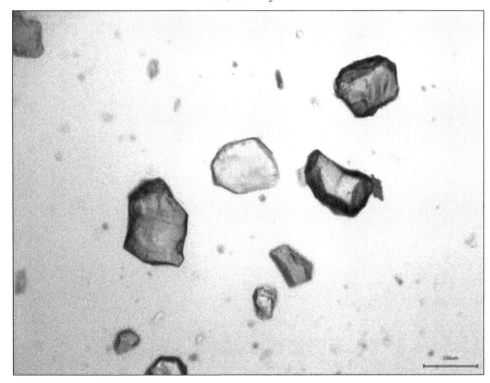

九天应元雷坛 X–LB7

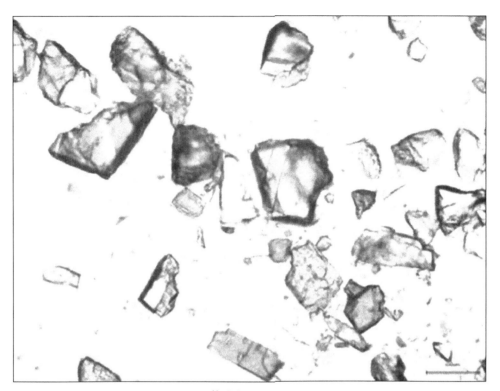

乾元阁 D-LB7

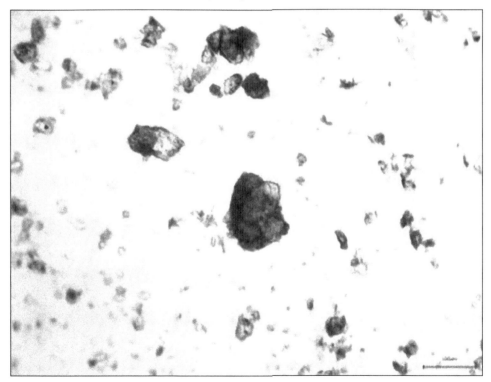

乾元阁散落构件 LB56

图 5-9 各石质构件样品偏光显微镜照片（×100）

天应元雷坛 X-LB7 样品颗粒大小不一且形状各异，矿物颗粒尺寸明显小于新鲜石材；外山门 N-XMZ5、大高玄门 N-WZ3、大高玄殿 ZJS4、乾元阁 D-LB7 和乾元阁散落构件 LB56 矿物颗粒表面粗糙，且含有较多风化碎屑。

如图 5-10 所示，新鲜汉白玉和青白石样品呈现典型的大理岩镶嵌结构，表面无风化碎屑、溶洞、溶孔或结垢。大高玄门 N-WZ3、乾元阁 D-LB7 和大高玄殿 ZJS4 样品表面被风化产物层覆盖，外山门 N-XMZ6、外山门 D-LB1、内山门 N-LB1、大高玄殿 DN-CS、九天应元雷坛 X-LB7 和乾元阁散落构件 LB56 样品风化较为严重，表面有明显的风化碎屑，白云石矿物颗粒间镶嵌结构被破坏，晶体颗粒脱落，从微观上揭示了石材的劣化现象。

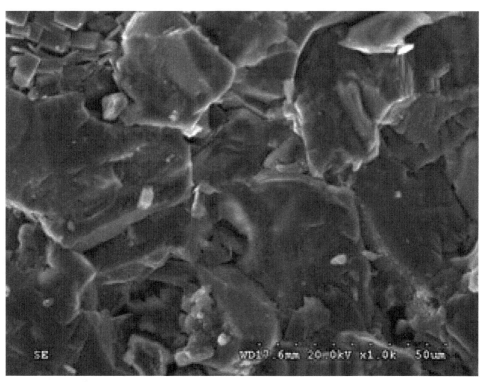

新鲜汉白玉

新鲜青白石

外山门 N-XMZ6

外山门 N-XMZ5

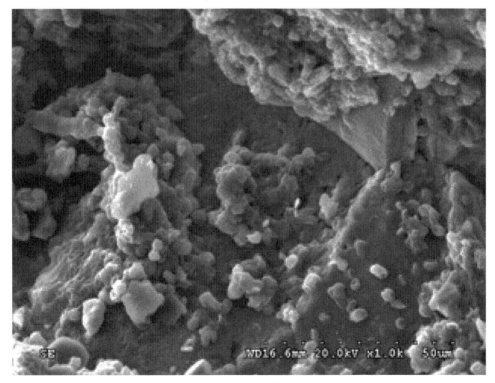

内山门 N-LB6

内山门 N-XMZ6

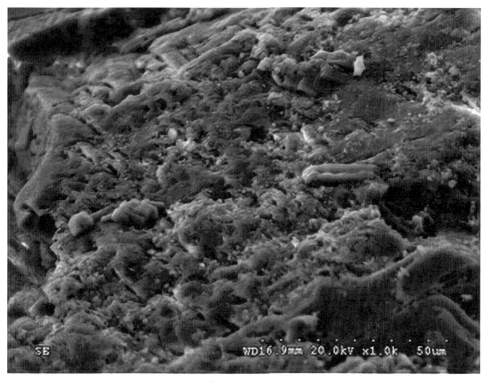

大高玄门 N-WZ3

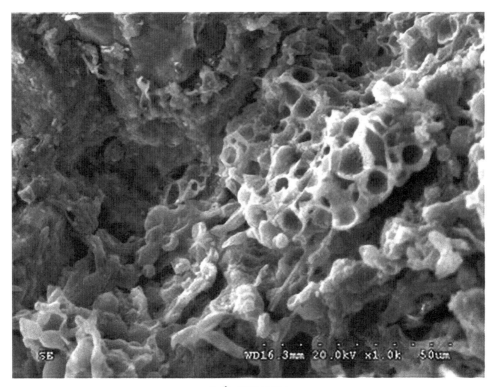

大高玄殿 ZJS4

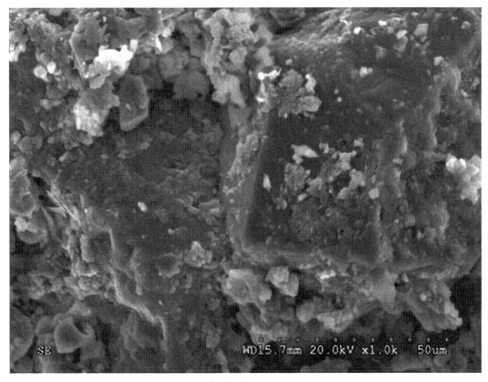

大高玄殿 DN-CS

九天应元雷坛 X-LB7

乾元阁 N-WZ3

乾元阁散落构件 LB56

图 5-10 大高玄殿各殿座石质构件样品的扫描电镜照片（×1000）

表 5-3 大高玄殿各殿座石质构件样品元素含量 EDS 检测结果（wt.%）

所属殿座	构件编号	石材种类	C	O	Mg	Al	Si	Ca
新鲜石材	—	汉白玉	36.44	28.29	10.99	—	—	24.28
	—	青白石	18.81	36.74	15.60	—	—	28.85
外山门	N–XMZ6	汉白玉	15.42	36.71	14.90	0.73	2.37	29.86
	N–XMZ5	青白石	16.24	34.27	15.38	1.34	2.68	28.26
内山门	N–LB1	汉白玉	32.35	34.41	8.66	1.06	2.23	20.76
	XMZ1	青白石	20.47	33.71	13.72	—	2.92	26.21
大高玄门	N–WZ3	汉白玉	14.90	34.99	13.67	1.24	2.45	26.40
大高玄殿	DN–CS	汉白玉	47.38	28.32	6.19	—	3.14	14.01
	ZJS4	青白石	17.06	29.01	10.69	3.73	11.52	17.33

续 表

所属 殿座	构件 编号	石材 种类	C	O	Mg	Al	Si	Ca
九天应元雷 坛	X–LB7	汉白玉	17.57	24.22	12.49	—	1.31	27.58
乾元阁	D–LB7	汉白玉	18.82	34.05	10.72	1.75	4.96	29.70
乾元阁散落 构件	LB56	青白石	15.61	37.09	15.02	1.50	2.95	26.54

表 5-3 中 EDS 结果显示大高玄殿各殿座石质构件样品所含主要元素为 Ca、Mg、C、O 部分样品中含有少量的 Si 和 Al，其中大高玄殿 ZJS4 样品的 Si 含量较高，其矿物组成可能有别于其他样品。为了进一步确定各石质构件样品化学成分，对上述样品进行了 XRD 测试。

图 5-11 所示为大高玄殿古建筑群各殿座内石质构件样品的 XRD 谱图，由 XRD 确定的各构件的化学成分在表 5-4 中列出。

XRD 结果显示，所选新鲜石材及大高玄殿古建筑群各殿座采集的已风化的石质构件样品的主要成分为 $CaMg(CO_3)_2$，表明其主要矿物组成为白云石。新鲜汉白玉与新鲜青白石的 XRD 谱图无明显差异；各殿座石质构件样品中，仅大高玄殿 ZJS4 样品中检测到 SiO_2 的存在。

表 5-5 为利用 X 射线荧光光谱法（XRF）测定的上述已风化石质构件样品中各元素含量，相关测试结果与表 5-3 和表 5-4 结果可相互补充和印证，说明大高玄殿古建筑群各殿座石质构件主要矿物组成为白云石。综合 EDS、XRD、XRF 测试结果可知，风化样品均含有 Si 元素，而新鲜的汉白玉或青白石基本上不含 Si 元素，Si 元素很可能来自空气中的灰尘沉积，也有可能是石材本身所带。此外，各殿座已风化石质构件样品中均检测出一定量的 S 元素而新鲜石材中并没有 S 元素，S 元素很可能与风化病害的形成有关，酸雨中含有的 Na_2SO_4 会侵蚀碳酸盐类石材并留下痕迹。

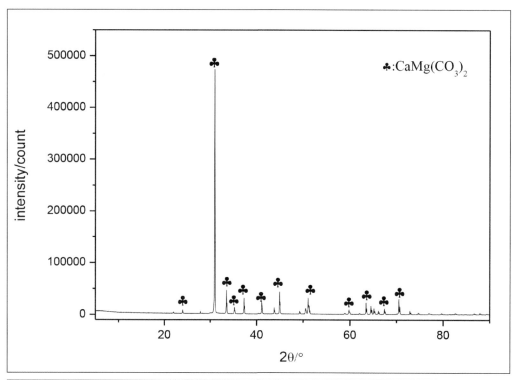

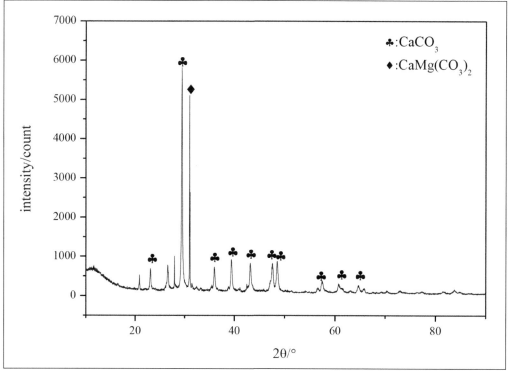

新鲜汉白玉新鲜青白石

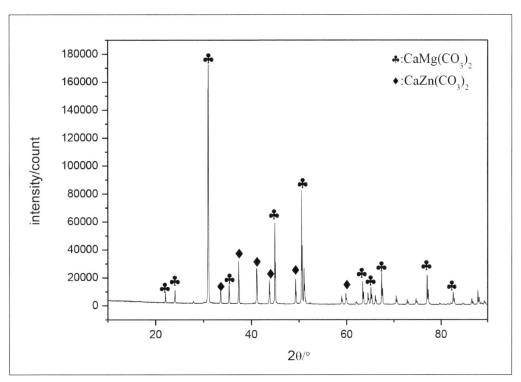

外山门 N-XMZ6

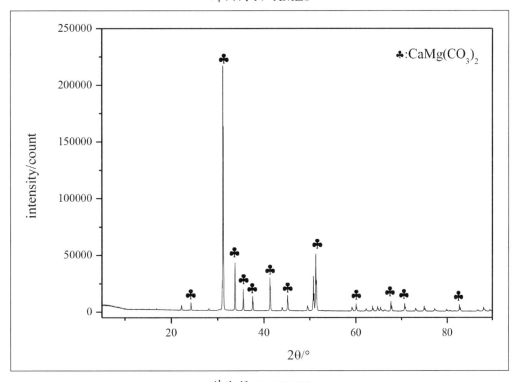

外山门 N-XMZ5

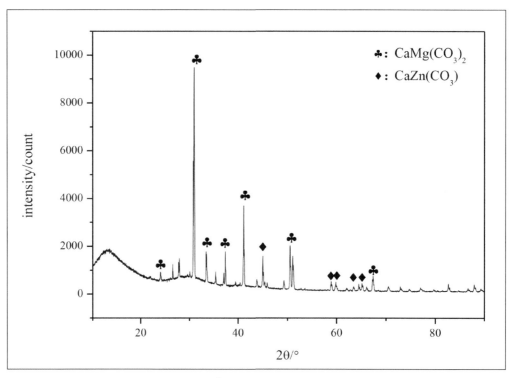

内山门 N-LB1

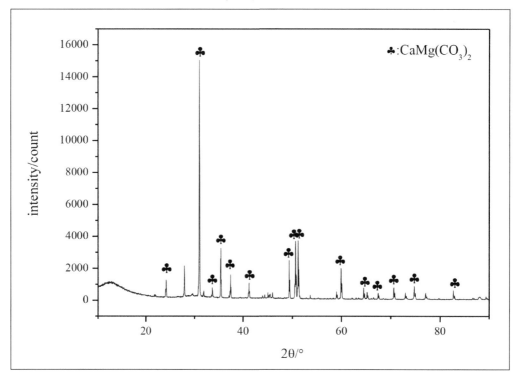

大高玄门 N-WZ3

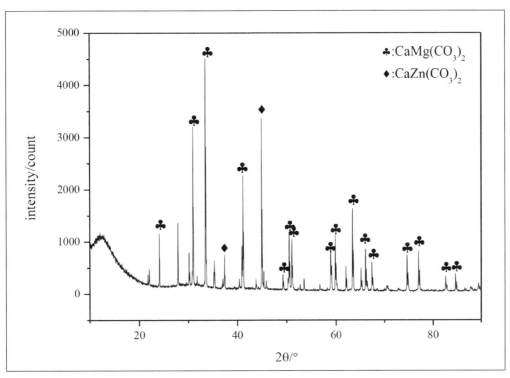

大高玄殿 DN–CS

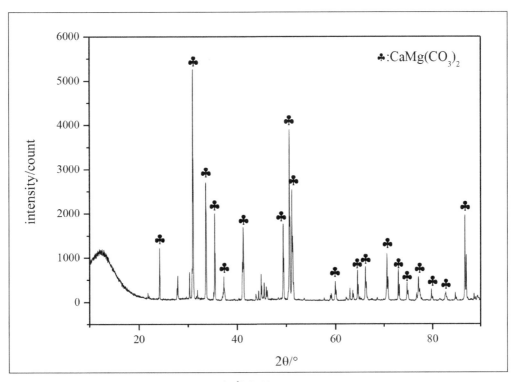

大高玄殿 ZJS4

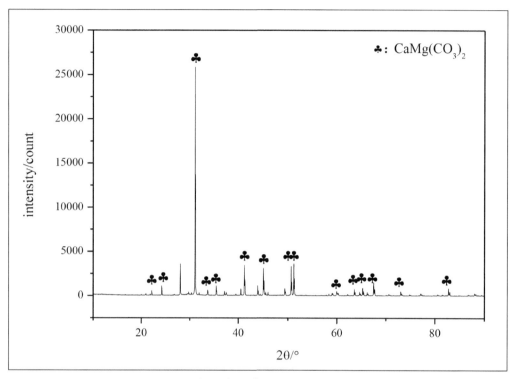

九天应元雷坛 X-LB7

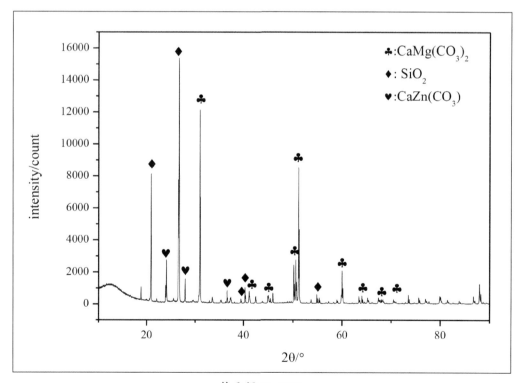

乾元阁 D-LB7

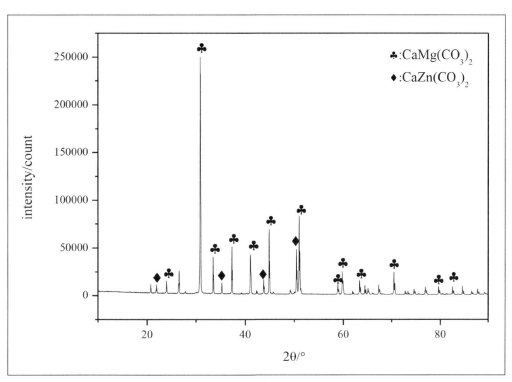

乾元阁散落构件 LB56

图 5-11 各石质构件 XRD 谱图

表 5-4 大高玄殿各殿座石质构件样品的矿物种类

所属殿座	构件编号	矿物化学成分
新鲜汉白玉	—	$CaMg(CO_3)_2$
新鲜青白石	—	$CaMg(CO_3)_2$
外山门	N-XMZ6	$CaMg(CO_3)_2$、$CaZn(CO_3)_2$
	N-XMZ5	$CaMg(CO_3)_2$
内山门	N-LB1	$CaMg(CO_3)_2$、$CaZn(CO_3)_2$
大高玄门	N-WZ3	$CaMg(CO_3)_2$
大高玄殿	DN-CS	$CaMg(CO_3)_2$
	ZJS4	$CaMg(CO_3)_2$、$CaZn(CO_3)_2$、SiO_2
九天应元雷坛	X-LB7	$CaMg(CO_3)_2$、$CaZn(CO_3)_2$
乾元阁	D-LB7	$CaMg(CO_3)_2$、$CaCO_3$
乾元阁散落构件	LB56	$CaMg(CO_3)_2$、$CaZn(CO_3)_2$

表 5-5　大高玄殿各殿座石质构件样品的 XRF 分析结果（%）

所属殿座	构件编号	石质样品的元素的种类及含量（%）								
		Ca	Mg	Si	P	K	S	Fe	Al	Zn
新鲜汉白玉	—	88.595	8.672	2.733	—	—	—	—	—	—
新鲜青白石	—	89.109	9.176	—	1.516	0.200	—	—	—	—
外山门	N-XMZ6	89.579	8.500	0.375	1.108	0.248	0.191	—	—	—
	N-XMZ5	89.800	7.429	1.609	1.163	—	—	—	—	—
内山门	N-LB1	90.260	8.210	0.289	1.107	—	0.134	—	—	—
大高玄门	N-WZ3	88.508	8.242	1.794	1.019	—	0.437	—	—	—
大高玄殿	DN-CS	87.485	7.278	2.033	—	0.641	0.966	1.461	—	0.136
	ZJS4	73.326	5.567	19.064	1.088	0.301	0.653	—	—	—
九天应元雷坛	X-LB7	88.679	7.870	0.282	1.086	0.302	0.880	0.901	—	—
乾元阁	D-LB7	89.873	2.010	2.989	—	0.826	0.759	2.483	0.856	0.204
乾元阁散落构件	LB56	89.907	8.772	0.739	—	0.363	0.220	—	—	—

综上所述，风化前后石材成分和微观形貌的研究不仅可以对文物材质进行考古，而且可以探究文物的腐蚀机理。青白石与汉白玉虽然在颜色上差别较大，但在矿物种类和元素组成上差别较小；XRF 对石质构件风化层的分析结果显示风化层中有 S 元素存在，可初步判断酸雨溶蚀是造成石质构件风化的主要原因，S 元素的来源是酸雨中的 SO_4^{2-}。

石质构件的物理及化学指标很大程度上反映了石质构件的风化程度和风化形式，通过一些物理化学指标的采集与分析，可揭示石质构件表面病害的产生的结果和原因。由于石质文物的特殊性，现场取样数量较少，因此将各殿座病害程度相近，具有代表性的石质构件样品合并，分别采用 pH 计、电导率仪、滴定法和压汞仪测定样品的 pH值、电导率、含盐量和孔隙率，其中从外山门采集的样品尺寸不符合压汞法测试要求，故未测试孔隙率，测试结果见表 5-6。

表 5-6　大高玄殿石质构件样品的 pH、含盐量、电导率和孔隙率

所属殿座	pH 值	含盐量（%）	电导率（×103/us · cm⁻¹）	孔隙率（%）
新鲜汉白玉	9.14	0.0449	0.050	1-2*
新鲜青白石	8.97	0.0734	0.082	
外山门	7.41	1.1085	2.00	—
内山门	7.54	0.9308	2.30	16.4606
大高玄门	7.31	1.0014	2.20	5.2395
大高玄殿	7.70	0.2994	0.31	3.0861
九天应元雷坛	7.35	0.7895	0.52	17.5617
乾元阁	7.64	0.3993	1.32	14.8588

* 新鲜石材孔隙率数据来自《北京市古建筑石质结构安全状况无损检测技术研究应用》

与新鲜石材相比，大高玄殿古建筑群各院落已风化石质构件样品的 pH 值明显降低，表明风化样品中含有酸性物质；风化样品中较高的含盐量和电导率说明风化病害的产生和形成过程伴随着盐分的迁移和聚集；风化样品孔隙率明显高于新鲜石材，推测是由于 H+ 和 CO_2 等参与的溶蚀作用下，白云石矿物产生孔隙和溶孔导致镶嵌结构破坏或可溶盐结晶膨胀产生的裂隙使石材的致密度降低，继而使得水、腐蚀介质更易通过孔隙进一步侵蚀石材基体。

为了进一步了解病害样品中可溶盐的离子种类、揭示病害产生的主要原因，对部分样品进行离子色谱分析（IC），结果见表 5-7。

表 5-7　大高玄殿各殿座样品中的离子种类及含量（mg/g）

离子种类	外山门	内山门	大高玄门	大高玄殿	九天雷坛	乾元阁
SO_4^{2-}	0.0263	11.6533	7.9224	0.5729	3.7232	0.1964
Cl^-	0.0121	0.0301	0.1548	0.1321	0.0143	0.0505
NO_3^-	0.0170	0.0831	0.5353	0.8057	0.0525	0.1826
F^-	0.0029	0.0026	0.0270	0.0058	0.0161	0.1778

从表 5-6 可知，大高玄殿古建筑群各殿座已风化石质构件可溶性盐主要以硫酸盐的形式存在，进一步说明导致病害形成和样品 pH 值下降的主要污染离子为 SO4^{2-}，即酸雨溶蚀和可溶性盐结晶是造成石质文物风化的主要原因。

（四）小结

经过现场无损检测和评估，故宫大高玄殿内建筑年久失修，石质文物病害多样，不同程度病害处的回弹强度、拟合的抗压强度、表面硬度及酥粉质量等指标均有不同程度下降或增加，直接影响构件的外观和承载力。经实验室内测试可知风化石质构件主要成分为白云石 $CaMg(CO_3)_2$，部分风化样品中含有 $CaCO_3$ 和 SiO_2。SEM 结合 EDS 结果显示石质构件样品所含主要元素为 Ca、Mg、C、O，部分样品中含有少量的 Si 和 Al 等元素。XRF 对石质构件风化层的分析结果显示有 S 元素存在，可初步判断酸雨溶蚀是造成石质构件风化的主要原因，S 元素的来源是酸雨中的 SO_4^{2-}。IC 结果显示已风化石质构件可溶性盐主要以硫酸盐的形式存在，进一步说明导致病害形成和样品 pH 值下降的主要污染物为 SO_4^{2-}。

二、乾隆御制碑

（一）乾隆御制碑简介

乾隆御制碑原曾立于北京天桥十字路口西北方的"斗姆宫"内；1915 年至 1919 年间被移至先农坛，后因工程需要，碑的各个部件陆续被埋到地下，直至 2005 年才被重新发现，经过北京古代建筑博物馆和首都博物馆专家的精心修复，现立于首都博物馆前广场的东北角（见图 5-12）。在北京永定门外燕墩，同样也矗立着一块以满、汉文刻着乾隆皇帝御制《帝都篇》《皇都篇》的巨大方形清代碑刻，两块碑都刊刻于 250 多年前，碑的内容、形制也基本相同。

首都博物馆前的乾隆御制碑由碑身、碑帽、碑座三部分组成，汉白玉石材，重 40 多吨，保存完好。碑座为束腰须弥座，刻有精美的卷草花纹。这个巨型石碑的文物价值主要在于乾隆皇帝的两首诗篇，比较生动具体地表达了乾隆皇帝"在德不在险"和

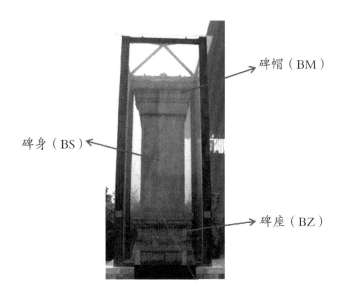

图 5-12 乾隆御制碑整体形貌

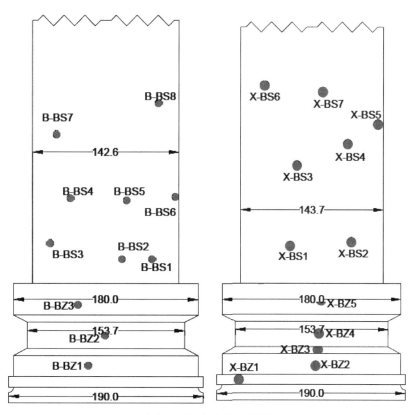

北侧正视图西侧正视图

图 5-13 乾隆御制碑外观及测试布点图

注：测点编号 B-BZ1 中 "-" 之前的 B 表示方向北，"-" 之后的 BZ 表示构件名称"碑座"，其他缩写方式：D- 东，N- 南，X- 西，BS- 碑身，以下同。

"居安思危"的治国思想，这也是清代"康乾盛世"得以出现的深层次原因。乾隆御制《帝都篇》《皇都篇》巨型碑刻的发现，在北京地区文物发掘史上是一件大事。该碑对研究北京作为都城的历史，特别是研究康乾盛世的治国理念和中华民族多元一体格局确立的因果关系乃至乾隆皇帝的文学成就和书法艺术都具有重要史料价值。

（二）保存现状

由于现场条件限制，选取碑座（须弥座）及碑身部分位置进行了调研与测试，调研与测试布点见图5-13，调研结果见表5-8。

表5-8　构件基本保存信息

构件名称及测点编号	整体保存及病害描述
B-BZ1	黄色锈迹，轻微风化剥落
B-BZ2	灰尘，轻微裂缝
B-BZ3	黑色点状脏污，灰尘，裂缝
D-BZ1	风化较严重，层状剥落，灰尘严重
D-BZ2	轻微灰尘，小孔密集
D-BZ3	灰色结垢，轻微灰尘、风化
N-BZ1	灰尘严重，轻微脏污
N-BZ2	灰尘中度，轻微风化，孔洞
N-BZ3	轻微脏污，小裂缝，灰尘中度
X-BZ1	灰尘严重，轻微锈迹、风化
X-BZ2	灰尘中度，锈迹轻微
X-BZ-3	严重灰尘，中度风化，片状剥落
X-BZ4	中度灰尘，轻微裂缝、风化
X-BZ5	中度灰尘，轻微脏污、风化
B-BS1	脏污
B-BS2	轻微裂缝、灰尘
B-BS3	轻微结垢、风化
B-BS4	轻微灰尘
B-BS5	轻微灰尘、风化、红色脏污

构件名称及测点编号	整体保存及病害描述
B-BS6	轻微灰尘、脏污、风化
B-BS7	轻微结垢、风化、灰尘
B-BS8	轻微灰尘
X-BS1	轻微灰尘、结垢、脏污
X-BS2	严重锈迹、轻微裂缝
X-BS3	轻微脏污

总体而言，该碑保存较为完整，未出现严重的脱落与缺损现象；整碑存在较为严重的积尘现象（如 B-BZ3、D-BZ1 与 B-BS3 等），由 B-BZ3 可见，由于碑座刻有卷草花纹与多种图案，石材表面平整度下降，形成很多利于灰尘沉积的平面，因而碑座的积尘现象更为严重。D-BZ1 中间部位为方便进行石材物理力学性能指标测试而将灰尘扫除，周围部位为未经清理的灰尘，通过清理部位与未清理部位对比不难看出，积尘病害严重。碑身积尘严重区域同样分布于刻有花纹及字迹等不平整处，清理时应给予更多注意。灰尘在石质文物表面堆积与富集不仅会遮蔽其表面的精美纹饰与造型，影响文物的艺术价值与观瞻性，而且影响了石材的透气性，容易引发石材内部出现病害。并且，灰尘中可能含有 SO_3 等酸性固体废弃物，在降雨的作用下形成硫酸，容易造成石材表面出现溶蚀与结壳病变。部分位置存在结垢（如 D-BZ3、B-BS7 与 X-BS1 等）、脏污（如 X-BZ1、B-BS1 与 B-BS5 等）与锈迹（如 B-BZ1、X-BZ2 与 X-BS2 等）等污染现象，每处污染的面积不是很大，但这些污染现象使得被污染部分石材的颜色与石碑本体的颜色差别很大，影响了石碑整体的美观，应予以清除；几处位置存在轻微的裂缝（如 B-BZ1、B-BZ3 与 B-BS2 等）；整个石碑存在轻微风化（如 D-BZ3、B-BS8 与 X-BS7 等）。

（三）病害状况现场检测

1.超声回弹法强度检测

了解御制碑是否处于结构安全状态，继而指导后续修缮，又因为御制碑是重要文

B-BZ1

B-BZ2

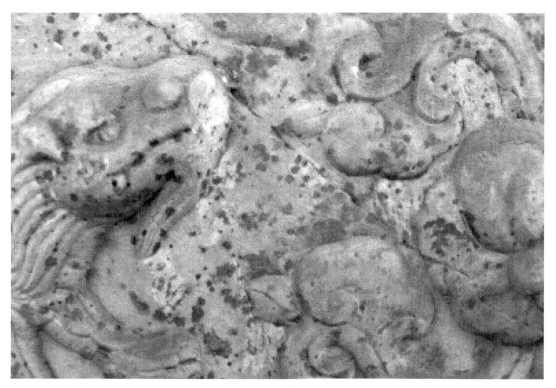

B-BZ3

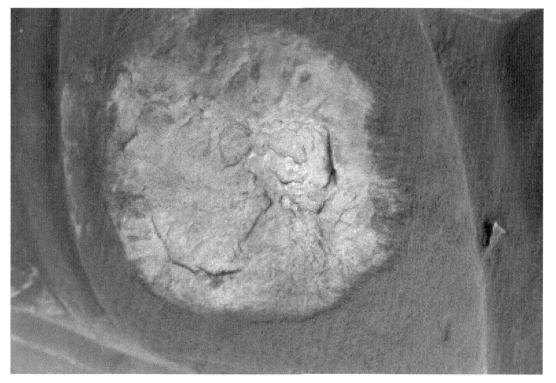

D-BZ1

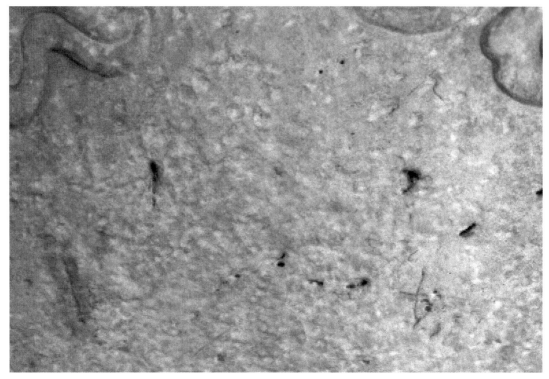

D-BZ2

D-BZ3

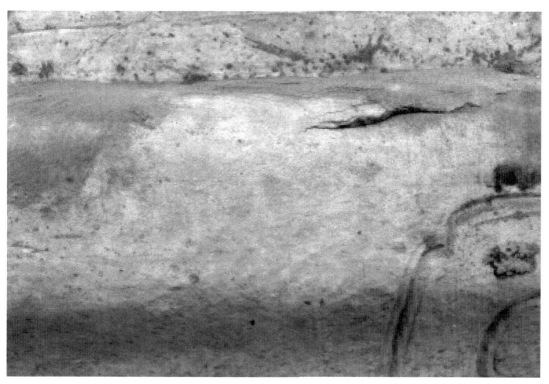

N-BZ1

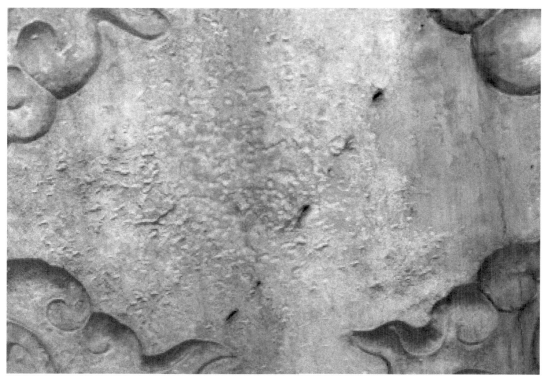

N-BZ2

N-BZ3

X-BZ1

X-BZ2

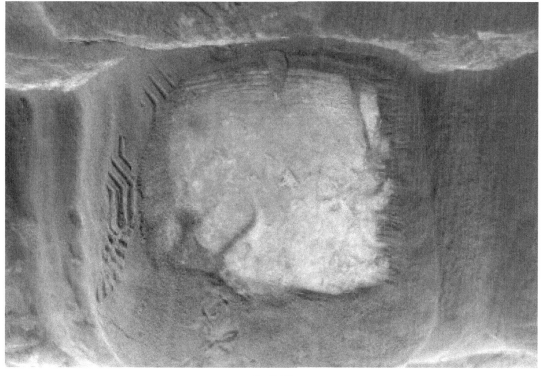

X-BZ3

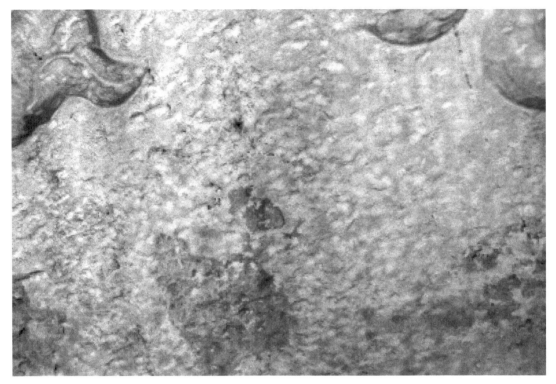

X-BZ4

X-BZ5

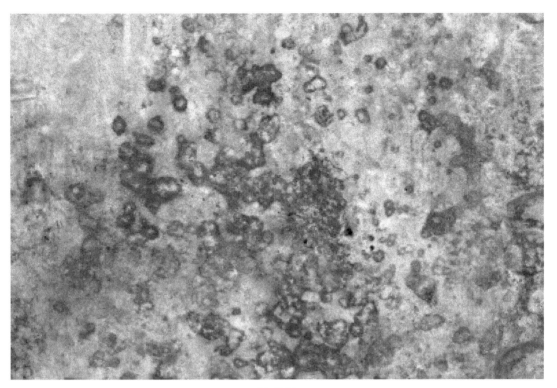

B-BS1

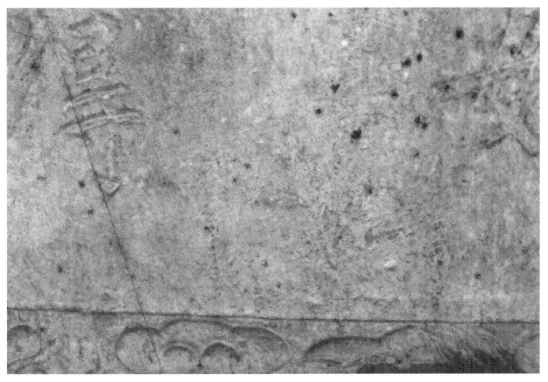

B-BS2

B-BS4

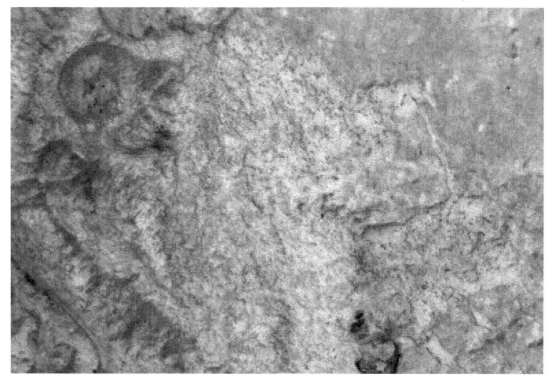

B-BS3

B-BS5

B-BS7

B-BS8

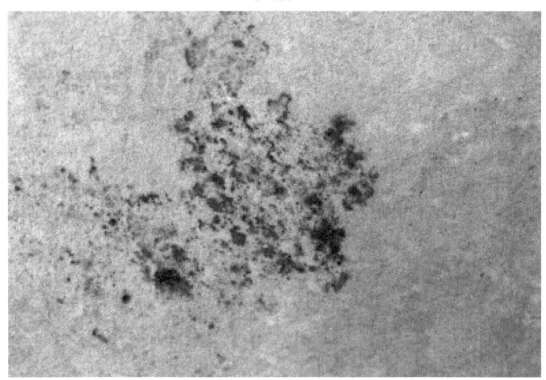

X-BS1

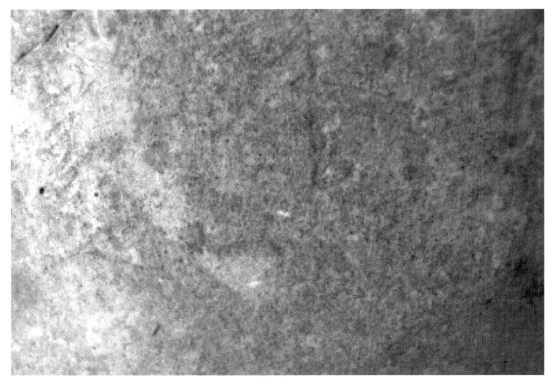

X-BS2

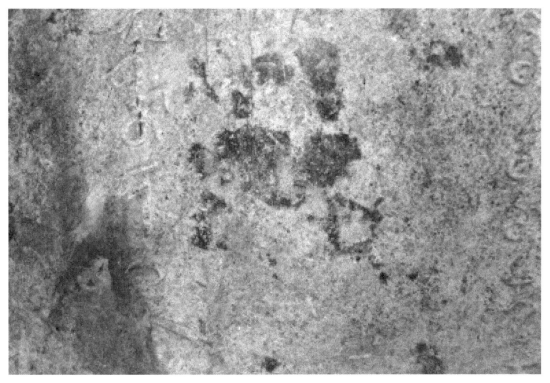

X-BS3

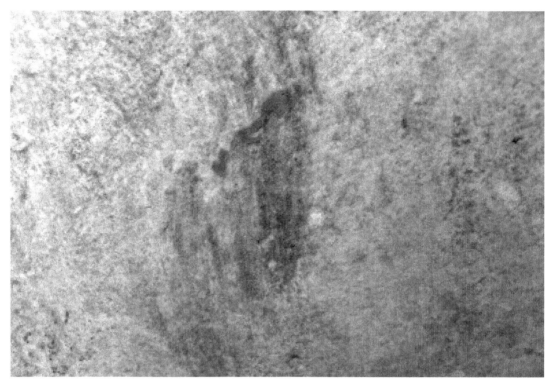

X-BS4

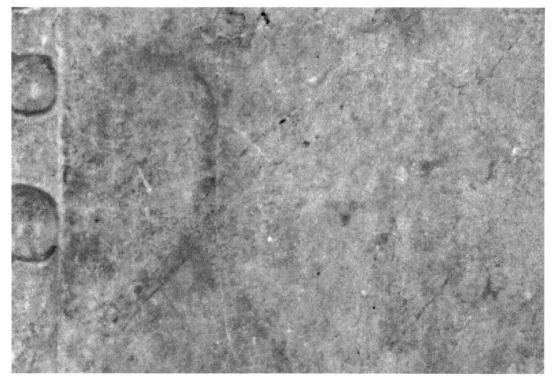

X-BS6

X-BS7

图 5-14　乾隆御制碑存在主要病害

物，无法进行破损试验。因此采用无损检测法及数值拟合法获得碑体的现存强度数据。采用 ZBL-500 型非金属超声波检测仪测试御制碑超声波速值，采用 ZC5 型回弹强度仪测试回弹强度值，并根据本实验室模拟实验得到的汉白玉抗压强度与超声波速、回弹强度值的拟合公式：$f=1.6738R^{1.42493}v^{-0.1387}$ 推算御制碑各构件及部位的抗压强度值，相关数据见表 5-9。

表 5-9　超声波速、回弹强度及推算抗压强度

构件名称及编号	超声波速（km/s）	回弹强度（MPa）	推算抗压强度（MPa）
B-BZ1	/	25.2	/
B-BZ2	4.65	38.2	167.27
B-BZ3	/	39.8	/
D-BZ1	/	23.8	/
D-BZ2	4.03	25.6	181.47
D-BZ3	/	26.5	/
N-BZ1	/	32.4	/

构件名称及编号	超声波速（km/s）	回弹强度（MPa）	推算抗压强度（MPa）
N–BZ2	4.65	29.4	167.27
N–BZ3	/	33.2	/
X–BZ1	/	26.6	/
X–BZ2	4.03	30.7	181.47
X–BZ–3	/	27.9	/
X–BZ4	/	27.2	/
X–BZ5	/	25.4	/
B–BS1	4.94	35.7	218.74
B–BS2	4.73	28.5	159.64
B–BS3	5.28	32.2	187.10
B–BS4	5.28	30.1	169.95
B–BS5	5.70	35.1	209.32
B–BS6	/	32.9	/
B–BS7	5.51	37.3	229.34
B–BS8	5.08	29.7	167.64
X–BS1	4.34	26.5	145.65
X–BS2	3.12	25.1	141.12
X–BS3	4.24	29.3	168.61
X–BS4	4.77	25.7	137.61
X–BS5	/	27.0	/
X–BS6	3.68	30.0	177.83
X–BS7	4.49	26.7	146.53

注：表中"/"表示由于条件限制无法进行超声波速测定，无法推算抗压强度值。

由上表数据看出，对于碑座及碑身的超声波速测值，南北方向的测值均普遍大于东西方向的测值，根据实验室对小尺寸汉白玉试样的研究成果，超声波垂直纹理通过时会减慢声波的传播从而减小超声波速值，这说明在石材内部可能存在南北方向的纹理。从推算的抗压强度数值来看，均大于实验室从房山大石窝购买的新鲜三级汉白玉的强度，表明御制碑石材仍保留较高的抗压强度（也可能是乾隆御制碑用的是一级汉白玉，其强度高于新鲜三级汉白玉的）。整个石碑重约40吨，考虑到碑座束腰位置为承力受压部位，此部位受到石碑自身重力作用的最大值为400kN，束腰受压面积约为2.2m²，折算出抗压强度值约为0.18MPa，与表2进行比较得出石碑受到的抗压强度远小于推算的石材现有的能承受的抗压强度值，所以石碑整体处于结构安全状态。

2. 裂缝深度检测

为了了解御制碑上的裂缝是否对结构安全造成了影响，继而为后续修缮提供依据。采用超声波无损测试法进行裂缝深度测试。

（1）不跨缝测试

将T和R换能器置于裂缝附近同一侧，将换能器T耦合在T位置不动，然后将换能器R依次耦合在各测点R₁，R₂…Rₙ（n≥3）位置上，且T，R₁，R₂，R₃…Rₙ在同一条直线上，并保证R₁，R₂…Rₙ相邻测点之间的间距相等。

固定T换能器不动，依次移动R换能器至R₁，R₂…Rₙ测点，设T与R₁，R₂…Rₙ之间的距离分别为l_1，l_2…l_n，分别读取各测点的声时t_i（μs），绘制"时—距"图。由图可得到l与t的相关性曲线：$l=a+b*t_i$，其中，l表示测距；t表示测距对应的声时；a，b为回归系数。

（2）跨缝测试

分别将T和R换能器置于以裂缝为对称的两侧，并测出两个换能器的间距l_1，l_2…l_n，分别读取测点的声时t'_1，t'_2…t'_n。

裂缝深度h（mm）按下式计算：$h=\frac{l_i}{2}*\sqrt{(t_i*\frac{b}{l_i})^2-1}$，最后对多次测得的h进行分析，舍去误差较大的数据，对保留的数据取平均值。

表 5-10　不跨缝测试数据

裂缝编号	声时（μs）			换能器间距（cm）		
	1	2	3	1	2	3
缝1	43.6	60.8	72.8	5	10	15

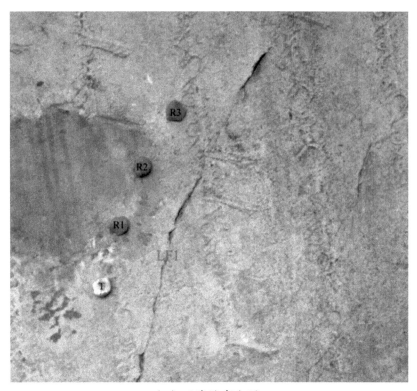

（a）不跨缝布点图

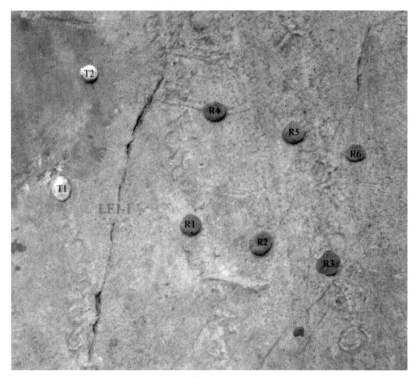

（b）跨缝布点图

图 5-15 裂缝测试布点图

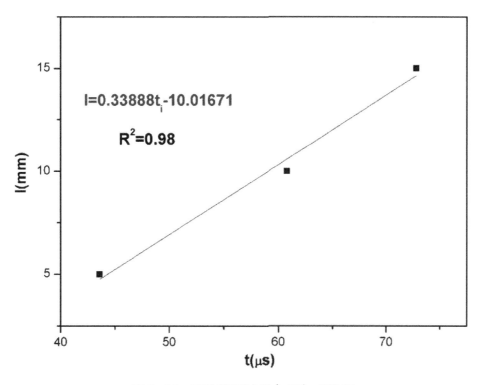

I=0.33888t_i-10.01671

R²=0.98

图 5-16　不跨缝测试拟合"时—距"图

表 5-11　跨缝测试及裂缝深度数据

裂缝编号	声时（μs）			换能器间距（cm）			裂缝深度（mm）			
	1	2	3	1	2	3	1	2	3	平均值
缝 1-1	52.8	64	82.4	10	15	20	8.03	10.32	13.39	10.58
缝 1-2	50.4	67.2	84.8	10	15	20	7.77	10.70	13.69	10.72

　　由上表中裂缝深度数据可见，裂缝的平均深度约 1.1cm，相对于石碑整体该方向的尺寸 143.7cm，裂缝深度占石碑总体尺寸的 0.77%，不影响石碑整体结构的稳定性。但为防止其进一步向纵深开裂，可采取一定的修补加固措施，也可先行监测，暂缓加固，根据监测结果再拟定修补措施。

3. 风化层厚度检测

　　为了了解御制碑表面风化层厚度，继而为后续修缮中是否需进行表面渗透加固提供依据，采用无损检测方法进行风化层厚度测试。选取表面平整且干燥的岩石，将换能器 T 耦合在 T 位置不动，然后将换能器 R 依次耦合在间距为 l 的各测点 R_1，R_2，

$R_3\cdots R_n$ 位置上，且 T，R_1，R_2，$R_3\cdots R_n$ 在同一条直线上。测试时，记录 T 换能器和 R 换能器之间的距离 li 及超声波在两个换能器间传播的声时值 t_i。

风化岩石：$1_f=a_1+b_1*t_f$；未风化岩石：$1_a=a_2+b_2*t_a$；其中，lf 表示拐点前的测距，对应图中 l1，l2，l3；t_f 表示 l_1，l_2，l_3 对应的声时 t_1，t_2，t_3；l_a 表示拐点后的测距，对应图中 l_4，l_5；t_a 表示 l_4，l_5 对应的声时 t_4，t_5；a_1，b_1，a_2，b_2 表示回归系数。

则风化层厚度 h（mm）为：

$$h=\frac{(a_1*b_2-a_2*b_1)/(b_2-b_1)}{2}*\sqrt{(b_2-b_1)/(b_2+b_1)}$$

表 5-12　风化层厚度测试数据

构件及测点编号	换能器间距（cm）	声时（μs）	风化层厚度（mm）
X-BS	10	61.6	8.57
	20	101.2	
	30	136.6	
	40	177.6	
	50	204.4	
D-BS	10	52	10.08
	20	90.8	
	30	133.2	
	40	193.2	
	50	223.4	

由表 5-12 中风化层厚度测试结果可知，西侧碑身与东侧碑身测试位置的风化层厚度约占石碑总体厚度的 0.57% 与 0.7%，石碑表层风化厚度较小，同样不影响石碑整体结构的稳定性。但为防止其进一步往纵深风化，可采取一定的渗透加固、封护措施，也可先行监测，根据监测结果再拟定修缮措施。

4. 其他指标无损检测结果

对乾隆御制碑的其他物理性能（色度、光泽度、附着力与视频显微镜）进行了测试，结果如下。

（a）西侧碑身布点图

（b）东侧碑身布点图

图 5-17　风化层厚度检测布点图

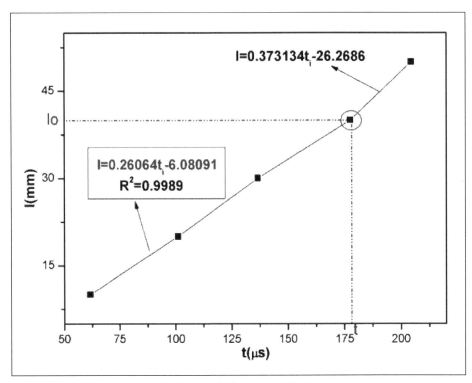

（a）西侧碑身"时—距"图

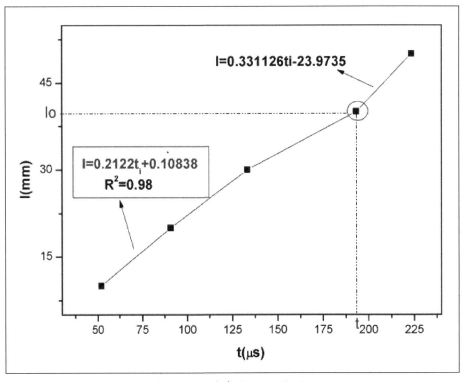

（b）东侧碑身"时—距"图

图 5-18　风化层厚度测试"时—距"图

表 5-13　其他物理指标测试结果

构件及测点编号	色度			光泽度	酥粉质量（g）
	L	a	b		
B-BZ1	67.0	4.9	17.7	/	0.0011
B-BZ2	71.1	2.1	9.0	1.47	0.0031
B-BZ3	48.7	5.3	7.0	/	0.0036
D-BZ1	59.3	3.8	9.1	2.43	0.0047
D-BZ2	74.1	2.8	5.7	1.77	0.0045
D-BZ3	61.7	4.2	13.1	/	0.0015
N-BZ1	75.2	3.6	10.5	2.20	0.0018
N-BZ2	71.3	2.2	7.1	1.33	0.001
N-BZ3	57.0	3.0	9.7	/	0.0019
X-BZ1	62.1	11.1	25.4	1.87	0
X-BZ2	74.0	3.9	10.2	/	0.0014
X-BZ-3	61.9	4.2	10.5	1.40	0.0029
X-BZ4	69.9	1.4	5.5	1.37	0.004
X-BZ5	52.3	4.7	11.0	/	0.0014
B-BS1	59.6	4.0	10.8	1.07	0.0025
B-BS2	71.2	2.4	6.1	1.43	0.0042
B-BS3	69.4	3.6	8.7	2.00	0.0033
B-BS4	72.3	2.8	9.4	1.57	0.0013
B-BS5	60.1	8.4	12.9	1.07	0.0035
B-BS6	60.5	5.2	13.4	1.73	0.0042
B-BS7	68.9	3.2	8.0	1.27	0.0038
B-BS8	60.9	4.1	9.5	0.83	0.0018
X-BS1	58.6	3.3	8.2	0.90	0.0019
X-BS2	60.0	8.7	20.4	0.83	0.0021
X-BS3	57.0	6.2	13.4	0.87	0.0047
X-BS4	59.1	2.5	7.8	0.90	0.0047
X-BS5	65.3	3.2	10.8	1.80	0.0027
X-BS6	65.0	3.3	9.5	0.93	0.0026
X-BS7	64.7	4.0	9.1	1.00	0.0015

注：表中"/"表示由于条件限制无法测试。

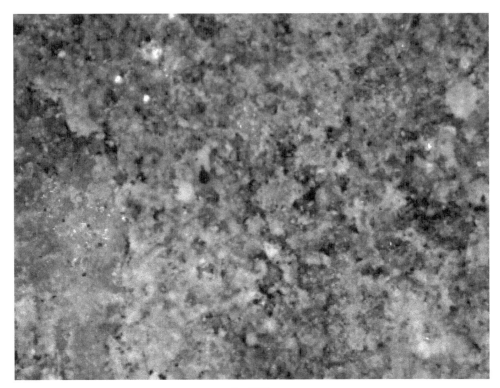

B−BS1

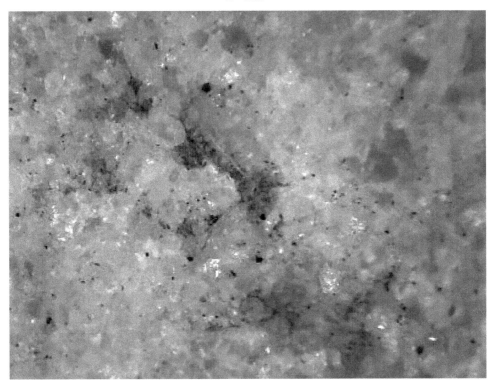

B−BS2

B−BS3

B−BS4

B-BS5

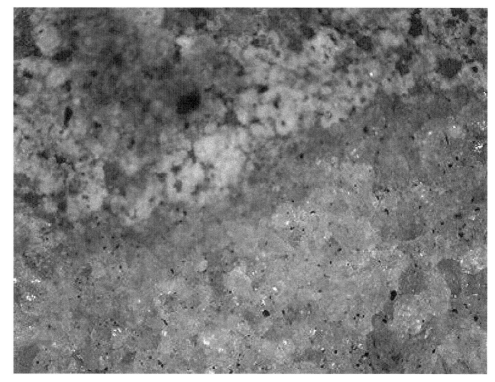

B-BS6

B-BS7

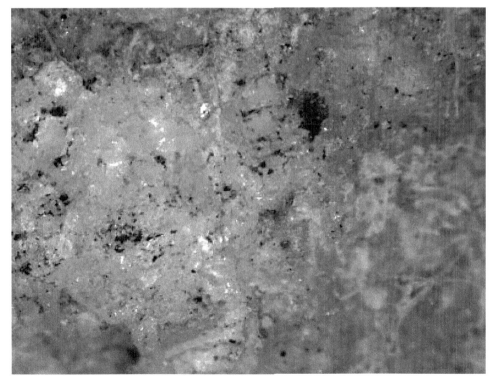

B-BS8

X-BS1

X-BS2

X–BS3

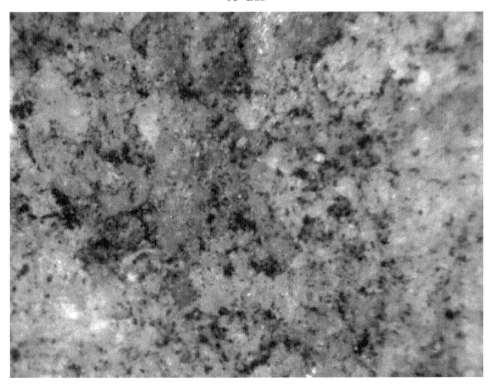

X–BS4

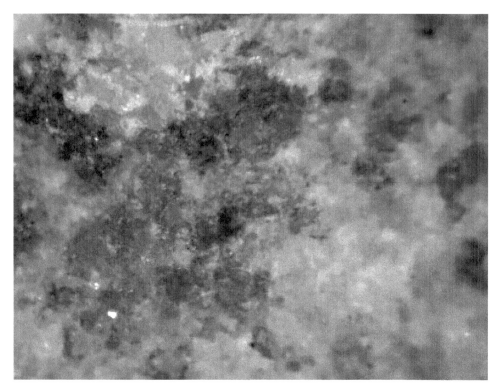

X-BS5

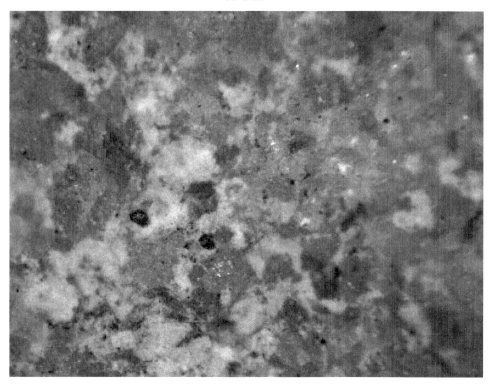

X-BS6

X-BS7

图 5-19　各测试点的视频显微照片（×200）

由表 5-13 中数据可见，存在脏污与锈迹污染处石材的色度数据（表中标红）与没有脏污与锈迹污染处石材的色度数据（表中标蓝）相差较大。正常汉白玉的组成由形状规则、大小均匀的白色颗粒组成，从脏污与锈迹污染处的显微照片可看出颜色与正常汉白玉的差别，说明脏污与锈迹影响了石碑的局部颜色，破坏了石碑的整体美观性。石碑各测点处由附着力测试条粘下的质量均很小，并且显微照片中石材表面结构较为致密，存在少量风化颗粒形态（如 B-BS2 与 B-BS5），表明石碑表面风化程度较小。另外，各测试数据需要与御制碑清洗后测得的数据进行对比，对清洗效果进行评估。

（四）小结

通过对乾隆御制碑进行现场调研与相关测试发现，该碑保存较为完整，未出现严重的脱落与缺损现象。整个石碑积尘现象严重，其中碑座的积尘现象较碑身严重，积尘主要分布于刻有花纹及字迹等不平整处，清理时应给予更多注意。部分位置存在结垢、脏污与锈迹等污染现象，每处污染的面积虽不是很大，但这些污染现象使得被污染部分石材的颜色与石碑本体的颜色差别很大，影响了石碑整体的美观，清洗时应加以去除。石碑上存在几处轻微的裂缝，裂缝的平均深度约 1.1cm，开裂深度占石碑总体尺寸的 0.77%，不影响石碑整体结构的稳定性。西侧碑身与东侧碑身两个测试位置的风化层厚度分别为 0.86cm 与 1cm，约占石碑总体厚度的 0.57% 与 0.7%，石碑表层风化程度轻微，同样不影响石碑整体结构的稳定性。御制碑石材仍保留较高的抗压强度，石碑受自身重力引起的抗压强度远小于推算的石材现有抗压强度值，也验证了石碑整体处于结构安全状态。但为防止裂缝与风化进一步加深，可采取一定的修补、加固、封护措施或进行监测。

三、居庸关云台

始建于元代的居庸关云台距今已有 670 多年的历史，云台拱门边刻有元代盛行的典型宝相华唐革纹饰浮雕，表现出设计者高超的技艺；拱门内还有神态各异、栩栩如生的佛像浮雕，体现了较高的艺术价值；门洞内壁刻有六种文字的陀罗尼经，具有很高的文化价值（如图 5-20）。

图 5-20　云台整体外貌（图片来源于网络）

（一）保存现状调查

经历了几百年的历史变迁，云台已经出现了严重的风化，严重影响石刻的美观，今年来北京环境不断恶化，酸雨、雾霾都对云台的石质文物构成相当大的威胁。通过现场调研，对云台存在主要风化病害总结如下图 5-21 所示：

为了全面了解云台石刻的风化状况，现将主要风化病害类型及保存现状列于表 5-14 中：

表 5-14　主要病害类型调查表

病害类型		对应图片	病害描述及主要分布区域
表层风化	片状脱落	图 5-21a、图 5-21b	风化层厚度 1mm ~ 10mm，主要分布在券门四周墙壁的中部
	表面泛盐	图 5-21c	多分布与券门四周墙壁的中部和上部，范围较大
	粉化剥落	图 5-21d、图 5-21e	主要是台基顶部四周的栏板，花纹完全模糊，数量较少
	鳞片状起翘与剥落	图 5-21f	石材表面鳞片状起翘并脱落，主要分布在台基顶部望柱柱头表面
	表面溶蚀	图 5-21g	石材表面被严重腐蚀，失去了原来的形貌，主要分布在台基顶部栏板的寻杖处
	孔洞状风化	图 5-21h	石材表面出现了密度比较大的孔洞，主要存在券门两侧花纹脱落后的残存岩石表面
裂隙	机械裂隙	图 5-21i、图 5-21j	主要为应力裂隙，多深入石材内部，裂缝网状交错导致石质文物局部脱落，主要分布在券门四周墙壁的中上部以及雕刻花纹处；券门四周的载荷石上，数量较多
	浅表性裂隙	图 5-21k	主要为风化裂隙，多呈现里小外大的 V 字形裂缝，沿岩石生长纹理的位置数量较多，多发生在云台四周墙壁中部；台基顶部螭首及栏板表面也有较多的风化裂缝
	构造裂隙	图 5-21l	主要为原生裂隙，裂隙表面平整、多成组出现
生物病害	微生物病害	图 5-21m	呈现黑色斑点，多分布与券门四周墙壁的中部和上部，范围较大
机械损伤	断裂	图 5-21n	主要分布在台基顶部栏板净瓶花纹所连接的部分寻仗有断裂的痕迹
	缺失	图 5-21o、图 5-21p	石块脱离原来的位置，有小石块缺失，主要分布于券门四周载荷石的边缘；一整块荷载石整体缺失，主要是载荷基石上部的石头，数量较少
表面变色	水锈结壳	图 5-21q	石材表面出现黄色水渍，主要存在于载荷基石的表面
水泥修补	砂浆修补	图 5-21r	人为地在表面缺失的地方用砂浆修补

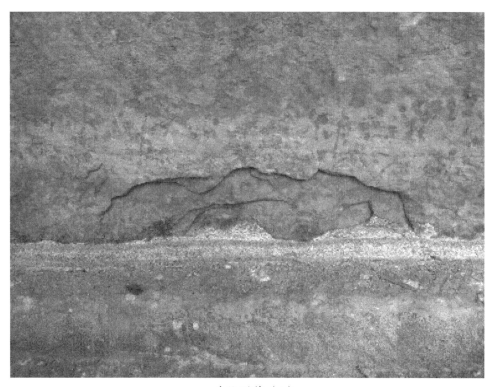

a. 片状脱落（1）

b. 片状脱落（2）

c. 表面泛盐

d. 粉化剥落（1）

e. 粉化剥落（2）

f. 鳞片状起翘

g. 表面溶蚀

h. 孔洞状风化

j. 机械裂隙（2）

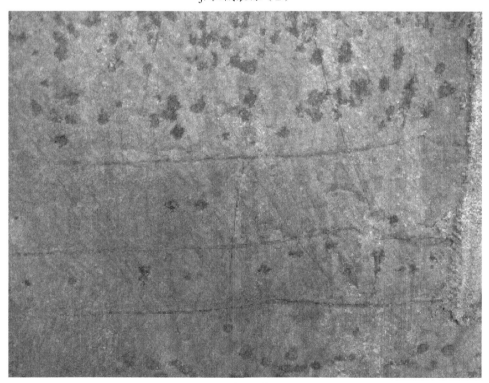

k. 浅表性裂隙

i. 机械裂隙（1）

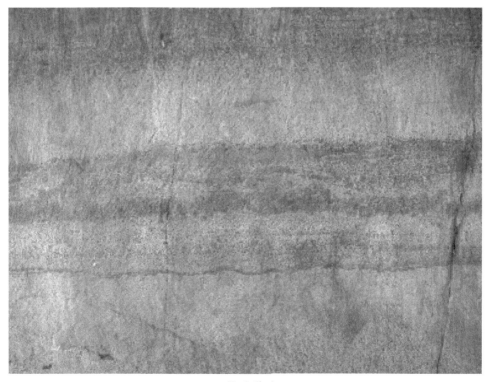

l. 构造裂隙

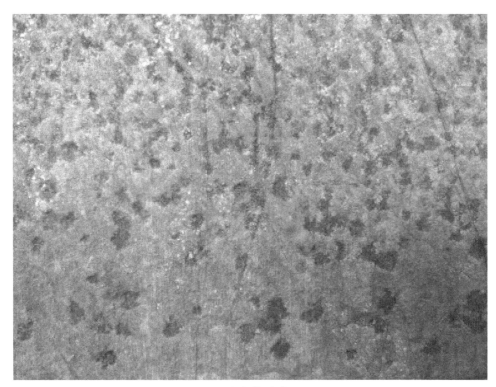

m. 微生物病害

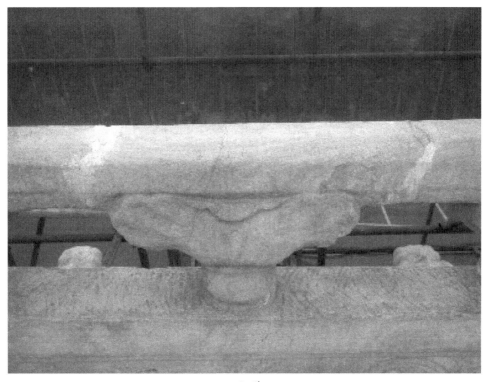

n. 断裂

o. 缺失（局部）

p. 缺失（整体）

q. 表面变色

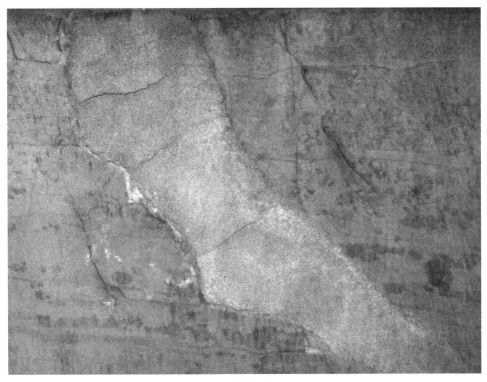

r. 砂浆修补

图 5-21　云台四周墙壁及台顶病害类型图形

研究的主要构件为云台四周墙壁、台基石以及台顶四周栏杆的石质文物，通过现场调查发现云台石质文物的保存状况不容乐观，病害种类较多且风化程度十分严重，最为严重的病害类型为表面泛盐（图 5-21c）、纵横交错的风化裂缝（图 5-21k）及厚度不同的片状脱落（图 5-21a、图 5-21b）。还有一种相对比较严重的病害是墙体分布着大量的黑色斑点（图 5-21m），之所以认为这是微生物病害，是因为在文献①中提到新中国成立后第三次修缮时，云台墙壁表面发育有霉菌、地衣、苔藓等低等生物，而且裂隙或孔洞中生存着昆虫，其生存过程中所分泌的有机酸对岩石具有腐蚀作用，其遗骸附着在石质文物表面与表层，使石壁表面成为一片黑色，掩盖了石刻本来的面目，说明这些黑色的小孔洞可能是由于微生物侵蚀造成的。券洞门两侧出现了小面积的溶孔（图 5-21h），溶孔所在岩石表面呈现绿色，可能是由于苔藓、霉菌在此处大量繁殖，进而造成溶孔的产生。台基顶部四周石质构件中有些栏板表面酥粉严重，致使表面纹饰模糊（图 5-21e）。此外，云台还存在一些相对较轻的病害，比如鳞片状起翘（图 5-21f）、表面溶蚀（图 5-21g）、断裂（图 5-21n）、缺失（图 5-21o、图 5-21p）、表面变色（图 5-21q）及砂浆修复（图 5-21r）。

总体而言，风化病害已经严重影响云台外部美观，纵横的裂缝及大面积脱落正在继续发生，严重者会影响云台的安全。本部分将重点放在云台石质文物表面风化病害产生原因的研究，即对表面泛盐、浅表性裂隙（风化裂缝）和片状脱落这三种严重病害进行深入研究，并证实黑色斑点是微生物侵蚀所致。

（二）云台石质文物风化病害机理分析

为了进一步研究云台石刻的风化机理，在现场取适量样品，通过 X- 射线衍射（XRD）、扫描电子显微镜（SEM-EDS）、离子色谱等测试方法研究石材风化机理。

1. 表面形貌及元素成分分析

采用型号为：HITACHI S-4700 的扫描电镜显微镜对风化石材表层进行形貌观察后，经与新鲜的岩石内部形貌相比，对风化层表面形貌类型总结如下图和表所示。

由图 5-22 可以看出与新鲜石材微观形貌相比，风化样品均发生了很大程度的变

---

① 胡一红. 居庸关云台的保护和修缮［C］//首都博物馆国庆三十五周年文集. 北京市，1984：117-119.

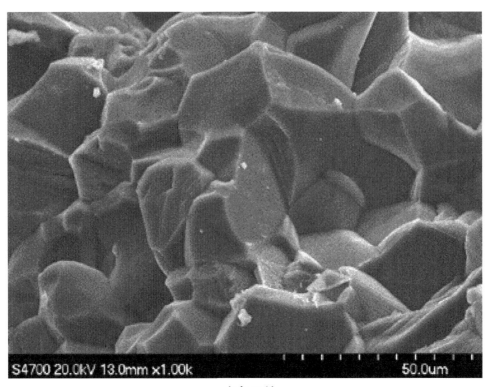

a. 内部石材

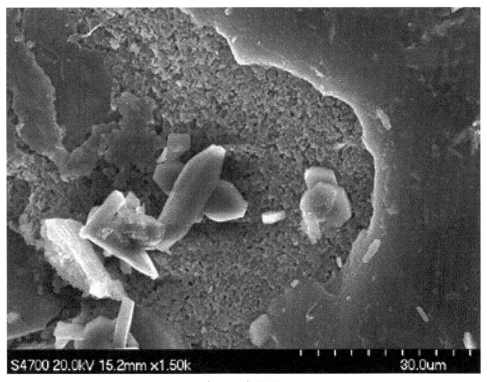

b. 表面白色结晶盐

c.表层被风化层覆盖（石膏）

d.块状脱落表面风化层

189

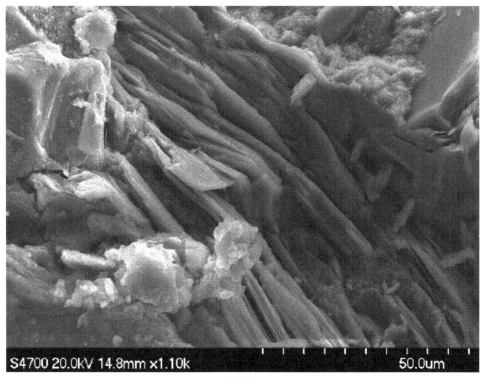

e. 裂缝表层

f. 片状脱落风化层

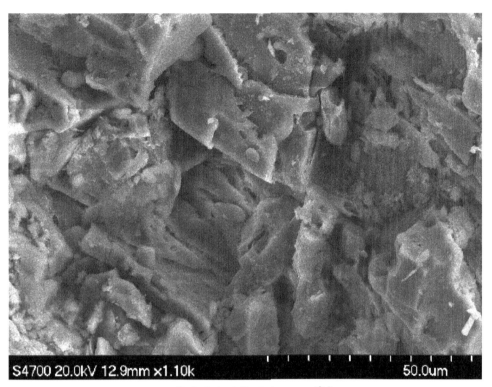

g. 表面黑点风化层（Fe_2O_3 等）

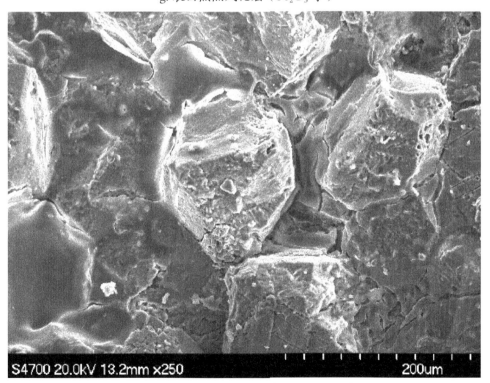

h. 栏板表面泛白（表面有一层黏附物）

i.栏板风化层表面（颗粒之间缝隙）

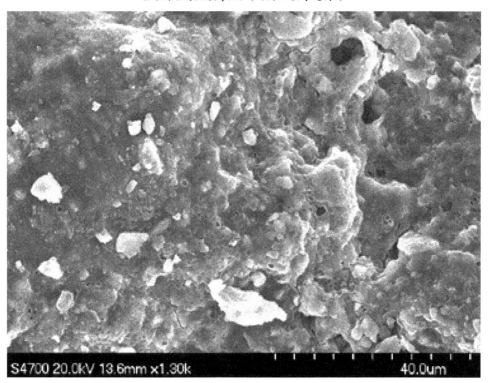

j.栏板表面黑色覆盖物

图 5-22　云台风化样品表面微观形貌图

化。王帅[1]在研究北京西黄寺石质文物时通过电镜观察发现大理岩的酥粉剥落在微观结构上主要表现为颗粒间裂隙扩大，图 5-22h、图 5-22i 印证了这一结论，颗粒完整性明显，但是颗粒间裂隙较大；该文献还指出大理岩表面剥落过程以物理风化为主，片状剥落在微观上表现为层状裂纹、龟裂、穿晶裂纹，表面有少量的次生矿物，图 5-22d、图 5-22f 印证了这一结论，表现为颗粒被腐蚀成碎屑。图 5-22c、图 5-22j 表面一层厚厚的覆盖物及图 5-22h 颗粒表面的附着物无法确定其来源，需进一步研究才能证实其来源。

表 5-15　云台风化样品表面微观形貌表述

编号	微观形貌描述
图 5-22b	岩石表面广泛分布白色泛碱病害，其微观形貌中有许多形状规则的结晶盐晶粒
图 5-22c	层状脱落岩石样品表面被一层风化物覆盖，可能是石膏
图 5-22d	块状脱落岩石样品表面矿物颗粒形状不规则，且表面分散大量风化物碎屑
图 5-22e	裂缝断层表面有一层绿色覆盖物，其微观形貌呈片状
图 5-22f	片状脱落岩石样品矿物颗粒风化，岩石内部的一些杂质矿物裸露出
图 5-22g	除表面白色泛碱病害，许多地方出现黑色微生物严重腐蚀点，几乎看不到矿物颗粒
图 5-22h	台基顶部栏板表面泛白，矿物颗粒明显，但表层似被一层黏附物覆盖（可能是之前工程中使用的封护剂）
图 5-22i	台基顶部栏板表面泛黄，矿物颗粒明显，但颗粒间缝隙明显增大
图 5-22j	台基顶部栏板表面泛黑，颗粒表面似被一层有机物覆盖

表 5-16　云台石材样品元素种类及含量（Wt%）

样品	对应图形	元素种类及含量（Wt%）										
		C	O	Mg	Ca	Si	Fe	Al	S	K	Na	Cl
Y-1	图 5-22a	10.51	42.37	3.83	43.28	—	—	—	—	—	—	—
Y-2	图 5-22b	9.3	39.1	2.9	9.1	17.0	1.2	0.9	0.6	16.8	2.7	0.4
Y-3	图 5-22c	16.2	48.1	7.6	16.0	6.6	1.5	2.1	0.1	0.7	—	—
Y-4	图 5-22d	3.8	46.8	10.9	16.1	19.7	0.8	1.1	—	0.8	—	—
Y-5	图 5-22e	5.4	51.1	7.7	24.0	3.7	0.8	0.3	7.0	—	—	—

---

[1] 王帅，西黄寺石质文物表层劣化特征分析及机理研究[D]. 北京：中国地质大学（北京），2010.

样品	对应图形	元素种类及含量（Wt%）										
		C	O	Mg	Ca	Si	Fe	Al	S	K	Na	Cl
Y–6	图5–22f	5.4	45.5	3.0	26.9	1.9	3.8	1.1	—	12.5	—	—
Y–7	图5–22g	5.3	44.7	15.7	6.5	14.7	3.0	3.2	1.3	4.1	1.4	—
Y–8	图5–22h	21.2	44.2	0.7	1.5	28.0	—	—	—	4.4		
Y–9	图5–22i	9.7	38.6	0.4	3.8	36.7	—	0.4	—	10.3		
Y–10	图5–22j	18.8	44.4	1.7	3.3	18.2	4.4	6.3	—	2.0	0.9	

表5-9所示是云台新鲜和风化石材样品的EDS测试结果，可见所有样品均含有C、O、Mg和Ca元素，其中样品Y-1只含有这四种元素，说明云台石质文物材质中一定含有这四种元素。样品Y-2至Y-10均为风化样品，均含有Si元素，大部分含有Fe、Al和K，少部分含有S、Na和Cl，其中样品Y-2表面被白色的盐所覆盖，说明覆盖的盐层可能是钠盐和钾盐。样品Y-2、Y-3和Y-7中均检测出了S元素。李杰[①]在研究北京故宫三台螭首构件的病害类型时，在片状脱落风化物中检测到了大量的S元素，并指出主要是由于细菌分泌物及酸雨造成，样品Y-7宏观上呈黑色斑点状，并且检测到硫元素含量高达1.3%，结合上文中的描述，进一步证实了该病害为微生物所引起。

2. 样品矿物成分分析

采用型号为2500VB2+PC的X-射线衍射仪对石材样品进行X射线衍射分析，获得石材的矿物成分及含量。实验条件：X射线：CuKα（0.15418纳米）；管电压：40kV；管电流：100mA。

由图5-23所示，云台样品中含有大量的白云石（CaM（CO$_3$）$_2$），这与文献[②]中所说云台通体是由大理石砌成相符。除了白云石、方解石外，样品YT-3、YT-4中还分别含有少量的SiO$_2$、Al$_2$O$_3$，张中俭等[③]在研究房山区大理岩时指出3级汉白玉是由白云石（约75%）、石英（约25%）及少量长石（主要成分为SiO$_2$、Al$_2$O$_3$）和金云母

① 李杰. 古建筑石质构件健康状况评价技术研究与应用［D］. 北京：北京化工大学，2013.

② 胡一红. 居庸关云台的保护和修缮［C］//首都博物馆国庆三十五周年文集. 北京市，1984：117-119.

③ 张中俭，杨曦光等，北京房山大理岩的岩石学微观特征及风化机理讨论［J］. 工程地质学报，2015，23（2）：279-286.

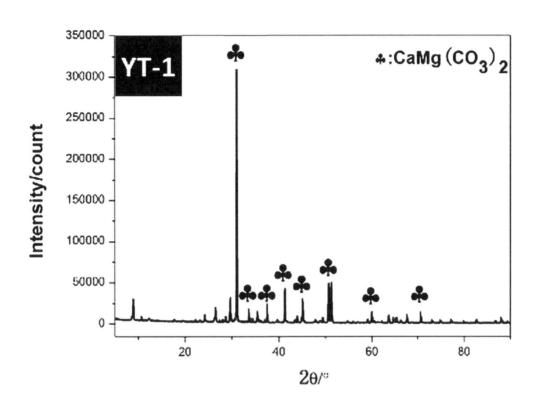

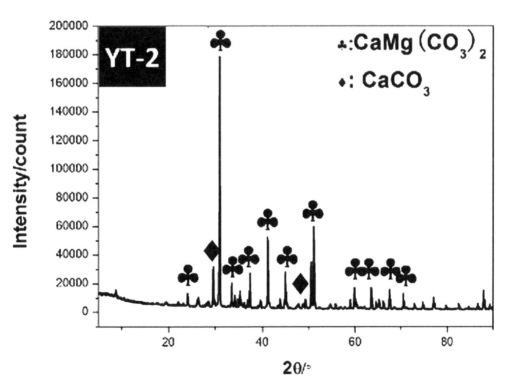

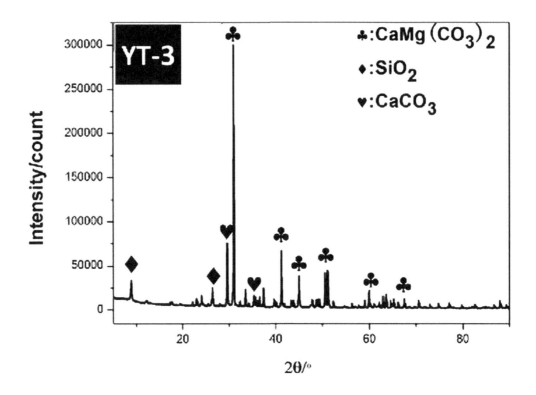

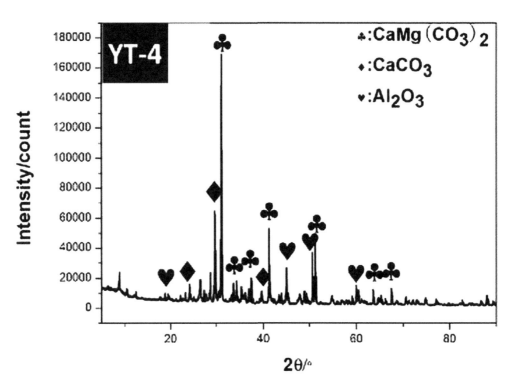

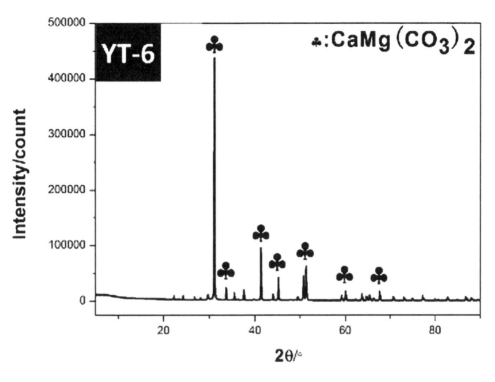

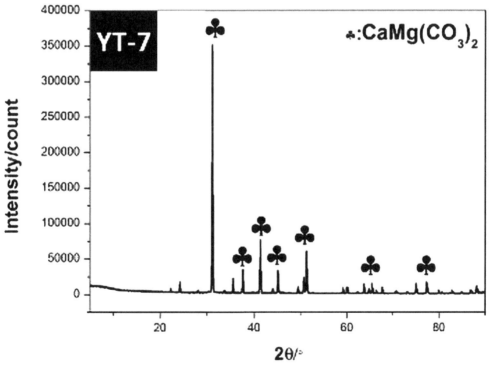

图 5-23 云台样品 XRD 图谱

（约 2%）组成，说明 SiO_2、Al_2O_3 是作为风化产物而存在。根据样品 YT-2 的 EDS 结果可初步确定表面泛碱病害与可溶盐有关。样品 YT-8 的 EDS 结果显示裂缝断层处出现了大量的 $CaSO_4$ 和 Fe_2O_3，说明裂缝的产生可能与生成物石膏有关。

EDS 测试结果显示所有的风化样品表面均检测出了 Si 元素，说明样品表面含有 SiO_2，根据新鲜石材样品 YT-1 中没有检测出 Si，说明大理岩内部不含有石英矿物（SiO_2），分析其来源有三种可能：第一，风将降尘吹到石材表面。屈建军等[①]对所采集的尘样在偏光显微镜下鉴定发现，降尘主要为轻矿物，主要是石英（47.2%）、长石（29.25%）、方解石（17.25%）、白云母（1.25%）等，降尘中含有大量的石英，处于室外环境中的岩石表面积聚了大量尘土，如样品 YT-7 表层黑色覆盖物（其微观形貌如图 5-22j 所示）就是尘土覆盖所致；第二，由于大理岩是沉积岩的一种，在动热变质作用下，[②]硅质岩可以变为石英矿物掺杂在大理岩中，当白云石（$CaMg(CO_3)_2$）被酸雨中的 H^+ 腐蚀后，不易被腐蚀的石英（SiO_2）则裸露在表面；第三，文献[③]的修缮记录中提到选用有机硅材料作为保护材料，对云台进行了全面喷涂保护，以达到防水、防风化的目的，所以可能是当时施加的有机硅保护材料，如图 5-22h 中矿物颗粒完整，只是表面附着了一层类似胶状物质，EDS 显示含有大量的 Si 元素，很有可能是有机硅材料残留物。

表 5-17　云台风化样品 XRD 结合 SEM+EDS 结果分析

编号	样品描述	分析结果
YT-1	块状脱落石块，将风化层除去，取内部石材	云台内部石材风化程度较小，XRD 测试检测到白云石 $CaM(CO_3)_2$；EDS 分析含有 O、C、Ca、Mg 元素，表明云台主要是大理岩构成；SEM 图表示微风化石材颗粒间紧密结合，颗粒表面很干净，基本上无风化产物，甚至能看到完整的菱形矿物颗粒（图 5-22a）
YT-2	云台西侧墙壁下部，表面泛盐	云台外侧四周的墙壁上分布大量白色斑点病害，XRD 检测到白云石 $CaM(CO_3)_2$、方解石 $CaCO_3$；EDS 分析含有 C、O、Ca、Si、Al、Na、K、S、Cl 元素，说明白点是由于盐析出造成，含有 NaCl、KCl、Na_2SO_4 等；SEM 图中颗粒表面被一层白色泛碱物覆盖，表面某些位置能清晰看到完整的结晶盐颗粒（图 5-22b）

① 屈建军，凌裕泉，张伟民等. 敦煌莫高窟大气降尘的初步研究［J］. 文物保护与考古科学，1992，4（2）：19.

② 王帅. 西黄寺石质文物表层劣化特征分析及机理研究［D］. 北京：中国地质大学（北京），2010.

③ 程卫华. 广州石质文物的风化机理及相应保护对策［D］. 广州：中山大学硕士学位论文，2006.

编号	样品描述	分析结果
YT-3	云台西南侧地面，块状脱落石材表面风化层1mm～2mm	云台外侧墙壁脱落的块状风化石材，XRD检测到白云石CaM（CO₃）₂、方解石CaCO₃、石英SiO₂；EDS分析含有O、C、Ca、Mg、K、Si、S元素，说明风化层含有石膏CaSO₄·2H₂O，芒硝Na₂SO₄·10H₂O，SEM图中能依稀看到颗粒之间的边界，矿物颗粒被风化破裂，表面散落着大量的碎屑
YT-4	云台东侧墙壁中部，片状脱落风化层2mm～3mm	云台外侧墙壁上片状脱落样品，易碎，XRD检测到白云石CaM（CO₃）₂、方解石CaCO₃、Al₂O₃；EDS分析含有O、C、Ca、Mg、Fe、Si元素，表明有硅酸盐矿物；SEM图中石材表面已经看不到矿物颗粒，似被一层致密的风化产物所覆盖（图5-22c），无覆盖物的表面矿物颗粒被溶解，表面散落风化物碎屑，不能溶解的硅酸盐矿物裸露在表面（图5-22f）
YT-5	云台东侧墙壁下部，微生物侵蚀	云台东侧外墙上分布大量的黑色点状病害，XRD检测到白云石CaM（CO₃）₂、K₂SO₄；EDS分析含有O、C、Ca、Mg、K、Si、S、Na、Al、Fe元素，黑点有可能是微生物分泌有机酸将石材腐蚀；SEM图显示矿物颗粒被腐蚀，已经无法辨认颗粒形状（图5-22g）
YT-6	云台顶部台基栏板表面片状脱落风化层3mm～5mm	云台顶部台基四周栏板发生片状脱落，XRD检测到白云石CaM（CO₃）₂；EDS分析含有O、C、Ca、Mg、K、Si元素，由SEM图可以看出矿物颗粒表面被一层硅酸盐类物质黏附（图5-22h）
YT-7	云台顶部台基栏板表面脱落泛黑风化层3mm～5mm	云台顶部台基四周栏板上片状脱落样品发黑，XRD检测到白云石CaM（CO₃）₂；EDS分析含有O、C、Ca、Mg、K、Na、Fe、Si、Al元素，说明黑色覆盖物主要为有机物类，可能含有SiO₂、Fe₂O₃；SEM形貌图中可以看到矿物颗粒表面有一层致密的覆盖层（图5-22j）
YT-8	裂缝断层	裂缝断层表面形貌显示为层状物，只对裂缝断层做EDS分析，含有元素O、C、Ca、Mg、Fe、Si、Al、S，可能存在CaSO₄和Fe₂O₃，SEM图中看到断层表面呈层状分布（图5-22e）

3. 可溶盐对石材风化影响

从现场所取的片状脱落岩石样品，发现其背面比较光滑且潮湿，可能是可溶盐造成脱落病害，为了验证这一想法，取云台西侧层状脱落（约4mm-5mm）的石材样品，分别刮取该样品表面、背面及中间部分不同深度风化层粉末，用去离子水制备可溶盐溶液，使用型号为DX-600的离子色谱仪测试离子种类及含量，结果如表5-11所示。

表 5-18 风化样品不同深度阳、阴离子测试结果（ppm）

离子种类		A1-1	A1-2	A1-3
		脱落风化样品表层（约1mm）	脱落风化层内部（约2-3mm）	脱落风化样品背面（约1mm）
阳离子	Na$^+$	10.6006	—	3.3363
	K$^+$	206.1585	45.2151	158.1992
	Mg^{2+}	14.7588	3.7055	7.4896
	Ca^{2+}	8.2638	5.2234	5.4851
阴离子	SO$_4^{2-}$	111.5951	8.9283	23.2726
	NO$_3^-$	12.3315	1.2413	11.6759
	Cl$^-$	22.5900	1.9654	14.4952
	NO$_2^-$	3.7924	2.1361	3.7180
总含盐量		0.19%	0.05%	0.11%

由表 5-18 中所示，与最初的设想相同，表面白色泛碱斑点风化石材样品表面的含盐量最多，大约是背面含盐量的 2 倍，是内部的 4 倍。风化石材不同表面与深度中都含有阴离子 SO$_4^{2-}$、NO$_3^-$、Cl$^-$、NO$_2^-$，并含有阳离子 K$^+$、Mg^{2+}、Ca^{2+}，但是石材中间部分却比正、反面少了一种 Na$^+$。所有阴离子中 SO$_4^{2-}$、Cl$^-$ 的含量差距最大，样品 A1-1 的 SO$_4^{2-}$ 含量是 A1-3 的 5 倍，是 A1-2 的 14 倍，同时 A1-1 的 Cl$^-$ 含量是 A1-3 的 1.5 倍，是 A1-2 的 11 倍，样品 A1-1 与 A1-2 的 NO$_3^-$ 含量大致相同，是 A1-3 的 10 倍。

可溶盐在云台石刻病害类型中占有很大比重，为了获得溶盐类型，刮取溶盐样品进行 XRD 定量分析以获得现存风化物的存在形式，将表面含有大量白色点状侵蚀的样品结合 SEM-EDS 测试，获得样品的显微结构与元素种类及含量。将可溶盐溶液中的水分完全挥发，得到可溶盐粉末，进行 XRD 测试，得到的结果如图 5-24 所示。

表 5-19 溶盐风化样品 SEM-EDS 分析元素组成（Wt%）

测试区域	C	O	Mg	Ca	Si	Al	Fe	K	S	Cl
1	11.4	51.2	14.5	21.4	0.9	—	0.6	—	—	—
2	28.0	39.1	2.9	13.3	10.3	1.5	1.0	3.0	0.3	0.3

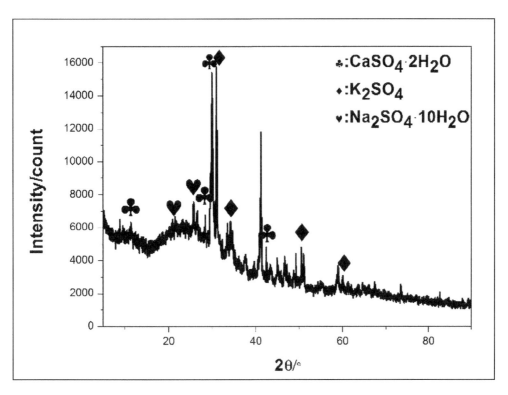

图 5-24 可溶盐 XRD 测试结果图

图 5-25 表面白色盐层形貌与 EDS 测试区域

可溶盐类型可能为：NaCl、Na_2SO_4、KCl、K_2SO_4、$NaNO_3$ 等，由 XRD 图中可以看出，可（中）溶盐中主要含有石膏（$CaSO_4 \cdot 2H_2O$）、硫酸钾（K_2SO_4）、芒硝（$Na2SO4 \cdot 10H2O$）。其中造成岩石严重风化的离子为 SO_4^{2-}。为了进一步证明可溶盐离子对不同风化病害的影响，分别取不同岩石样品表面风化层进行离子色谱测试，结果如表 5-20 所示。

表 5-20　风化样品阴、阳离子色谱测试结果（ppm）

编号	样品描述	阴离子（ppm）				阳离子（ppm）				总量（ppm）
		SO_4^{2-}	NO_3-	Cl^-	NO_2-	Na^{+-}	K^+	Mg^{2+}	Ca^{2+}	
1号	片状脱落 – 表面泛碱（约1mm）	111.595	12.331	22.590	3.792	10.600	206.158	14.758	8.263	397.31
2号	片状脱落—微生物侵蚀（约1mm）	313.522	146.742	24.424	0.603	25.400	54.662	44.818	58.838	669.68
3号	片状脱落风化层（约1mm）	14.058	10.399	3.196	1.623	1.021	10.236	4.550	15.167	60.89
4号	云台顶部北侧栏板片状脱落风化层（约2mm）	10.424	1.715	1.054	2.405	—	33.343	3.763	13.327	66.84
5号	云台东北侧下部石材表面潮湿部分风化层（约3mm）	14.112	11.372	5.3234	1.391	2.748	15.806	4.621	13.433	71.38
66号	云台西侧下部块状脱落样品，取石材内部	7.262	1.915	5.142	1.877	0.431	13.991	6.859	10.981	48.68

综上所述，可溶盐的积聚、沉积会造成石材片状脱落，在内部取不能直接接触含有可溶盐液体的岩石样品，用作对比样品，如表 3-20 中 6 号样品与其他样品含有相同类型的阴离子与阳离子，但是含量比较低，说明造成石材风化的离子不可能来自石材本身，因为云台的主要原材料是大理岩，碳酸钙材质，不可能为风化物提供 SO_4^{2-}，说明可溶盐中的 SO_4^{2-} 只可能来白酸雨或是周围环境。2 号样品离子总量最大，是 1 号样品的两倍，已知 1 号样品是可溶盐含量高并析出造成表面大量泛碱。

上小节推测表面大量的黑点由微生物造成。莫彬彬等[①]在研究长石风化中生物因素时指出微生物附着在硅酸盐矿物颗粒上形成细菌—矿物复合体，酸解、络解、酶解、碱解，以及夹膜吸收、胞外多糖形成和氧化还原作用等机制可能有一种或多种共同发挥作用，微生物分泌物中含有大量的有机酸，对石质文物影响较大，有些微生物甚至在极端环境下仍然发挥作用。[②]同样是岩石表层脱落，3号与1号、2号样品相比离子总含量很低，3号样品表面没有其他病害，没有1号的表面泛碱和2号的微生物侵蚀的黑色斑点，说明造成岩石表层剥落不单纯是可溶盐与微生物导致，岩石表层剥落还受其他因素的影响。

（三）风化机理讨论

云台石质文物病害形式多样，病害形成的原因也相异，除受外部环境因素影响之外，蔡素德[③]指出处于大气环境中的汉白玉的腐蚀还与岩石本身的物理、化学性质及其晶体结构的差异等因素有关。Cardell和Smith[④]在研究中指出石灰岩比砂岩和花岗岩更容易受到风化影响，大理岩的成分主要是以石灰质碳酸钙为主，容易受到酸雨侵蚀而分解。正是由于大理岩的自身结构特点，北京地区的环境特点容易使云台受到温差效应、冻融作用、可溶性盐的晶涨作用以及灰尘的破坏。[⑤]

云台的四种主要病害分别是：白色泛盐、片状脱落、裂缝和黑色斑点。一般而言，岩石病害是由物理、化学和生物风化因素综合作用造成的。在研究白色泛盐病害产生原因时，通过SEM图可以清晰地看到表面的可溶盐颗粒，且XRD测试得知可（中）溶盐种类有石膏（$CaSO_4 \cdot 2H_2O$）、硫酸钾（K_2SO_4）、芒硝（$Na_2SO_4 \cdot 10H_2O$），产生原因是降雨和地下毛细水作用的影响，使岩石表面留有大量的盐溶液，水分蒸发后，可

① 莫彬彬，连宾. 长石风化作用及影响因素分析［J］. 地学前缘，2010，17（3）：281-289.

② Chen J, Lian B, Wang B, etal. The occurrence and biogeochemistry of microbes in extreme environments［J］. Earth Science Frontiers, 2006，13（6）：199-207.

③ 蔡素德. 酸雨对汉白玉的危害研究［J］. 重庆环境科学，1994，16（4）：1-4.

④ Cardell, C., Delalieux, F, Roumpopoulos, K, Moropoulou, A, Auger, F, Van Grieken, R Salt-induced decay in calcareous stone monuments and buildings in a marine environment in SWF rance. Construction and Building Materials 2003（17）：165-179.

⑤ 刘慧轩. 承德溥仁寺石质文物的保护与修复［J］. 石材，2016（1）：58-60.

溶盐结晶附着在岩石表面，从而使云台墙壁表面留有大面积的白色斑点状的可溶盐结晶物。除了使石质表面出现白色泛盐病害，可溶盐还会使石质文物产生鳞片状脱落病害[1]，这主要是因为可溶盐析出时晶体体积膨胀，产生很大的结晶压力，反复的溶解和结晶致使石材微孔胀破。本文的研究中测试了片状脱落样品表面、背面及中间部分的离子种类和含量的差别，说明了云台石质文物的片状脱落病害也受可溶盐的影响。

云台石质文物出现了大量的裂隙病害，包括机械裂隙、浅表性裂隙、构造裂隙。其中在台基底部荷载石中存在的大量裂隙是机械裂隙（图5-21j），这主要是由于荷载力的作用产生的应力裂隙，从墙壁上还能看到一些沉积岩生长时自身带有的构造性裂隙（图5-21l）。本文主要研究了浅表性裂隙，即风化裂隙（图5-21k），SEM图（图3-22e）显示裂缝断层处呈现层状物质堆积，EDS中检测出含量高达7.0％的S元素，Ca、O元素的含量也很高，说明该处存在大量的石膏（$CaSO_4 \cdot 2H_2O$），已知石膏的结晶压力可达100-200MN/m^2，Rui等[2]在研究冻融作用对白云岩结构影响试验中，将样品在 -15℃及 +10℃下放置2.5h列为一个循环，超过12个循环之后岩石表面裂缝贯通致使样品破坏，岩石薄弱处生成石膏，在冻融作用下持续反复溶解与结晶，致使大理岩矿物颗粒之间的缝隙被胀开，产生风化裂缝。

云台墙壁表面大量的黑色斑点是微生物病害，微生物包括霉菌、地衣、苔藓等低等生物，其生存过程中所分泌的有机酸对岩石具有腐蚀作用，其遗骸附着在石质文物表面，形成如同云台墙壁上大量黑色斑点。虽然还不能完全解释岩石的微生物风化过程和分子机理，[3]但许多研究者[4]研究微生物对长石的风化作用机理时先后提出了酸解、络解、酶解、碱解及夹膜吸收、胞外多糖形成和氧化还原作用等多种观点。

除了主要病害，在云台台基顶部的栏杆、望柱以及小螭首石质构件中，粉化剥落比较严重，这主要是因为台顶石质文物容易受到酸雨侵蚀，空气污染物经过降雨作用

① 程卫华. 广州石质文物的风化机理及相应保护对策［D］. 广州：中山大学硕士学位论文，2006.

② Ruiz de Argandona VG, Rodfíguez Rey A, Clorio C, etal. Characterization by computed X-Ray tomography of the evolution of the pore structure of adolomite rock during freeze-thaw cyclic tests［J］. Phys Chem Earth, 1999，7（24）：633-637.

③ 任建光，黄继忠，李海. 无损检测技术在石质文物保护中的应用［J］. 雁北师范学院学报，2006（5）：58-62.

④ Li F C, Li S, Yang Y Z, etal. Advances in the study of weathering products of primary silicate minerals, exemplified by mica and feldspar［J］. Acta Petrologicaet Mineralogica, 2006，25（5）：440-448.

形成酸雨进行化学作用，大理岩进而变得疏松，产生酥粉现象。化学作用包括溶解、水合、水解、酸性侵蚀等，污染空气中含有的二氧化硫、二氧化氮等有害气体与雨水或大气水结合形成硫酸或硝酸，碳酸盐材质的大理岩极易被腐蚀随雨水流失。

（四）小结

根据现场勘查，居庸关云台病害种类多样，最为严重的病害类型为墙壁表面的白色泛盐，其次是裂缝，纵横交错的裂缝网严重破坏了浮雕的外观；不同厚度表层石材脱落也比较严重，风化层厚度在 1mm ~ 10mm 不等，云台墙壁黑色斑点为微生物侵蚀所致。XRD 结果表明云台主体材质是大理岩（矿物为白云石 $CaMg(CO_3)_2$），还含有少量的方解石（$CaCO_3$）、石英（SiO_2）和 Al_2O_3，可（中）溶盐主要有石膏（$CaSO_4 \cdot 2H_2O$）、硫酸钾（$K2SO_4$）、芒硝（$Na_2SO_4 \cdot 10H_2O$）。SEM+EDS 结果显示除了岩石本体元素 C、O、Ca、Mg，还有可溶盐元素 Na、K、S、Cl 等，还有一些 Si、Al、Fe 等元素。离子色谱确定了可溶盐阴、阳离子种类及含量，结果表明可溶盐是云台大理岩风化病害产生的重要因素之一。因此云台出现的几种重要病害，墙壁白色泛碱病害主要是由于可溶盐含量较大在岩石表面沉积所致；风化裂缝主要是生成的石膏膨胀产生；表层脱落的发生是温差效应、冻融作用、可溶性盐的晶胀协同作用的结果；墙壁表面黑色斑点为微生物侵蚀所致。

四、利玛窦墓、天安门、五塔寺、景山公园的石质文物

北京地区石质文物众多，尤其是以大理岩为主的石质文物，除了大高玄殿与居庸关云台存量较多、面积较大的石质建筑，还有一些面积较小但文物价值很高的石质文物，本文对利玛窦石碑、天安门前石质构件、五塔寺佛塔及景山公园的雕塑进行了现场调研与实验室检测分析，获得了这些石质文物的保存现状及病害产生原因，为后续保护提供依据。

（一）保存现状

1. 利玛窦墓

利玛窦（1552年~1610年），天主教耶稣会意大利籍神父、传教士、学者（见图5-26）。明神宗万历十一年（1583年）来到中国，是天主教在中国传教的开拓者之一，1610年，利玛窦在北京去世，万历皇帝破例准许利玛窦葬于北京西郊，使其成为首位葬于北京的西方传教士。

利玛窦墓在今北京市西城区阜成门外北京市委党校宽大的绿色庭院中央，墓园周围被透花砖墙环绕，园内并排竖立三通汉白玉石碑，受风化影响，碑面刻字与浮雕花纹已经模糊，急需修缮（见图5-27）。

2. 天安门

天安门坐落于北京市中心，故宫的南端，与天安门广场隔长安街相望，是明清两代北京皇城的正门。天安门基座为汉白玉须弥座，天安门前有七座精美的汉白玉桥，桥边矗立着雕刻精美的华表，这些精美的石质文物见证着历史，具有重要的建筑意义和历史意义。这些石质文物暴露在室外，受天气的影响已经发生不同程度的风化，必须重视保护工作（见图5-28）。

3. 五塔寺

五塔寺，又名真觉寺，创建于明代永乐年间，其主体金刚宝座塔是印度佛陀伽耶（释迦牟尼得道处伽倻山寺所建的纪念塔）形式的佛塔，金刚宝座之上的五座塔表示五方佛祖。五塔寺样式秀美，堪称明代建筑和石雕艺术的代表之作，是中外文化结合的典范，金刚宝座塔使用的建筑材料是青白石和砖，因年久失修，五塔寺中的石质构件已出现不同程度的损坏，急需修缮（见图5-29）。

4. 景山公园

景山公园地处北京城的中轴线上，占地23公顷，南与紫禁城的神武门隔街相望，西邻北海公园，站在山顶可俯视全城，金碧辉煌的古老紫禁城与现代化的北京城新貌尽收眼底。景山公园寿皇殿寿皇门外有三座牌楼，分东、南、西三面耸立，牌楼为四柱三洞九楼，黄色琉璃瓦覆顶，金丝楠木梁柱，额为乾隆御题，是皇家最高等级的建筑形式，在皇家园林中独树一帜（见图5-30）。

图 5-26　利玛窦肖像图

图 5-27　利玛窦墓园

207

图 5-28　天安门前金水桥抱鼓保存现状　　　　图 5-29　五塔寺全貌佛像保存现状

图 5-30　东侧牌楼全貌

（1）石质构件病害状况实验室检测

表 5-21 利玛窦、天安门、五塔寺和景山公园石质构件样品信息表

编号	取样地点	取样位置	材质类型	病害描述
X1		新鲜石材	汉白玉	三级大理石，轻微风化
X2			青白石	
LMD-1	利玛窦	葡萄牙（高嘉乐）——碑身边缘	汉白玉	裂隙、风化、酥碱、粉化
LMD-2		法国（汤尚元）——碑身中部	青白石	风化、酥碱、粉化
TAM-1	天安门	城楼——须弥座	青白石	风化、酥碱、粉化、覆盖
TAM-2		金水桥——抱鼓	汉白玉	风化、酥碱、粉化
WTS-1	五塔寺	东北塔西侧	青白石	风化、酥碱、粉化
WTS-2		东南塔西侧	青白石	风化、酥碱、粉化、微生物病害
JS-1	景山公园	西侧夹杆石——上部	汉白玉	风化、酥粉
JS-2		西侧瑞兽——兽嘴边缘	汉白玉	风化、酥粉

使用型号为 MP41 的偏光显微镜观察所取样品的矿物晶体进行粒径分析。

图 5-31 所示为新鲜岩石及已风化石质样品岩石颗粒的偏光显微镜照片，可见新鲜汉白玉和青白石大多表面光滑且颗粒均匀；已风化石质构件样品则显现出明显的风化破坏特征，其中，天安门样品 TAM-2 颗粒大小不一形状各异，矿物颗粒尺寸明显小于新鲜岩石的。

为获得岩石颗粒表明形貌特征，用型号为 HITACHI S-4700 的扫描电镜对新鲜与风化样品表面进行形貌观察，并结合 EDS 获得表面元素种类和含量。

如图 5-32 所示，新鲜汉白玉和青白石样品呈现典型的大理岩镶嵌结构，表面无风化碎屑、溶洞、溶孔或结垢。风化样品表面被一层风化层覆盖，如图中景山西侧夹杆石（JS-1 和 JS-2）和利玛窦（LMD-2）样品，还有矿物颗粒被腐蚀，岩石本体内的矿物裸露出来，如利玛窦葡萄牙（LMD-1）和天安门城楼（TAM-1）样品。

新鲜汉白玉 X1

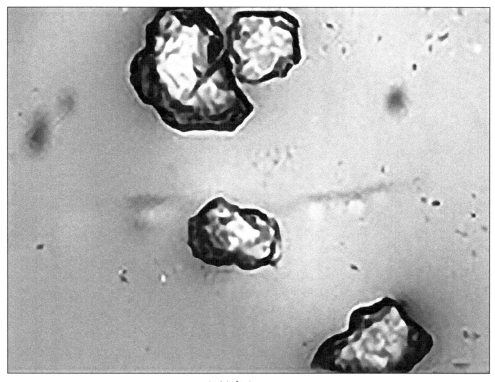

新鲜青白玉 X2

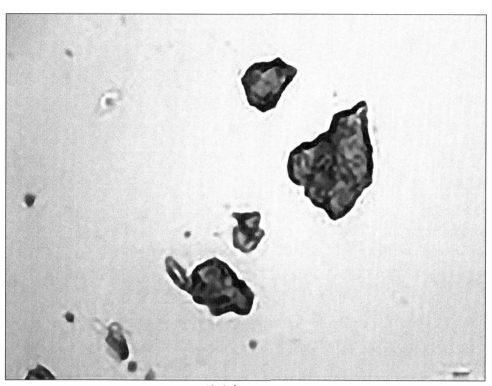

利玛窦 LMD-1

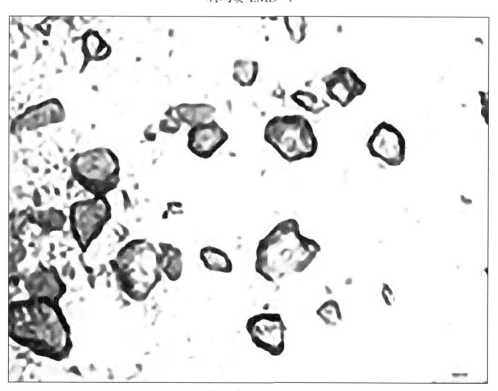

利玛窦 LMD-2

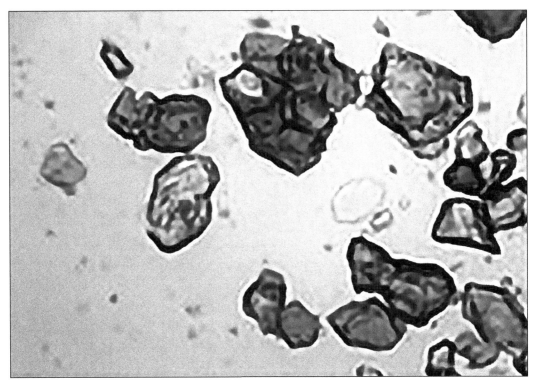

天安门 TAM-1

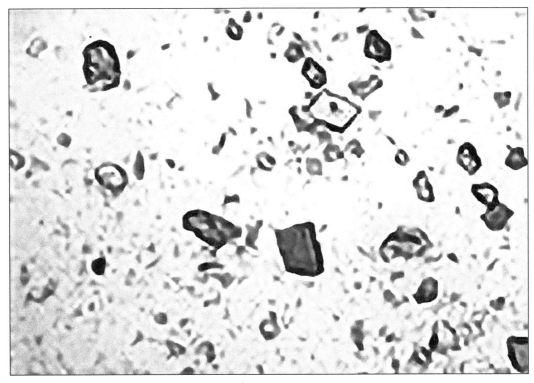

天安门 TAM-2

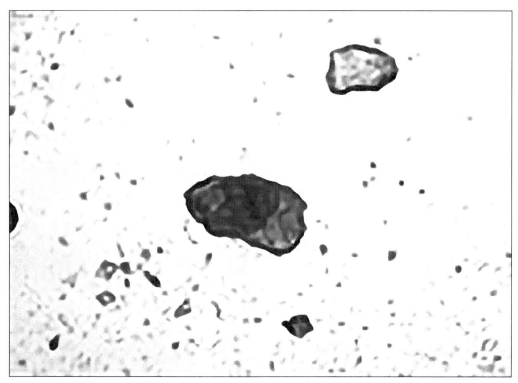

五塔寺 WTS-1

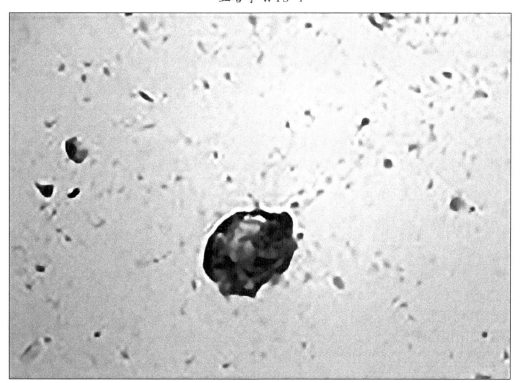

五塔寺 WTS-2

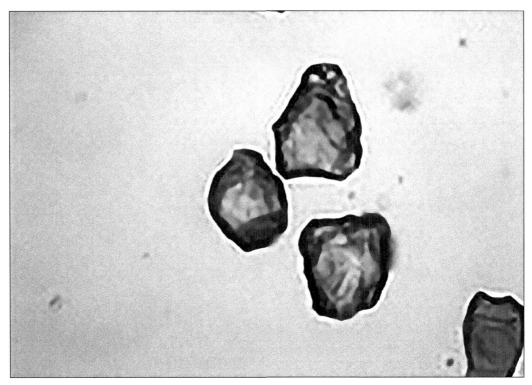

景山 JS-1

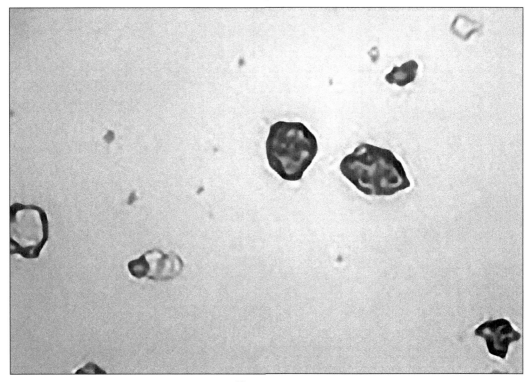

景山 JS-2

图 5-31 利玛窦、天安门、五塔寺和景山公园石质构件的偏光显微镜照片（×100）

表 5-22　利玛窦、天安门、五塔寺和景山公园石质样品的 EDS 结果

所属殿座	取样位置	（Wt%）						
		C	O	Mg	Al	Si	K	Ca
利玛窦	葡萄牙	24.03	45.40	—	7.61	13.33	3.22	6.41
	法国（汤尚贤）	15.08	53.89	4.07	2.10	5.19	—	15.62
天安门	金水桥	24.55	48.67	2.95	4.20	16.51	3.13	—
	城楼	14.67	53.49	10.83	—	2.62	—	18.39
五塔寺	东南塔西侧	26.10	44.74	—	5.22	11.63	1.70	10.62
	东北塔西侧	17.26	49.48	1.85	7.44	20.71	3.25	—
景山公园	西侧夹杆石	84.21	08.47	01.75	00.75	01.31	—	03.52
	西侧瑞兽	36.39	24.28	02.72	07.47	17.73	02.15	03.59

表 5-22EDS 结果显示各石质样品所含主要元素为 Ca、Mg、C、O，部分样品中含有少量的 Si 和 Al，其中五塔寺样品的 Si 含量较高，其矿物组成有别于其他样品。

为了进一步确定各石质构件样品化学成分，对所取样品进行 XRD 测试，所用的仪器为 2500VB2+PC 射线衍射仪。图 5-33 所示为各位置石质样品的 XRD 谱图，由 XRD 确定的各构件的化学成分见表 5-23。

表 5-23　利玛窦、天安门、五塔寺和景山公园石材样品中的矿物种类

所属地区	具体位置	矿物种类
新鲜汉白玉	—	$CaMg(CO_3)_2$
新鲜青白石	—	$CaMg(CO_3)_2$
利玛窦	葡萄牙	$CaMg(CO_3)_2$、$CaCO_3$、SiO_2
	法国	$CaMg(CO_3)_2$、$CaZn(CO_3)_2$
天安门	金水桥	$CaMg(CO_3)_2$、SiO_2
	城楼	$CaMg(CO_3)_2$、$CaZn(CO_3)_2$
五塔寺	东南塔西侧	$CaCO_3$、SiO_2
	东北塔西侧	$CaMg(CO_3)_2$、$CaZn(CO_3)_2$、SiO_2
景山公园	西侧夹杆石	$CaMg(CO_3)_2$
	西侧瑞兽	$CaMg(CO_3)_2$

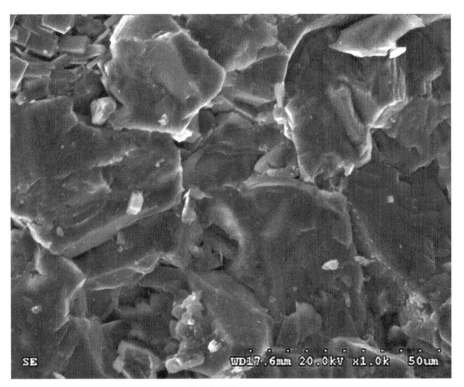

新鲜汉白玉 X1

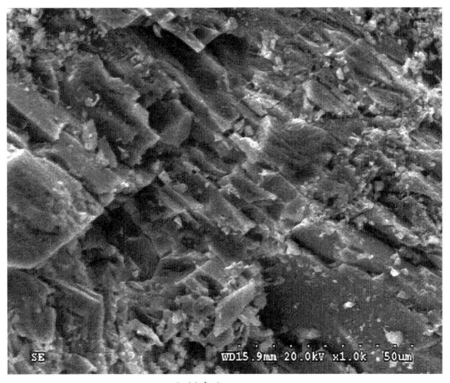

新鲜青白玉 X2

利玛窦 LMD-1

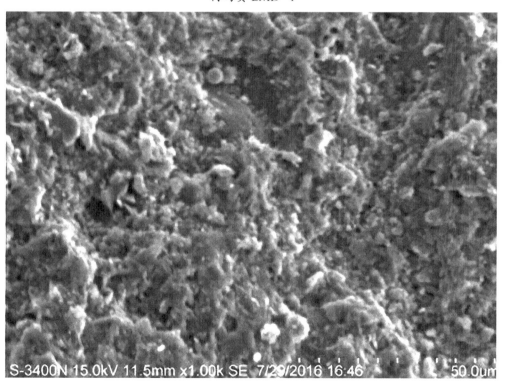

利玛窦 LMD-2

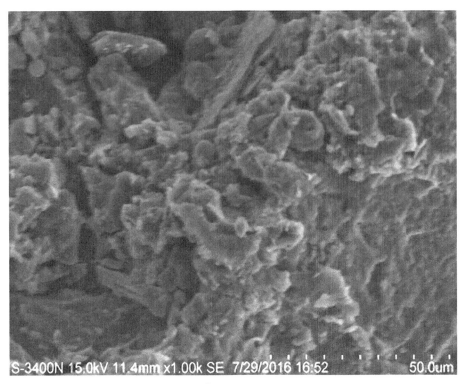

天安门 TAM-1

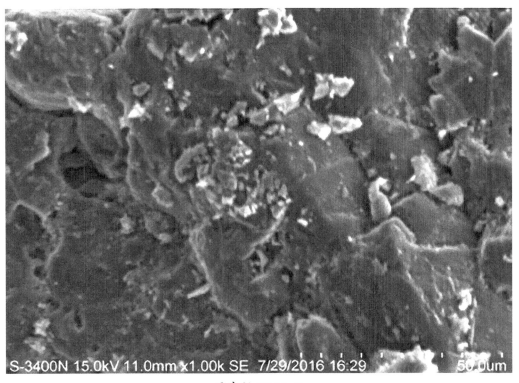

天安门 TAM-2

五塔寺 WTS-1

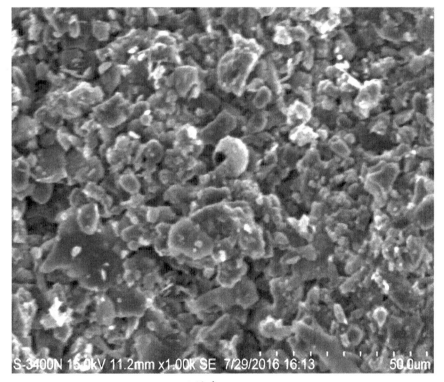

五塔寺 WTS-2

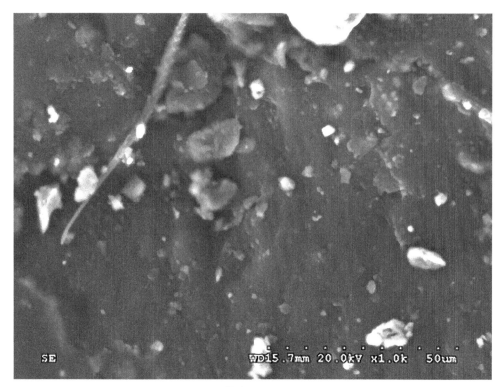

景山 JS-1

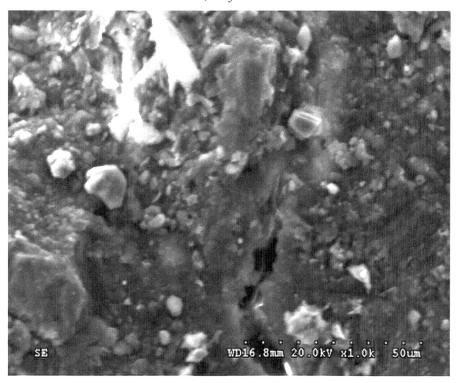

景山 JS-2

图 5-32　利玛窦、天安门、五塔寺和景山公园石质构件样品的扫描电镜照片（×1000）

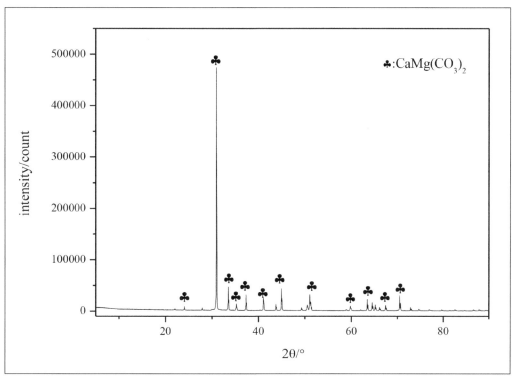

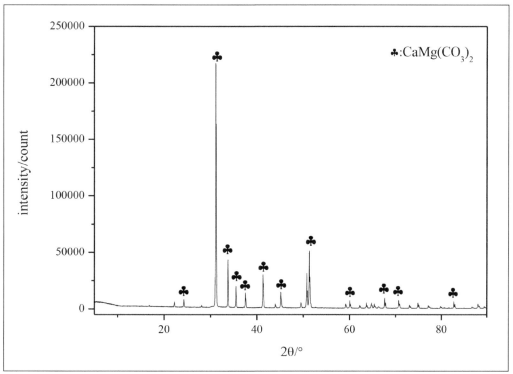

新鲜汉白玉新鲜青白石

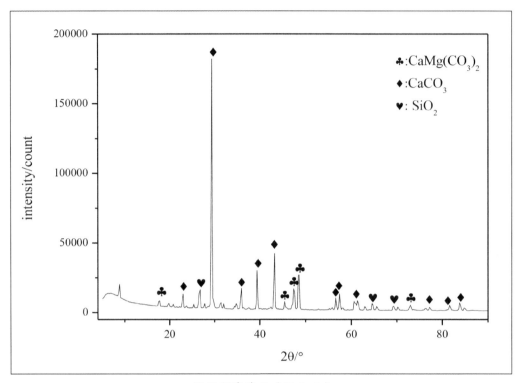

利玛窦葡萄牙（汉白玉）

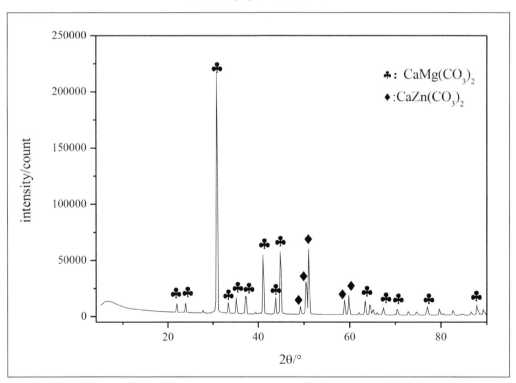

利玛窦法国（青白石）

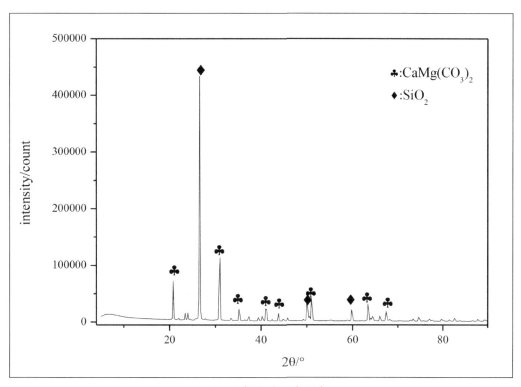

天安门城楼（汉白玉）

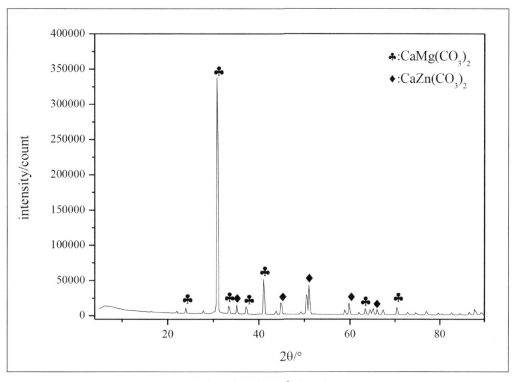

天安门金水桥（青白石）

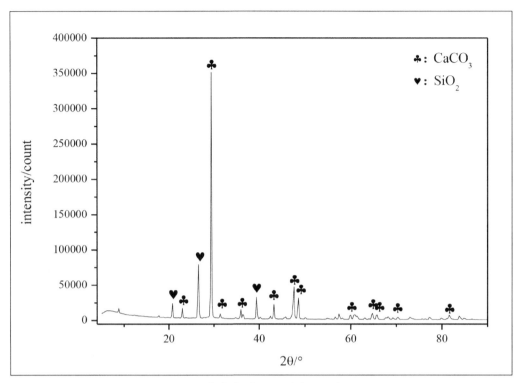

五塔寺东南塔西侧（青白石）

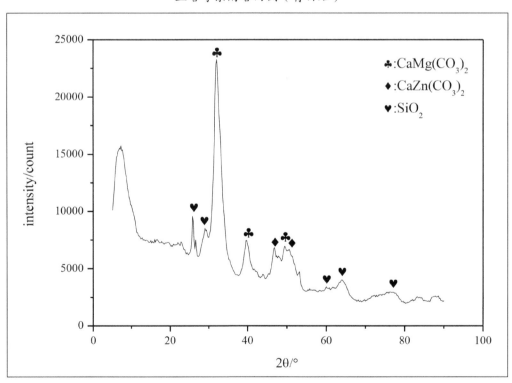

五塔寺东北塔西侧（青白石）

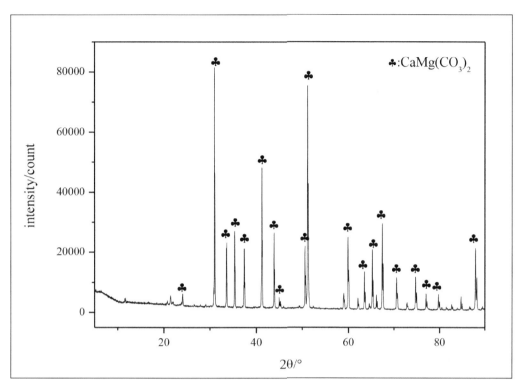

景山西侧夹杆石（汉白玉）

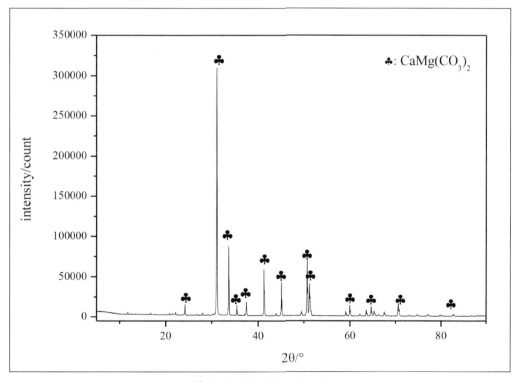

景山西侧瑞兽（汉白玉）

图 5-33 利玛窦、天安门、五塔寺和景山公园石质构件 XRD 谱图

XRD 结果显示，所选新鲜石材及从各古建筑采集的已风化的石质构件样品的主要成分为 CaMg（CO$_3$）$_2$，表明其主要矿物组成为白云石。新鲜汉白玉与新鲜青白石的 XRD 谱图无明显差异，有些地区石质构件样品中检测到 SiO$_2$ 的存在。

表 5-24 为利用 X 射线荧光光谱法（XRF）测定的上述已风化石质构件样品中各元素含量，相关测试结果与表 5-22 和表 5-23 结果可相互补充和印证，说明上述几个古建筑群各石质构件主要矿物组成为白云石。综合 EDS、XRD、XRF 测试结果可知，风化样品均含有 Si 元素，而新鲜的汉白玉或青白石基本上不含 Si 元素，Si 元素可能来自空气中的灰尘沉积，也有可能是石材本身所带。此外，各风化石质构件样品中均检测出一定量的 S 元素，而新鲜石材中并没有 S 元素，S 元素很可能与风化病害的形成有关，酸雨中含有的 Na$_2$SO$_4$ 会侵蚀碳酸盐类岩石并留下痕迹。

表 5-24 利玛窦、天安门、五塔寺和景山公园石质样品元素种类及含量（wt%）

所属殿座	构件编号	石材种类	石质样品的元素的种类及含量（%）								
			Ca	Mg	Si	P	K	S	Fe	Al	Zn
新鲜石材	X1	汉白玉	88.595	8.672	2.733	—	—	—	—	—	—
	X2	青白石	89.109	9.176	—	1.516	0.200	—	—	—	—
利玛窦	葡萄牙	汉白玉	85.962	—	5.811	—	2.364	0.199	2.221	3.443	—
	法国	青白石	89.906	9.010	—	—	0.194	0.447	0.443	—	—
天安门	金水桥	汉白玉	88.091	9.007	0.644	—	0.265	0.736	1.258	—	—
	城楼	青白石	89.540	8.901	0.274	1.105	—	—	—	—	0.180
五塔寺	东南塔西侧	汉白玉	88.202	—	7.775	—	0.864	0.161	1.653	1.344	—
	东北塔西侧	青白石	14.860	0.622	49.584	0.600	13.865	—	9.809	10.570	0.090
景山公园	西侧夹杆石	汉白玉	88.678	8.333	0.862	—	—	0.989	1.139	—	—
	西侧瑞兽	汉白玉	89.289	7.270	1.055	1.129	0.344	0.753	—	—	0.160

综上所述，风化前后石材成分和微观形貌的研究不仅可对文物材质进行考古，而且可以探究文物的腐蚀机理，对现场调研进行补充和深入探究。青白石与汉白玉虽然在颜色上差别较大，但在矿物种类和元素组成上差别较小；XRF 对石质构件风化层的分析结果显示风化层中有 S 元素存在，可初步判断酸雨溶蚀是造成石质构件风化的主要原因，S 元素的来源是酸雨中的 SO$_4^{2-}$。

（二）小结

通过现场调研了解利玛窦、天安门、五塔寺、景山公园建筑群各石质构件的病害状况，实验室石质构件的化学成分、微观形貌的表征分析了各类石质构件的材质及风化病害产生的原因。上述石质构件主要病害类型为酥粉、层状剥落、裂缝和缺损，酸雨溶蚀作用和可溶盐结晶膨胀作用是导致石质构件风化的主要原因。

五、总结

本章主要将故宫大高玄殿、居庸关云台、利玛窦、天安门、五塔寺和景山公园等位置的石质文物和乾隆御制碑作为研究对象，现场无损检测表明超声波仪、砂浆回弹强度仪、里氏硬度计等无损检测技术能较好地探测石质文物的体缺陷及表层缺陷程度，且对较脆弱的风化石质文物无损害，确定了现场测试布点方法、测试参数、数据解析和使用方法。现场调查表明北京地区石质文物均有不同程度的风化，主要病害类型为片状脱落、裂缝、白色泛盐等。实验室内的检测手段进一步探究了石质文物病害形成原因，其中 XRD 测试结果表明北京地区石质文物的主体材质为汉白玉或青白石（矿物成分为 $CaMg(CO_3)_2$）；SEM 测试结果清楚地显示了各类风化病害表面微观形貌，结合 EDS 测试结果表明风化石材表面均含有大量 C、O、Mg 和 Ca 元素，有些样品还含有含量差距较大的 Si 元素，此外，大部分风化样品含有 Fe、Al 和 K 等元素，少部分含有少量的 S、Na 和 Cl 等元素；IC 结果表明风化样品中含有 SO_4^{2-} 和 NO_3^-，说明北京地区酸雨中 SO_4^{2-} 和 NO_3^- 是石质文物风化的主要影响因素之一。

第六章 大理岩风化机理及风化程度指标体系研究

在现场无损检测北京地区石质文物风化病害程度，及实验室内初步分析风化产生原因基础上，继续对风化过程进行模拟研究，在风化进程中采用无损及有损的表征方法对石质文物风化过程的各项指标进行检测和评估，以获得石质文物的风化机理及能有效评估风化程度和等级的指标体系。

一、大理岩风化模拟方法

本报告主要研究对象是北京地区的大理岩类（包括汉白玉、青白石）石质文物，从第三章现场研究结果可知影响大理岩风化的主要因素是可溶盐、酸雨和昼夜温差，本章主要是通过模拟"盐""酸溶液"和"冻—融"对大理岩的影响，根据模拟实验得到的各项指标测试结果，建立风化程度评价指标体系。

（一）样品选择

大理岩主要包括汉白玉和青白石。所试验汉白玉和青白石的主要规格为正方体（70mm×70mm×70mm），长方体（100mm×50mm×10mm），其外观形状见图6-1。

选择备用汉白玉和青白石样品若干，使用前用毛刷将试块表面的灰尘刷净，然后用自来水洗净，最后在105℃烘箱中干燥至少24h，直至质量不再发生变化，干燥后的试块在干燥器中冷却至室温，对所有试块分别进行质量、超声波和里氏硬度测试，为了避免天然石材性能的离散性，降低实验误差率，选择三种数值相近的试块作为同一

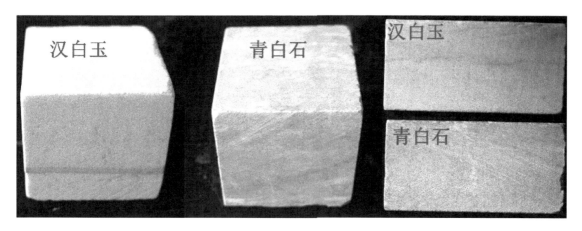

图 6-1　样品外观

组进行实验。

　　本次模拟实验中共分为两大类："盐 + 冻融"实验和"酸雨喷淋"实验（pH=1、2、3、4），总共 5 组样品，每组各有 35 块汉白玉（正方体 20 块、长方体 15 块）、和 35 块青白石（正方体 20 块、长方体 15 块）。

（二）"盐 + 冻融"实验

　　进行耐盐模拟实验是为了模拟自然环境中含盐溶液对石材的损害，而模拟冻融实验是为了了解石材内部的水在冷热交替下的膨胀过程对石材的损害。为了得到老化效果最好的石材，将"盐 + 冻融"实验交叉进行。

　　实验步骤：参考标准《天然饰面石材试验方法　第十部分：干燥、水饱和、冻融循环后压缩强度试验方法》（GB/T 9966.1-2001），本实验做了一些调整，先将试样放在烘箱中干燥 24h，再将试样浸泡在饱和的无水硫酸钠（Na_2SO_4）溶液中 12h（使液面至少高于试样 2cm），使试样充分吸收盐溶液。取出试样，并擦干表面水分，然后放入 -20 ± 2℃的冷冻箱中冷冻 12h，再将其放入饱和无水硫酸钠溶液中解冻 12h，"冻—融"一个过程是 24h，此为一个循环，反复该"冰冻—融化"过程 30 次以上，每"冻—融"10 个循环取出试样观察其外观形貌变化，并测定试块的物理性能、力学性能（无损测试）矿物学组成等。

229

（三）"酸雨喷淋"实验

本实验目的一方面是比较样品耐酸腐蚀的能力，另一方面是选择出合适的酸类、浓度、浸泡时间，以获得加速风化剂，另外为下一步的加固实验模拟出合适的老化石材。实际酸雨含少量硫酸和硝酸，我国降水主要以硫酸型酸性雨水为主，硫酸根离子占总阴离子的 70%～80%，由第二章中风化样品离子色谱结果可知 $SO_4^{2-}:NO_3^-=2:1$，以此为根据，选择质量比 $H_2SO_4:HNO_3=2:1$ 来配置模拟酸雨溶液。已知酸雨是指 pH 小于 5.6 的降水，为加速酸溶液对岩石的风化速度，本此模拟实验选择 pH＜5.6 的酸溶液，为进一步研究不同 pH 的酸溶液对大理岩的影响，分别配置 pH=1、2、3、4 的酸溶液。

为更好地模拟自然降雨过程，将配置好的酸溶液置于抗腐蚀能力强的塑料喷壶中进行"酸雨喷淋"模拟降雨过程，具体装置见图 6-2，人工雨滴的自然降落距离保持在 50cm 左右，将石材样品置于容器中，使雨滴降落并飞溅至整个样品表面，样品均放置在有孔洞的塑料底座上，保证模拟酸雨在冲刷样品表面后沿表面流下至容器底部而不会浸泡试块。已知北京年平均降雨量约为 600mm，实验在常温常压下进行，喷淋强度为 20ml·min-1，保证每个样品在一个循环老化实验中有 1500ML 酸溶液流经表面，相当于 600mm 降雨量，每个循环实验持续 1.25h，喷淋期间用 pH 试纸每隔 10min 检测酸雨溶液的 pH 值是否变化，若 pH 发生变化要及时进行调节，保证实验过程中溶液 pH

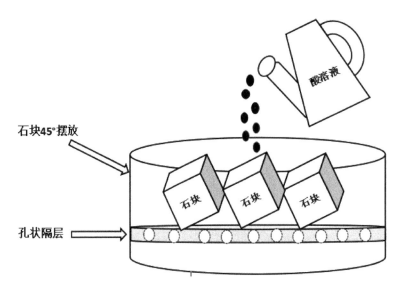

图 6-2 "酸雨喷淋"模拟实验装置示意图

值不发生变化，实验后的试块在室温下自然风干，以达到干湿交替的效果，每隔24h循环一次，每循环5次之后观察试样外观形貌变化，并测定试块的物理性能、力学性能（无损测试）及矿物学组成等。

二、大理岩在各老化循环后外观形貌变化

在进行一系列老化实验后，试块的外观均发生了变化，其形貌图见图6-3和图6-4。

根据图6-3所示及实际观察可知，在分别进行"盐+冻融"10个、20个和30个循环后，汉白玉和青白石外观均未发生明显的变化。据图6-4所示及实际观察可知，在进行"酸雨喷淋"实验不同循环后，试块表面均发生了变化，一个共同的变化是每5个循环后，试块表面均出现酥粉，但是程度不同。pH=1的"酸雨喷淋"老化条件下，试样外观变化最明显，5个循环时试块表面凹凸不平明显且有少量白色物质出现，尤其是在10个循环后，青白石表面的白色物质增加，但在15个循环后，试样表面覆盖着一层致密的白色物质。pH=2的"酸雨喷淋"老化条件下，试样外观变化也比较明显，随着老化实验进行，试块表面的"酥粉"现象程度加深，表面粗糙度加深。pH=3的"酸雨喷淋"老化实验过程中，试样外观只是出现了"酥粉"现象，相比之下pH=4的

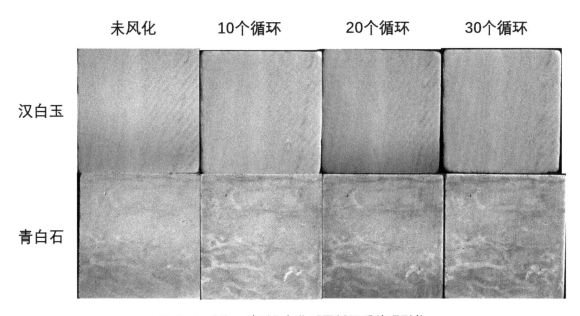

图6-3 "盐+冻融"老化不同循环后外观形貌

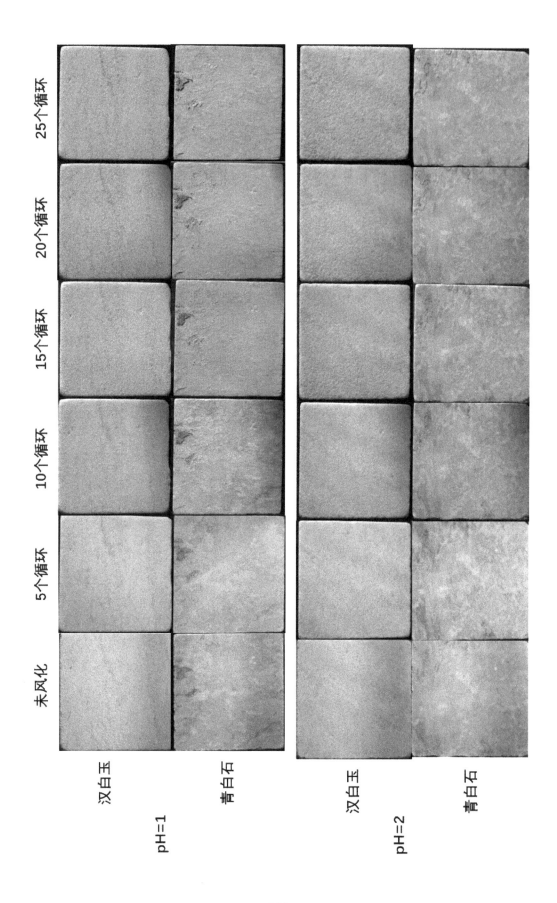

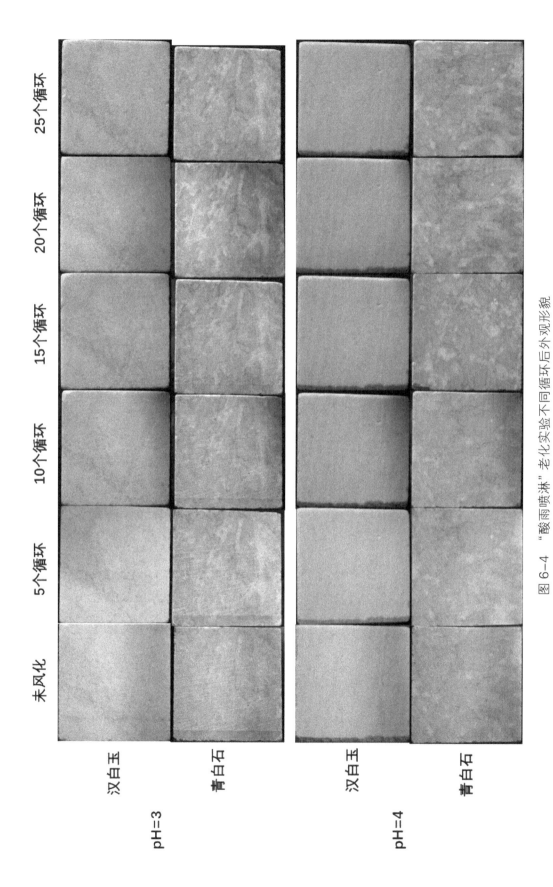

图 6-4　"酸雨喷淋"老化实验不同循环后外观形貌

"酸雨喷淋"老化实验过程中，试样外观出现了轻微的"酥粉"现象。汉白玉和青白石相比较，每组实验中汉白玉的"酥粉"现象比青白石较为明显。

三、北京大理岩物理性能研究

（一）大理岩物理性能测试方法

1. 质量

将石块在105℃的烘箱中干燥24h后，将试块置于干燥器中冷却至室温，然后用电子秤称量石块的质量，测量值精确至0.001kg，并分析每次循环后石块的质量变化。

2. 密度（表观密度）

表观密度：岩石质量与体积之比，不考虑含水量体积时的密度称为表观密度。将石块用自来水清洗后放入105℃烘箱中干燥24h以上，取出置于干燥器中冷却至室温，称其质量m0，精确到0.02g，这个过程重复直至m0不再变化，说明石块内不存在水分，已经恒重，再用游标卡尺分别测量正方体石块的长、宽、高，得出石块的体积V，根据公式（1）得到石样的表观密度pd。

$$p_d = \frac{m_o}{v} \ （1）$$

式中：mo–烘干后质量（kg）

V–试块体积（cm^3）

颗粒密度：采用比重瓶法，首先将试块用玛瑙研钵碾碎，使之全部通过0.25mm筛孔，并用磁铁吸去铁屑，将岩粉置于105℃～110℃温度下烘干，烘干时间不应少于6h，然后放入干燥器内冷却至室温，取岩粉质量为15g，将岩粉装入烘干的比重瓶内，注入试液（将蒸馏水采用煮沸法排除气体，煮沸时间超过1h），至比重瓶容积的一半处，再继续注入排除气体的试液至近满，然后置于恒温槽内，使瓶内温度保持恒定并待上部悬液澄清，塞上瓶塞，使多余试液自瓶塞毛细孔中溢出，将瓶外擦干，称量瓶、试液和岩粉的总质量m2，洗净比重瓶，注入排除气体的试液至近满，塞上瓶塞，使多余试液自瓶塞毛细孔中溢出，将瓶外擦干，称量瓶、试液的总质量 ML，进行两次平行测试，根据公式（2）计算岩石颗粒密度。

$$p_s = \frac{m_s}{m_s - (m_2 - m_1)} p_w \quad （2）$$

式中：p_s – 岩石颗粒密度（g/cm³）

m_s – 烘干岩粉质量（g）

m_1 – 瓶、试液总质量（g）

m_2 – 瓶、试液、岩粉总质量（g）

$p_w = 0.997 g/cm^3$（25℃下蒸馏水密度）

3. 吸水率

参考工程岩体试验方法标准：《工程岩体试验方法标准》（GB/T50266–2013）

自然含水率：先称量长方体试块质量 ms，将长方体试块置于烘箱内，在 105℃～110℃的温度下烘 24h 以上，将试块从烘箱中取出，放入干燥器内冷却至室温，称烘干后试块的质量 m0，称量应准确至 0.01g，根据公式（3）计算岩石自然含水率。

$$W = \frac{m_o - m_s}{m_s} \quad （3）$$

式中：w – 自然含水率（%）

m_0 – 烘干前的试块质量（g）

m_s – 烘干后的试块质量（g）

自由吸水率：首先，将岩块置于烘箱内，在 105℃下烘 24h，然后将其置于干燥器中冷却至室温后称其烘干后的质量 md，采用自由浸水法，将岩块放入水槽中，先注水至试块高度的 1/4 处，以后每隔 2h 分别注水至试块高度的 1/2 和 3/4 处，6h 后全部浸没试块，待试块在水中自由吸水 48h 后取出，沾去表面水分后称其自由吸水后的质量 ma，根据公式（4）计算岩石的自由吸水率。

$$W_a = \frac{m_a - m_d}{m_d} \quad (4)$$

式中：w_a– 自由吸水率（%）；

m_d– 烘干前的试块质量（g）；

m_a– 烘干后的试块质量（g）

饱和吸水率：参考标准 MT 42–87

将试块在105℃的烘箱中干燥24h，然后将其置于干燥器中冷却至室温，秤得干燥试块质量g，再将试块放入真空干燥器内带孔板上，间距不得小于2cm，接上抽气系统，所有连接处不得漏气，开启真空泵（抽气的真空度应保持在0.098MPa负压），抽气20min ~ 30min，然后将去离子水慢慢注入真空干燥器内至水面高出试块2cm ~ 3cm，再继续抽气，直至试块表面不再有气泡冒出，关闭真空泵，使真空干燥器与大气相通，从真空干燥器中取出试块，全部浸入盛水的容器中，静置4h以上，取出饱和吸水试块，用毛巾擦去表面水分，称重g'，根据公式（5）计算岩石的饱和吸水率（强制吸水率）。

$$W_q = \frac{g' - g}{g} \times 100\% \quad (5)$$

式中：w_q– 岩石的饱和吸水率（%）

g'– 试块强制吸水后的质量（kg）

g– 试块烘干后的质量（kg）

4. 孔隙率

参考工程岩体试验方法标准《工程岩体试验方法标准》（GB/T50266–2013），总孔隙率：已知表观密度和颗粒密度后，根据公式（6）计算岩石的总孔隙率。

$$n_p = \left(1 - \frac{p_d}{p_s}\right) \times 100\% \quad (6)$$

式中：n_p– 总孔隙率（%）

p_d– 表观密度（g/cm^3）

P_s– 颗粒密度（g/cm^3）

开孔孔隙率：参考标准《岩石孔隙率测定方法》（MT41-87），岩石的开孔孔隙率 ng 的数值等于岩石饱和吸水率 wq 的数值，即 ng=wq。

（二）物理性能分析

在每组试块进行老化实验之前测得每组试块的自然吸水率、颗粒密度和总孔隙率，详细见下表 6-1。

表 6-1 用于老化实验试块的自然吸水率、颗粒密度和总孔隙率

不同分组		自然吸水率（%）	表观密度（g/cm³）	颗粒密度（g/cm³）	总孔隙率（%）
"盐＋冻融"实验	汉白玉	0.0830	2.8523	2.8983	0.5605
	青白石	0.0559	2.8778	2.8815	0.1286
"酸雨喷淋"实验	pH=1 汉白玉	0.0930	2.8465	2.8649	0.6441
	pH=1 青白石	0.0468	2.8717	2.8760	0.1490
	pH=2 汉白玉	0.0774	2.8521	2.8815	0.5255
	pH=2 青白石	0.0462	2.8964	2.9038	0.2580
	pH=3 汉白玉	0.0623	2.8583	2.8926	0.6832
	pH=3 青白石	0.0458	2.8835	2.8871	0.1244
	pH=4 汉白玉	0.0937	2.8400	2.8378	0.6654
	pH=4 青白石	0.0629	2.8711	2.8595	0.1526

由表 6-1 可知，汉白玉和青白石的表观密度和颗粒密度相近，均介于 2.8%～2.9% 之间，汉白玉的自然吸水率、总孔隙率均比青白石大，这表明青白石比汉白玉的致密性大，吸水能力小。

表 6-2 不同类型模拟老化实验循环后质量损失率

岩石类型	"盐＋冻融"模拟实验不同老化时间的质量损失率（%）		
	10 个循环	20 个循环	30 个循环
汉白玉	0.0531	0.1907	0.2223
青白石	−0.0324	−0.0217	−0.0538

续　表

不同pH	岩石类型	"酸雨喷淋"模拟实验不同老化时间的质量损失率（%）				
		5个循环	10个循环	15个循环	20个循环	25个循环
pH=1	汉白玉	0.5022	1.0050	1.3897	2.2549	2.8955
	青白石	0.4475	0.9381	1.4706	2.0137	2.5675
pH=2	汉白玉	0.2392	0.5653	1.3414	1.5810	2.2143
	青白石	0.2462	0.4273	0.8117	1.2820	1.7635
pH=3	汉白玉	0.0857	0.2132	0.3949	0.5763	0.8438
	青白石	0.0655	0.1843	0.2717	0.4774	0.6736
pH=4	汉白玉	0.0317	0.1061	0.2140	0.3204	0.4169
	青白石	0.0322	0.0539	0.1400	0.2472	0.3112

由表6-2和图6-5可知，在进行"盐＋冻融"模拟老化实验后，随着老化实验的进行，汉白玉的质量损失率呈上升趋势，即汉白玉在经过盐浸泡和冻融交替老化后，发生质量损失，且老化循环次数越多，质量损失率越大。相比之下，青白石在进行"盐＋冻融"模拟老化实验后，质量没有损失反而增大，老化30个循环后，质量增加率介于

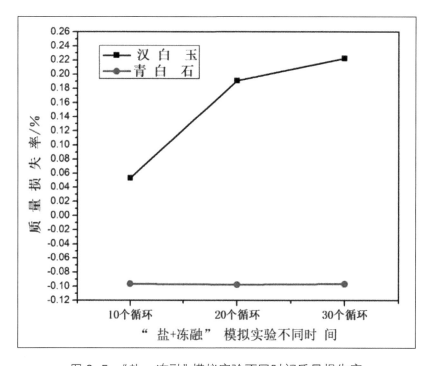

图6-5　"盐＋冻融"模拟实验不同时间质量损失率

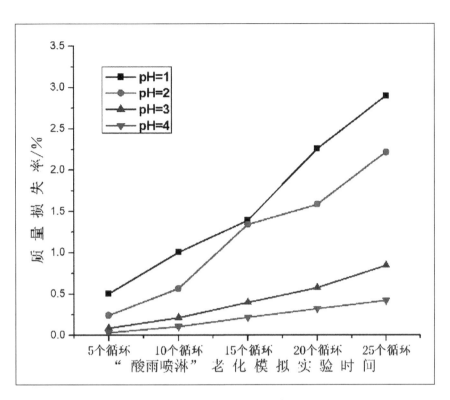

图 6-6 "酸雨"老化质量损失率（汉白玉）

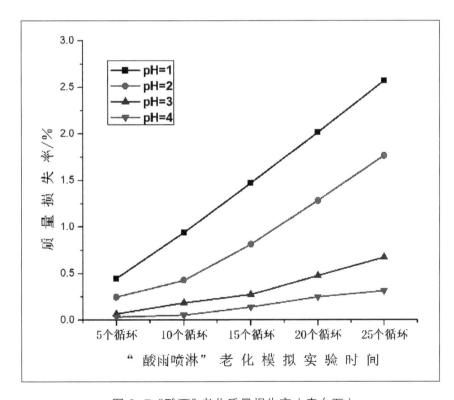

图 6-7 "酸雨"老化质量损失率（青白石）

239

0.02%～0.06%之间。这可能是因为青白石被盐溶液浸泡过程中表面空隙内被可溶盐填充，室温下 Na_2SO_4 晶体残留在空隙内引起质量增加，但是汉白玉却发生质量损失，其原因可能是汉白玉表层疏松区域在进行浸泡实验过程中被溶液冲掉，进而发生质量损失。

根据表 6-2 和图 6-6、图 6-7 可知，"酸雨喷淋"老化不同循环后，不同 pH 值的"酸雨"溶液对大理岩试块的影响不同，由 6.2 节可知，"酸雨喷淋"老化不同时间后，汉白玉和青白石表面均发生"酥粉"现象，当表面"酥粉"被"酸雨"冲刷后发生质量损失。随着老化实验进行，汉白玉和青白石的质量损失率均呈增大趋势，除此之外，不同 pH 值的质量损失率不同：pH=1 ＞ pH=2 ＞ pH=3 ＞ pH=4。

图 6-8 表示"酸雨喷淋"模拟老化实验不同时间后汉白玉和青白石的质量损失率对比，可以看出绝大部分情况下，无论酸雨老化循环次数如何，汉白玉均比青白石的质量损失率大，这说明汉白玉比青白石更容易被腐蚀。

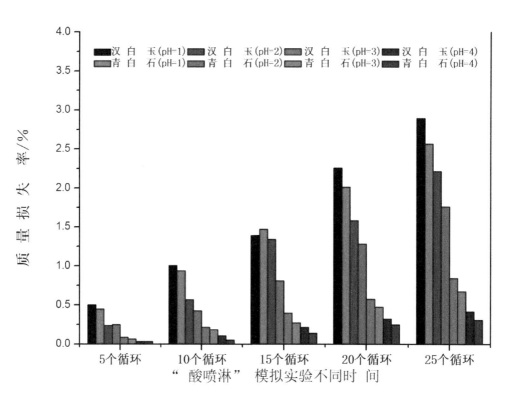

图 6-8 "酸雨喷淋"模拟老化不同时间大试样质量损失率

表 6-3 不同类型模拟老化各循环后开孔孔隙率

岩石类型	"盐 + 冻融"老化模拟实验不同循环后的开孔孔隙率（%）			
	未风化	10 个循环	20 个循环	30 个循环
汉白玉	0.2230	0.2387	0.3822	0.3833
青白石	0.1920	0.1921	0.1920	0.2545

不同 pH	岩石类型	"酸雨喷淋"老化模拟实验不同循环后的开孔孔隙率（%）					
		未风化	5 个循环	10 个循环	15 个循环	20 个循环	25 个循环
pH=1	汉白玉	0.2409	0.1939	0.2272	0.4878	0.2969	0.1994
	青白石	0.1963	0.1950	0.1959	0.1982	0.2666	0.1671
pH=2	汉白玉	0.2049	0.2052	0.3095	0.4169	0.3648	0.4544
	青白石	0.1955	0.2429	0.2650	0.2955	0.3669	0.4005
pH=3	汉白玉	0.2646	0.2978	0.2962	0.2982	0.3961	0.4657
	青白石	0.2024	0.2025	0.2526	0.2529	0.3499	0.3574
pH=4	汉白玉	0.2362	0.2390	0.3359	0.3870	0.4211	0.4337
	青白石	0.1963	0.1957	0.1965	0.2958	0.3404	0.3604

由表 6-3 和图 6-9 可知，在进行"盐 + 冻融"模拟老化实验时，随着老化时间进行，岩石的开孔孔隙率增大，汉白玉的开孔孔隙率大于青白石。汉白玉在老化 10 个循环时，开孔孔隙率变化不大，但是 20 个循环后开孔孔隙率呈直线上升，而青白石在前 20 个循环内的开孔孔隙率没有明显的变化，大约为 0.1920%，而老化 30 个循环时，开孔孔隙率增大至 0.2545%。

由表 6-3 和图 6-10 可知，在进行"酸雨喷淋"实验时，pH=2、3、4 的"酸雨"溶液致使汉白玉和青白石的开孔孔隙率增大，且循环次数越大，开孔孔隙率越大。但是图 6-10a 表示 pH=1 时岩石的开孔孔隙率，汉白玉在老化 15 个循环过后开孔孔隙率下降，青白石在老化 20 个循环后开孔孔隙率下降，这也可能是因为表面一层白色物质（经后面的就检测表明其成分是石膏 $CaSO_4 \cdot 2H_2O$）形成一个致密层覆盖在试块表面，使其表面孔隙率下降。

由图 6-11 可知，各 pH 值的"酸雨"模拟实验对汉白玉和青白石的影响不同，由上图可以看出，对于 pH=1、3、4 "酸雨"腐蚀条件，均很明显地看出汉白玉的开孔孔隙率大于青白石，但是 pH=2 "酸雨"腐蚀条件时，汉白玉与青白石的开孔孔隙率大小

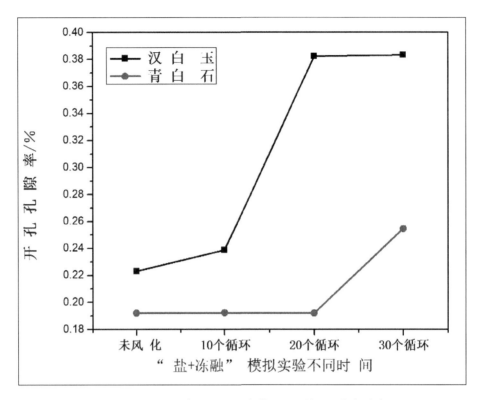

图 6-9 "盐 + 冻融" 模拟老化不同时间开孔空隙率

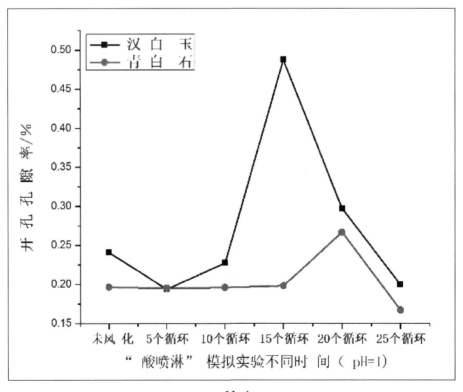

a.pH=1

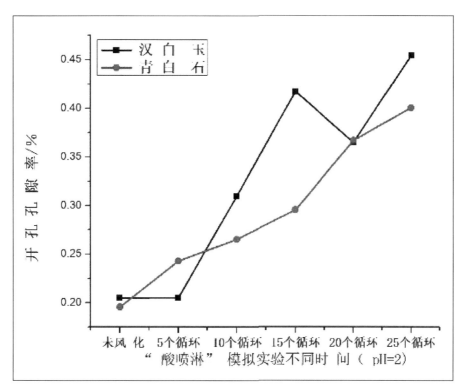

b.pH=2

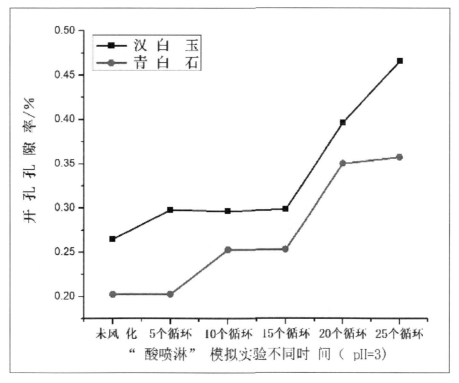

c.pH=3

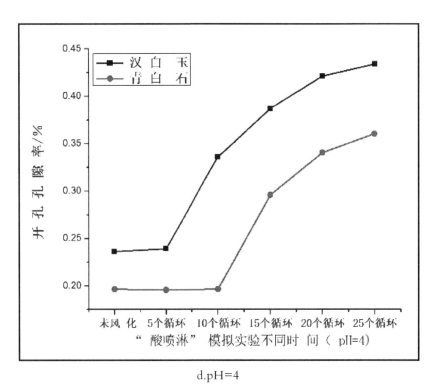

d.pH=4

图 6-10 "酸雨喷淋"模拟老化不同时间开孔孔隙率

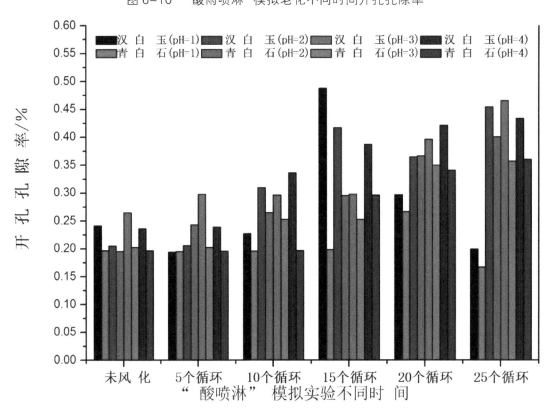

图 6-11 "酸雨喷淋"模拟老化不同时间试样开孔孔隙率

规律不明显，比如在 20 个循环时汉白玉与青白石的开孔孔隙率大致相同，而在 5 个循环时汉白玉的孔隙率小于青白石。

表 6-4 不同类型模拟老化循环后自由吸水率

岩石类型		"盐 + 冻融"模拟实验不同老化时间的自由吸水率（%）			
		未风化	10 个循环	20 个循环	30 个循环
汉白玉		0.1893	0.1894	0.2845	0.3322
青白石		0.0978	0.0982	0.0985	0.2455
不同 pH	岩石类型	"酸雨喷淋"模拟实验不同老化时间的自由吸水率（%）					
		未风化	5 个循环	10 个循环	15 个循环	20 个循环	25 个循环
pH=1	汉白玉	0.1914	0.1918	0.1936	0.3891	0.1970	0.0988
	青白石	0.1880	0.1890	0.1891	0.1904	0.1922	0.0646
pH=2	汉白玉	0.1434	0.1912	0.2396	0.3534	0.3552	0.4224
	青白石	0.1569	0.1889	0.2208	0.2852	0.3500	0.3520
pH=3	汉白玉	0.1945	0.2598	0.2433	0.2925	0.3590	0.3916
	青白石	0.0955	0.1596	0.2399	0.2400	0.3201	0.3205
pH=4	汉白玉	0.1891	0.2522	0.3302	0.3476	0.3474	0.4292
	青白石	0.1601	0.1922	0.1920	0.2564	0.2566	0.3211

由表 6-4 和图 6-12 可知，在进行"盐 + 冻融"模拟老化实验时，老化时间越长，自由吸水率越大，汉白玉的自由吸水率大于青白石的。汉白玉在老化 10 个循环时，自由吸水率变化不大，但是 20 个循环后自由吸水率呈直线上升，而青白石在老化到 20 个循环后自由吸水率仍没有明显的变化，大约为 0.0980%，而老化 30 个循环后，自由吸水率增大至 0.2455%。

由表 6-4 和图 6-13 可知，在进行"酸雨喷淋"实验时，pH=2、3、4 的"酸雨"溶液致使汉白玉和青白石的自由吸水率上升，正如图 6-4 所示岩石表面的空隙增大，这可能是由于酸溶液将岩石表面腐蚀使其空隙增大，导致其自由吸水率上升。但是图 6-13a 表示 pH=1 时岩石的自由吸水率，与其他三个图形不同，在老化 15 个循环过后，汉白玉和青白石的自由吸水率均下降，这可能是因为表面一层白色物质（经后面的就检测表明其成分是石膏 $CaSO_4 \cdot 2H_2O$）形成致密层覆盖在试块表面，使其表面孔隙率下

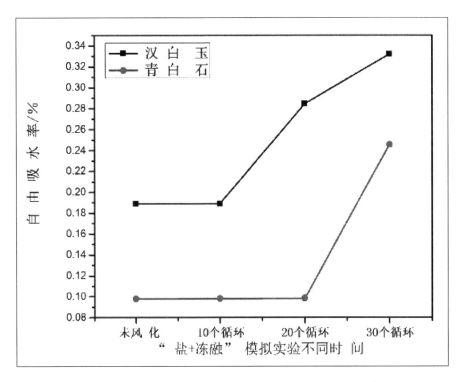

图 6-12 "盐 + 冻融" 模拟老化不同时间自由吸水率

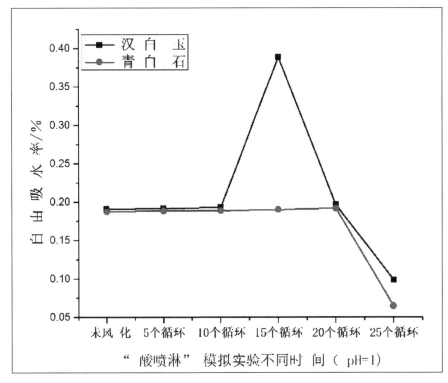

a.pH=1

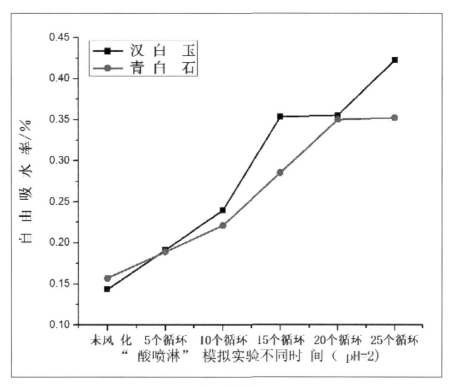

b. pH=2

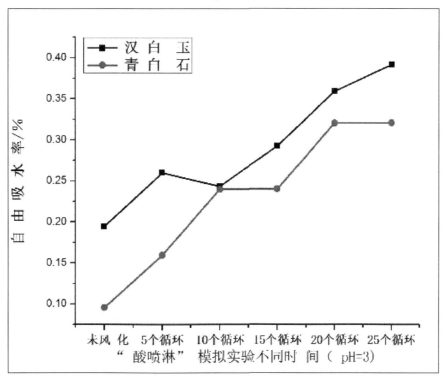

c.pH=3

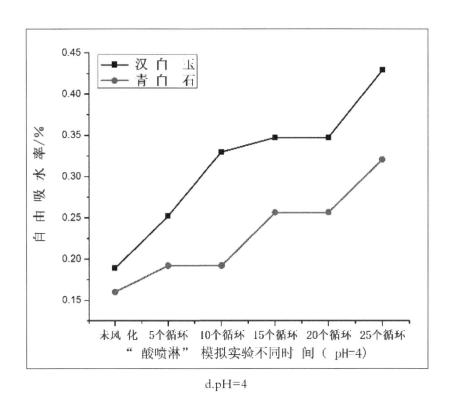

d.pH=4

图 6-13 不同 pH "酸雨喷淋" 模拟老化不同时间自由吸水率

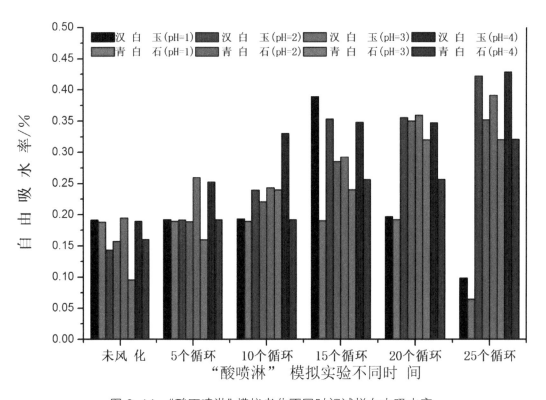

图 6-14 "酸雨喷淋" 模拟老化不同时间试样自由吸水率

降，从而导致自由吸水率下降。

由图 6-14 可知，不同 pH 值酸溶液在老化相同时间时对大理岩的影响不同，就汉白玉而言，在老化试验之前，pH=1、3、4 "酸雨" 腐蚀条件下汉白玉的自由吸水率大致相同，pH=2 "酸雨" 腐蚀条件下得比较低。进行到 5 个循环时，pH=1 "酸雨" 腐蚀条件下的自由吸水率变化不大，pH=2、3 "酸雨" 腐蚀条件下的自由吸水率上升，pH=4 "酸雨" 腐蚀条件下的自由吸水率最高。进行到 10 个循环时，pH=1 "酸雨" 腐蚀条件下的自由吸水率变化不大，pH=2、3 "酸雨" 腐蚀条件下的自由吸水率上升且大致相同，pH=4 "酸雨" 腐蚀条件下的自由吸水率依然最高。进行到 15 个循环时，pH=1、2、4 "酸雨" 腐蚀条件下的自由吸水率增大，均大于 pH=3 "酸雨" 腐蚀条件下的。进行到 20 个循环时，pH=2、3、4 "酸雨" 腐蚀条件下的自由吸水率大致相同，均大于 pH=1 "酸雨" 腐蚀条件下的。进行到 25 个循环时，pH=2、3、4 "酸雨" 腐蚀条件下的自由吸水率继续增大且大致相同，均远远大于 pH=1 "酸雨" 腐蚀条件下的。

在老化试验之前，pH=1、2、4 "酸雨" 腐蚀条件下青白石的自由吸水率大致相同，pH=3 "酸雨" 腐蚀条件下得比较低。进行到 5 个循环时，pH=1、2、4 "酸雨" 腐蚀条件下青白石的自由吸水率大致相同，pH=3 "酸雨" 腐蚀条件下得比较低，但是差距不大。进行到 10 个循环时，pH=3 "酸雨" 腐蚀条件下的自由吸水率最大，pH=1、2、4 "酸雨" 腐蚀条件下的自由吸水率大致相同。进行到 15 个循环时，pH=2 "酸雨" 腐蚀条件下的自由吸水率最大。进行到 20 个循环时，pH=2、3、4 "酸雨" 腐蚀条件下的自由吸水率大致相同，均大于 pH=1 "酸雨" 腐蚀条件下的。进行到 25 个循环时，pH=2、3、4 "酸雨" 腐蚀条件下的自由吸水率继续增大且大致相同，均远远大于 pH=1 "酸雨" 腐蚀条件下的。

由表 6-5 和图 6-15 可知，在进行 "盐 + 冻融" 模拟老化实验时，老化时间越长，饱和吸水率越大，汉白玉的饱和吸水率大于青白石。汉白玉在老化 10 个循环时，饱和吸水率变化不大，但是 10 个循环后饱和吸水率呈直线上升，而青白石在老化到 20 个循环时饱和吸水率仍没有明显的变化，大约为 0.1920%，从 20 个循环后饱和吸水率开始增大，30 个循环时，饱和吸水率增大到 0.2545%。

由表 6-5 和图 6-16 可知，在进行 "酸雨喷淋" 实验时，饱和吸水率的变化规律与自由吸水率大致相同，pH=2、3、4 的 "酸雨" 溶液致使汉白玉和青白石的饱和吸水率上升，图 6-16a 表示 pH=1 时岩石的饱和吸水率，汉白玉在老化 15 个循环过后饱和吸

表6-5 不同类型模拟老化各循环后饱和吸水率

岩石类型		"盐+冻融"模拟实验不同老化时间的饱和吸水率（%）			
		未风化	10个循环	20个循环	30个循环
汉白玉		0.2230	0.2387	0.3822	0.3833
青白石		0.1920	0.1921	0.1920	0.2545
不同 pH	岩石 类型	"酸雨喷淋"模拟实验不同老化时间的饱和吸水率（%）					
		未风化	5个循环	10个循环	15个循环	20个循环	25个循环
pH=1	汉白玉	0.2409	0.1939	0.2272	0.4878	0.2969	0.1994
	青白石	0.1963	0.1950	0.1959	0.1982	0.2666	0.1671
pH=2	汉白玉	0.2049	0.2052	0.3095	0.4169	0.3648	0.4544
	青白石	0.1955	0.2429	0.2650	0.2955	0.3669	0.4005
pH=3	汉白玉	0.2646	0.2978	0.2962	0.2982	0.3961	0.4657
	青白石	0.2024	0.2025	0.2526	0.2529	0.3499	0.3574
pH=4	汉白玉	0.2362	0.2390	0.3359	0.3870	0.4211	0.4337
	青白石	0.1963	0.1957	0.1965	0.2958	0.3404	0.3604

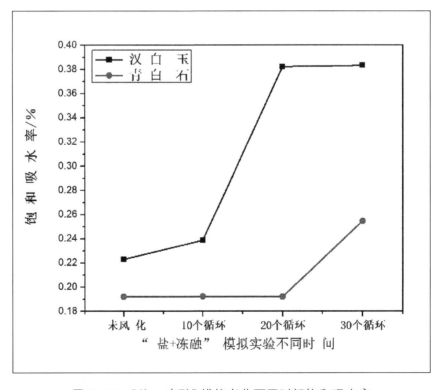

图6-15 "盐+冻融"模拟老化不同时间饱和吸水率

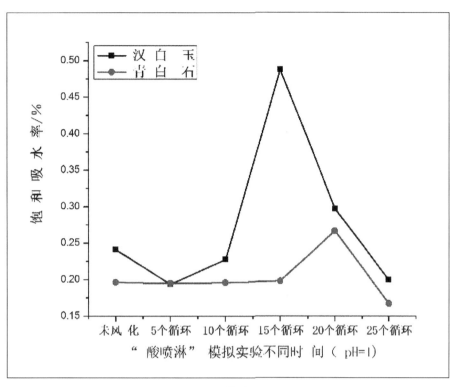

a.pH=1

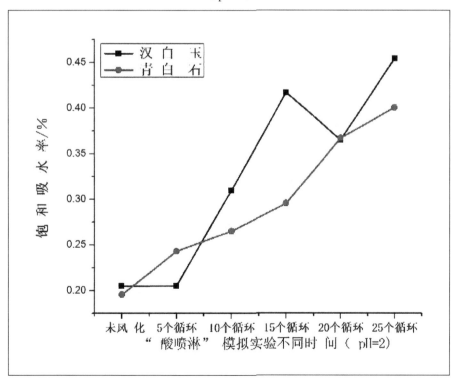

b. pH=2

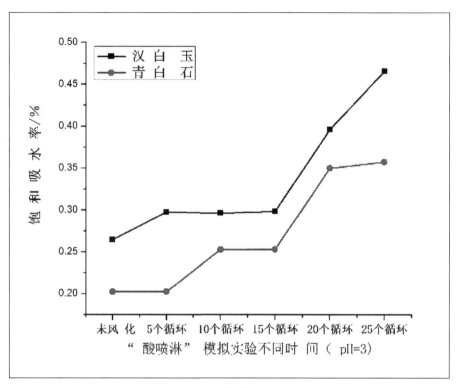

c.pH=3

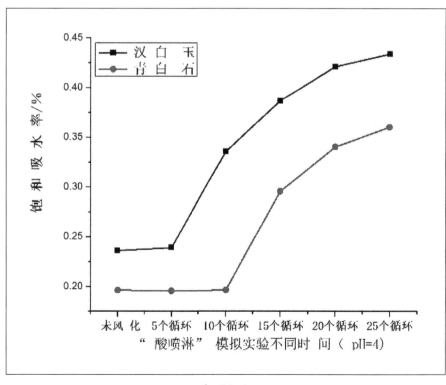

d. pH=4

图6-16 "酸雨喷淋"模拟老化不同时间饱和吸水率

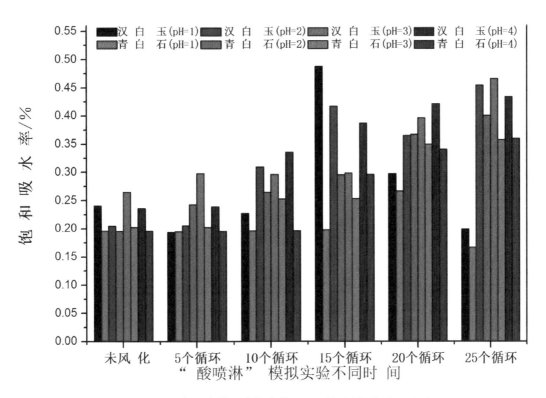

图 6-17　"酸雨喷淋"模拟老化不同时间试块饱和吸水率

水率下降，青白石在老化 20 个循环后饱和吸水率下降，这也可能是因为表面一层白色物质（其成分可能是石膏 $CaSO_4 \cdot 2H_2O$，后面进行检测）形成致密层覆盖在试块表面，使其表面孔隙率下降，从而导致饱和吸水率下降。

　　由图 6-17 可知，不同 pH 值酸溶液在老化相同时间时对汉白玉和青白石的影响不同，就汉白玉而言，在老化试验之前，pH=1、3、4 的"酸雨"腐蚀条件下汉白玉饱和吸水率大致相同，pH=2"酸雨"腐蚀条件下得比较低。进行到 5 个循环时，pH=4"酸雨"腐蚀条件下的饱和吸水率最高。进行到 10 个循环时，pH=2、3、4"酸雨"腐蚀条件下汉白玉的饱和吸水率大致相同，pH=1"酸雨"腐蚀条件下得比较低。进行到 15 个循环时，pH=1、2、4"酸雨"腐蚀条件下的饱和吸水率大致相同，pH=1"酸雨"腐蚀条件下的略低。进行到 20 个循环时，pH=2、3、4"酸雨"腐蚀条件下的饱和吸水率大致相同，均大于 pH=1"酸雨"腐蚀条件下的。进行到 25 个循环时，pH=2、3、4"酸雨"腐蚀条件下的饱和吸水率继续增大且大致相同，均远远大于 pH=1"酸雨"腐蚀条件下的。

　　在老化试验之前，pH=1、2、3、4"酸雨"腐蚀条件下青白石的饱和吸水率大致相同。进行到 5 个循环时，pH=1、3、4"酸雨"腐蚀条件下青白石的饱和吸水率大致相同，pH=2"酸雨"腐蚀条件下饱和吸水率略高。进行到 10 个循环时，pH=2、3"酸雨"腐蚀条件下的饱和吸水率高于 pH=1、4"酸雨"腐蚀条件下的饱和吸水率。进行到 15 个循环、20 个循环、25 个循环时，pH=2、3、4"酸雨"腐蚀条件下青白石的饱和吸水率大致相同，均大于 pH=1"酸雨"腐蚀条件下的。

四、风化大理岩力学性能研究

（一）力学性能测试方法

1. 抗压强度

测试标准：《公路工程岩石试验规程 单轴抗压强度试验》（JTG E41–2005 T 0221–2005）

测试方法：使用 WDW 电子万能试验机，试块规格为：70mm×70mm×70mm 的正方体试块，测试结束后直接读取抗压强度数值，每组 5 块，取平均值。

2. 抗折强度

测试标准：《天然饰面石材试验方法 第 2 部分：干燥、水饱和弯曲强度试验方法》（GB/T 9966.2–2001）

测试方法：使用 WDW–300 型微机电子万能试验机，试块规格为：100mm×50mm×10mm 的长方体试块，每组 5 块，用公式（7）进行计算，得到抗折强度，然后取平均值。

$$p_w = \frac{3FL}{4KH^2} \quad (7)$$

式中：p_w– 弯曲强度，MPa；

F– 试样破坏载荷，N；

L– 支点间距离，mm；

K– 试样宽度，mm；

H– 试样厚度，mm

（二）力学性能数据分析

力学性能主要测试了石材的抗压强度和抗折强度，结果如下：

表 6-6　不同类型模拟老化循环后抗压强度

岩石类型	"盐＋冻融"模拟实验不同老化时间的抗压强度（KN）		抗压强度下降率（％）
	未风化	30 个循环	
汉白玉	747.0	519.2	30.50
青白石	1159.0	679.0	41.42

不同pH	岩石类型	"酸雨喷淋"模拟实验不同老化时间的抗压强度（KN）			抗压强度下降率（％）
		未风化	15 个循环	30 个循环	
pH=1	汉白玉	906.5	555.7	506.9	44.08
	青白石	1173.7	733.5	675.9	42.41
pH=2	汉白玉	680.9	561.1	480.2	29.48
	青白石	807.4	793.6	645.8	20.01
pH=3	汉白玉	796.4	725.1	550.0	30.94
	青白石	972.6	961.9	608.4	37.45
pH=4	汉白玉	1112.0	648.0	563.3	49.34
	青白石	1176.8	1092.6	797.1	32.26

由表 6-6 和图 6-18、图 6-19 可知，汉白玉和青白石在不同 pH 值 "酸雨" 腐蚀条件下的抗压强度均下降，只是下降的程度不同。总体而言，pH=4 腐蚀条件下石材的抗压强度较大，pH=1 腐蚀条件下石材的抗压强度较小，说明 pH 值越大，对石材的腐蚀作用越弱。

由图 6-20 可知，pH=1、3 "酸雨" 腐蚀条件下汉白玉的抗压强度下降率最高，其次为 "盐＋冻融" 腐蚀条件，说明这三种老化条件下汉白玉风化得比较严重，"盐＋冻融" 腐蚀条件下和 pH=1 "酸雨" 腐蚀条件下青白石的抗压强度下降率最高，说明这两种老化条件下青白石风化程度较高。

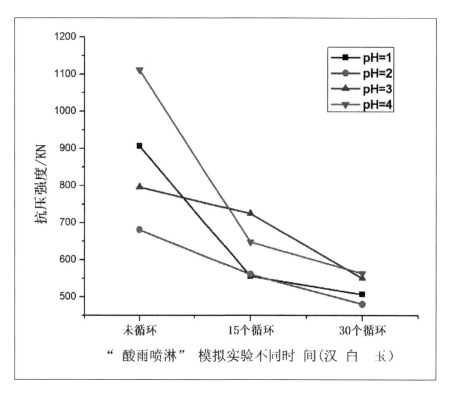

图 6-18 汉白玉老化不同时间抗压强度

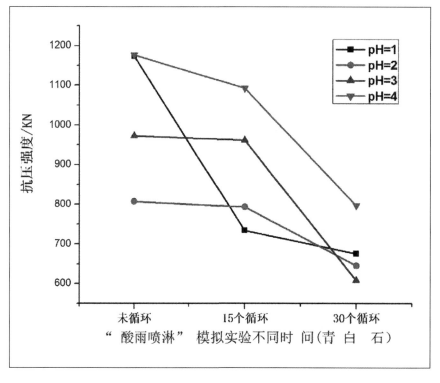

图 6-19 青白石老化不同时间抗压强度

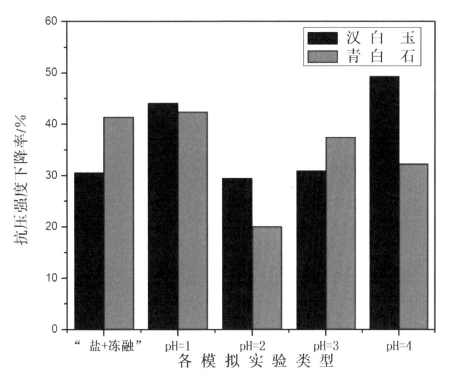

图 6-20 各模拟实验类型抗压强度下降率

由表 6-7 和图 6-21、图 6-22 可知，汉白玉和青白石在不同 pH 值"酸雨"腐蚀条件下的抗折强度均下降，只是下降的程度不同。总体而言，pH=4 腐蚀条件下石材的抗折强度较大，pH=1 腐蚀条件下石材的抗折强度较小，说明 pH 值越大，对石材的腐蚀作用越弱。

由图 6-23 可知，"盐 + 冻融"腐蚀条件下汉白玉的抗折强度下降率最高，其次为 pH=2 "酸雨"腐蚀条件，说明这两种老化条件下汉白玉风化的比较严重，pH=2 "酸雨"腐蚀条件下青白石的抗折强度下降率最高，说明青白石在这两种老化条件下风化程度较高。"盐 + 冻融"腐蚀条件和 pH=2 "酸雨"腐蚀条件下青白石的抗折强度下降率最低，说明青白石在这两种条件下风化程度较低。

由图 6-24 可知，pH=4 "酸雨"腐蚀条件下未风化的汉白玉和青白石的抗压强度和抗折强度均比较高，而风化进行到 15 个循环时，汉白玉在 pH=4 "酸雨"腐蚀条件下的抗压强度最高，青白石在 pH=4 "酸雨"腐蚀条件下的抗压强度最高，30 个循环时，汉白玉在 pH=3、4 "酸雨"腐蚀条件下的抗压强度较高，青白石在 pH=4 "酸雨"腐蚀条件下的抗压强度依然最高。

表 6-7　不同类型模拟老化循环后抗折强度

岩石类型	"盐＋冻融"模拟实验不同老化时间的抗折强度（MPa）		抗折强度下降率（%）
	未风化	30 个循环	
汉白玉	1.78	1.53	14.04
青白石	5.59	5.47	2.15

不同 pH	岩石类型	"酸雨喷淋"模拟实验不同老化时间的抗折强度（MPa）			抗折强度下降率（%）
		未风化	15 个循环	30 个循环	
pH=1	汉白玉	1.64	1.55	1.51	7.93
	青白石	5.42	4.90	4.83	10.89

不同 pH	岩石类型	"酸雨喷淋"模拟实验不同老化时间的抗折强度（MPa）			抗折强度下降率（%）
		未风化	15 个循环	30 个循环	
pH=2	汉白玉	1.96	1.82	1.74	11.22
	青白石	5.76	5.15	5.07	11.98
pH=3	汉白玉	1.78	1.72	1.63	8.43
	青白石	5.45	4.92	4.77	12.48
pH=4	汉白玉	2.20	2.10	2.07	5.91
	青白石	6.40	6.30	6.21	2.97

由图 6-25 所示，图 6-25a- 图 6-25b 分别表示"盐 + 冻融"腐蚀下的汉白玉和青白石做抗压测试得到的时间 - 应力图。

由图 6-26 所示，其中图 6-26a- 图 6-26h 分别表示不同 pH 值的酸溶液腐蚀下的汉白玉和青白石在进行抗压测试时得到的时间—应力图，由上图可知所有未风化的岩石在加载很短的时间时应力就开始增大，且曲线坡度较大，大部分曲线的最高点处只有一个转折点，这主要是因为未风化石材表面比较坚硬，测试时发生脆性断裂从而导致峰值处的数值突然降低。有的试样当老化进行到 15 个循环时，曲线上升（应力增加）时所用时间较长，且曲线最高点处不止一个转折点，这主要是因为，酸雨老化致使汉白玉和青白石表层风化，致使试块在最后断裂前发生韧性断裂，韧性断裂会有一定的蠕变过程，缓慢下降，故而在"时间—应力"曲线上的峰值处表现多处转折点。

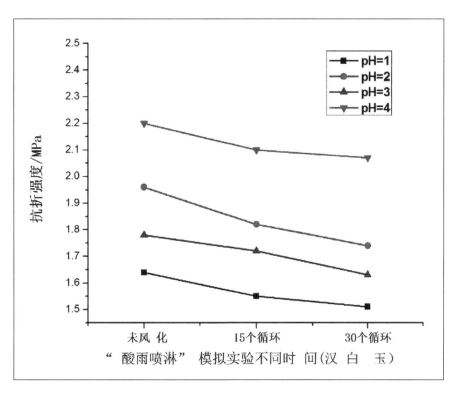

图 6-21　"酸雨喷淋"老化抗折强度（汉白玉）

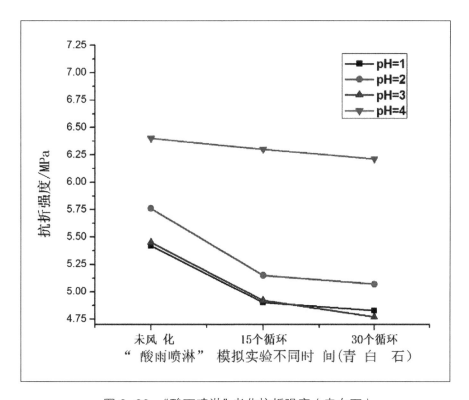

图 6-22　"酸雨喷淋"老化抗折强度（青白石）

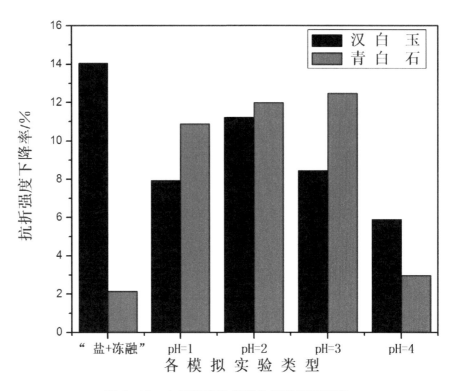

图 6-23 各模拟实验类型抗折强度下降率

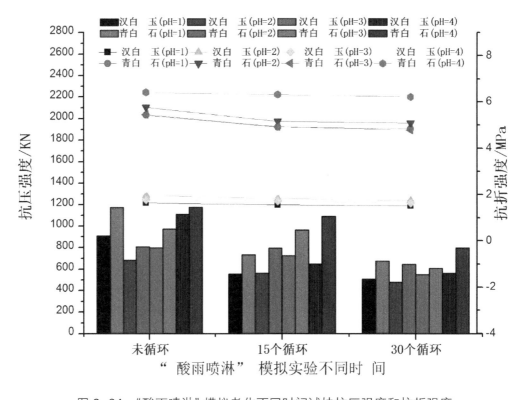

图 6-24 "酸雨喷淋"模拟老化不同时间试块抗压强度和抗折强度

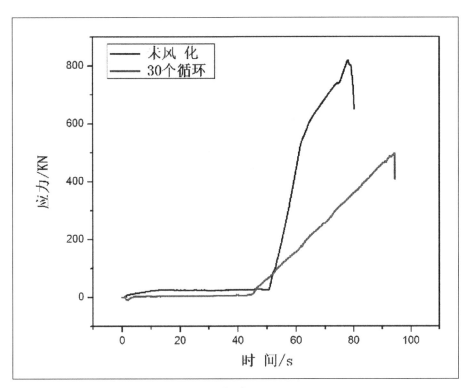

a. 汉白玉

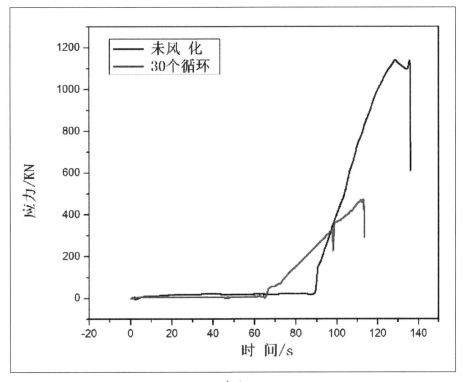

b. 青白石

图 6-25 "盐 + 冻融" 模拟老化不同时间抗压强度时间—应力图

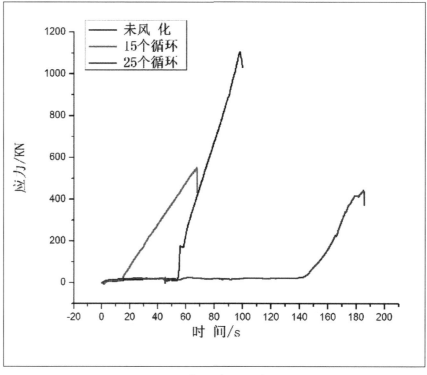

a. 汉白玉（pH=1）

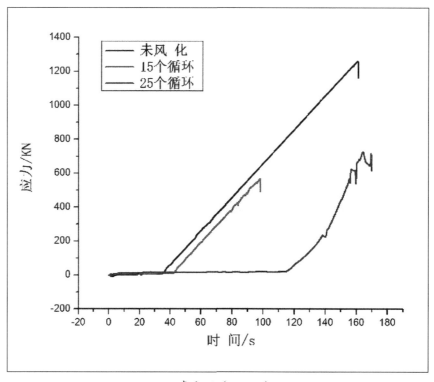

b. 青白石（pH=1）

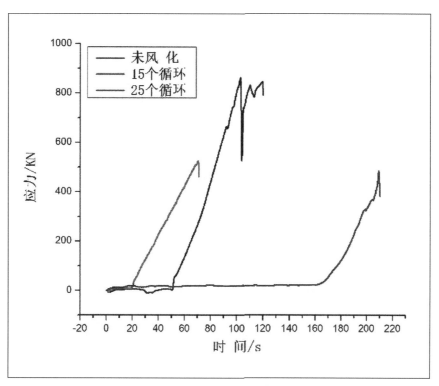

c. 汉白玉（pH=2）

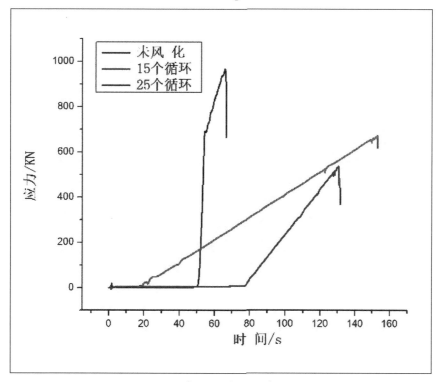

d. 青白石（pH=2）

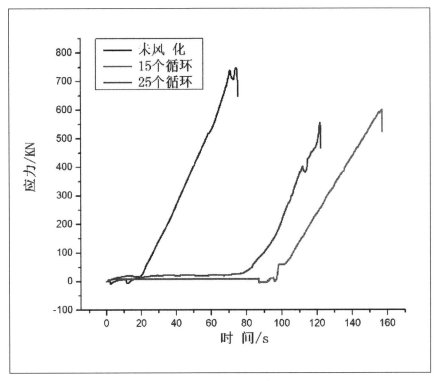

e. 汉白玉（pH=3）

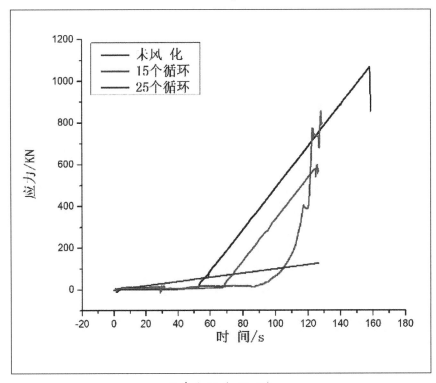

f. 青白石（pH=3）

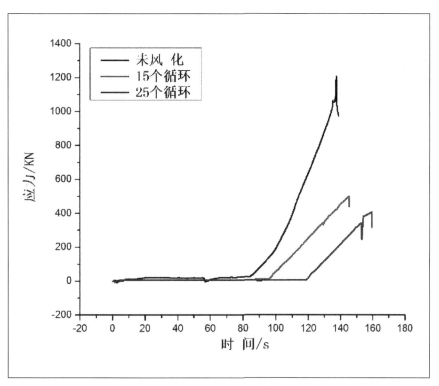

g. 汉白玉（pH=4）

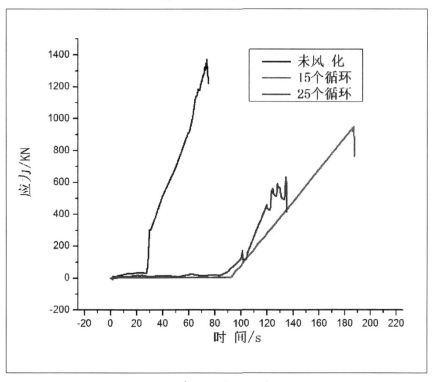

h. 青白石（pH=4）

图 6-26 "盐＋冻融" 模拟老化不同时间抗压强度时间—应力图

五、风化程度的无损检测研究

由于石质文物的珍贵价值，无损检测方法被更多的应用于石质文物保护领域，本课题中通过研究"盐＋冻融""酸雨喷淋"条件下汉白玉和青白石的超声波波速、硬度的变化规律。

（一）大理岩无损检测方法

1. 超声波检测方法

使用 ZBL-U510 非金属超声波检测仪对汉白玉和青白石进行超声波无损检测，汉白玉纹理走向比较清晰，如图 6-27 所示，测试汉白玉的超声波时分别在平行于纹理方向和垂直于纹理方向进行测试，为降低测试位置不同引起的测试误差，按照"定点测试"原则，前后多次测试位置保持一致，每组 10 块试块，取平均值。

2. 里氏硬度检测方法

如下图 6-28 所示，使用型号为 Leeb140 里氏硬度计对汉白玉和青白石进行硬度测试，按照"定点测试"原则，每次测试位置保持一致，每组 10 块试块，取平均值，但是需要说明，由于老化程度越高，试块表面的弹性降低，测得里氏硬度的准确度降低。

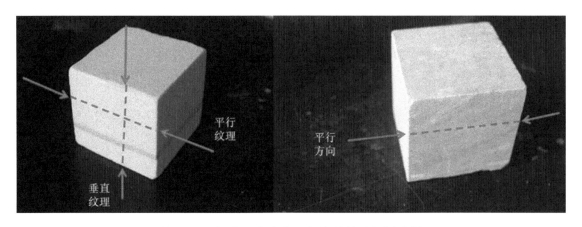

图 6-27　汉白玉和青白石超声波波速测试方法

图 6-28 试块里氏硬度测试方法

（二）无损测试数据分析

表 6-8 不同类型模拟老化循环后超声波波速

岩石类型	"盐＋冻融"模拟实验不同老化时间的超声波波速（km/s）					
	测试方向与纹理的关系	未风化	10 个循环	20 个循环	30 个循环	
汉白玉	平行	1.9686	3.3073	2.5622	3.0835	
	垂直	1.3469	2.4769	2.1315	2.2716	
青白石	平行	4.5274	5.0413	5.0520	5.0226	

不同 pH	岩石类型	"酸雨喷淋"模拟实验不同老化时间的超声波波速（km/s）					
		测试方向与纹理的关系	未风化	5 个循环	10 个循环	15 个循环	20 个循环	25 个循环
pH=1	汉白玉	平行	1.8591	2.2569	2.4478	3.1329	2.9784	2.6556
		垂直	1.5001	1.9102	2.3097	2.8127	2.4467	2.3495
	青白石	平行	4.1527	3.9413	4.0097	4.2657	4.4593	4.2993
pH=2	汉白玉	平行	1.8874	2.5656	2.5857	2.6439	2.4986	2.5006
		垂直	1.3800	2.0012	2.1498	2.2990	2.1865	2.1117
	青白石	平行	4.2099	3.9827	4.0340	4.0151	4.0033	4.0630

续　表

不同pH	岩石类型	"酸雨喷淋"模拟实验不同老化时间的超声波波速（km/s）					
		测试方向与纹理的关系	未风化	5 个循环	10 个循环	15 个循环	20 个循环	25 个循环
pH=3	汉白玉	平行	1.9838	2.4271	2.2733	2.3582	2.6262	2.5235
		垂直	1.5098	1.9121	2.0165	1.9882	2.2999	2.2355
	青白石	平行	4.5144	4.4420	4.4420	4.2965	4.3409	4.3661
pH=4	汉白玉	平行	2.1768	2.7568	2.5101	2.5949	2.5824	2.7989
		垂直	1.6949	2.3423	2.3065	2.1178	2.3420	2.4171
	青白石	平行	3.9555	4.1179	3.9470	3.8710	4.0793	3.9013

　　由图 6-29 可知，"盐＋冻融"老化模拟条件下，青白石在整个老化过程中青白石比汉白玉的超声波波速大，其中汉白玉垂直纹理方向上的超声波波速比平行纹理方向上的大。超声波波速越大说明石材内部致密性越大，空隙以及缝隙比较少。

　　由图 6-30 可知，酸雨老化实验对超声波波速的影响，青白石的超声波波速大于汉白玉的，同一块汉白玉的平行纹理方向的超声波波速大于垂直纹理方向。超声波波速反映岩石内部的孔隙率情况，由于青白石的致密性大于汉白玉，故而青白石的波速比汉白玉的大。

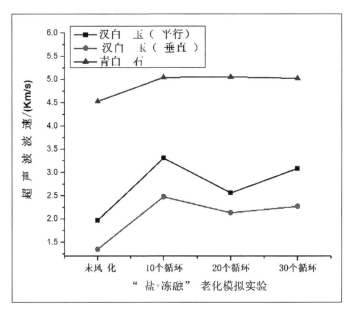

图 6-29　"盐＋冻融"老化模拟不同时间超声波波速

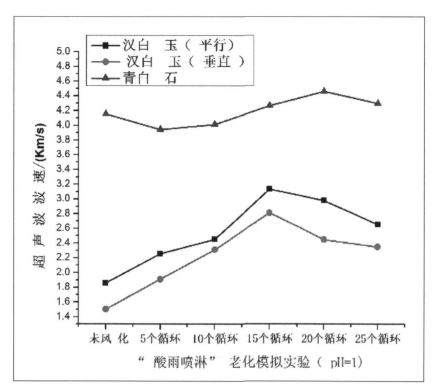

a.pH=1

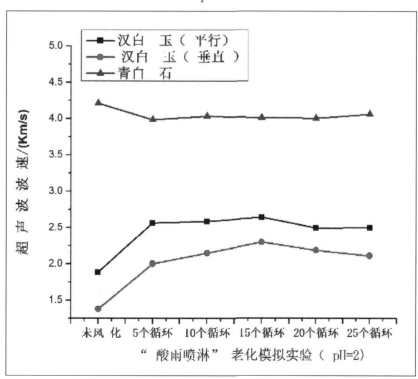

b.pH=2

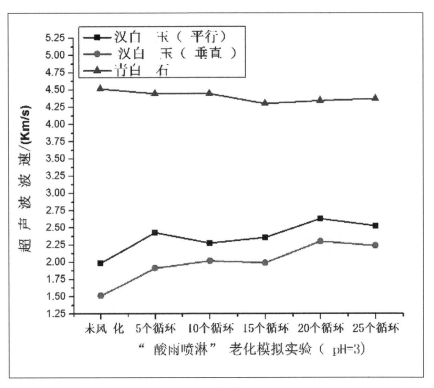

c.pH=3

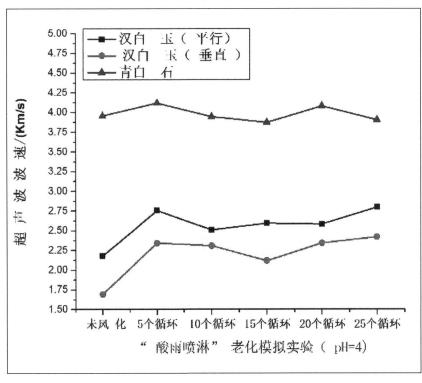

d.pH=4

图6-30 "酸雨喷淋"模拟老化不同时间超声波波速

表 6-9 不同类型模拟老化循环后里氏硬度

岩石类型	"盐＋冻融" 模拟实验不同老化时间的里氏硬度			
	未风化	10 个循环	20 个循环	30 个循环
汉白玉	684	681	659	635
青白石	765	691	675	667

不同 pH	岩石类型	"酸雨喷淋" 模拟实验不同老化时间的里氏硬度					
		未风化	5 个循环	10 个循环	15 个循环	20 个循环	25 个循环
pH=1	汉白玉	651	638	632	620	608	631
	青白石	755	665	696	653	625	665

不同 pH	岩石类型	"酸雨喷淋" 模拟实验不同老化时间的里氏硬度					
		未风化	5 个循环	10 个循环	15 个循环	20 个循环	25 个循环
pH=2	汉白玉	669	653	646	634	599	604
	青白石	768	670	680	671	646	665
pH=3	汉白玉	690	667	651	644	647	625
	青白石	766	689	700	683	674	656
pH=4	汉白玉	681	674	691	660	685	645
	青白石	747	715	698	689	670	674

由图 6-31 可知，"盐＋冻融" 致使青白石和汉白玉的表面里氏硬度降低，其中无论试块处于老化实验的哪一循环，汉白玉的硬度均比青白石的小，但在老化 10 个循环过后，两者之间的差距变小。

由图 6-32 可知，"酸雨喷淋" 模拟老化实验均致使汉白玉和青白石的表面里氏硬度降低，且汉白玉的硬度一直低于青白石的。

由图 6-33 可知，虽然随着老化过程的进行，表面里氏硬度的数据准确度会降低，但是由上图中依然能看出无论酸老化实验进行到哪个循环，青白石的硬度值一直大于汉白玉的硬度，未风化时，每种实验条件下汉白玉的里氏硬度值大致相同。

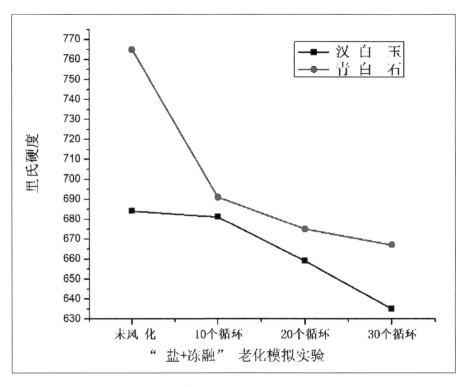

图 6-31 "盐 + 冻融"模拟老化不同时间里氏硬度

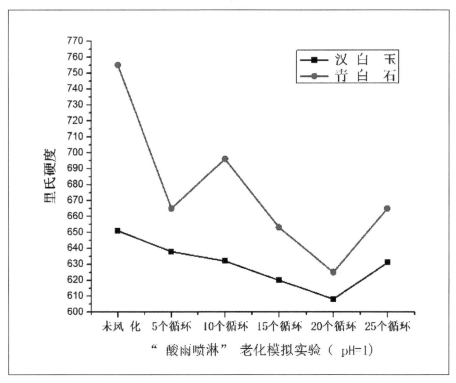

a.pH=1

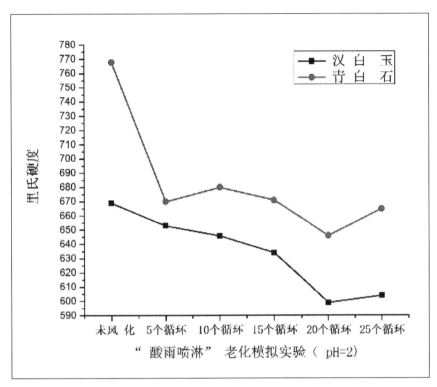

b.pH=2

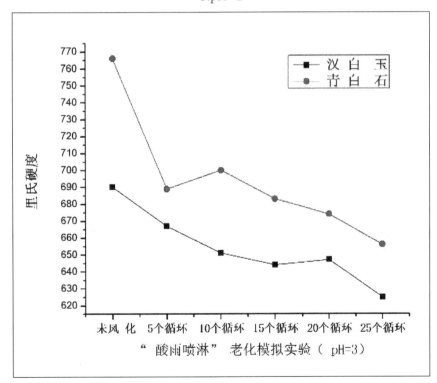

c.pH=3

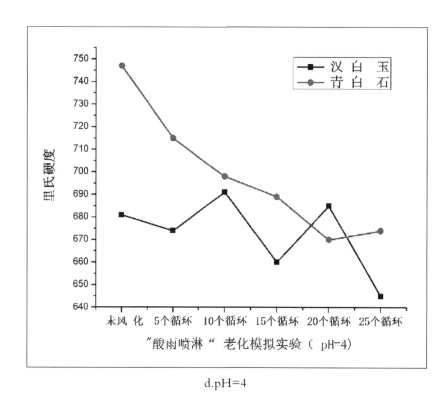

d.pH=4

图 6-32 "酸雨喷淋"模拟老化不同时间里氏硬度

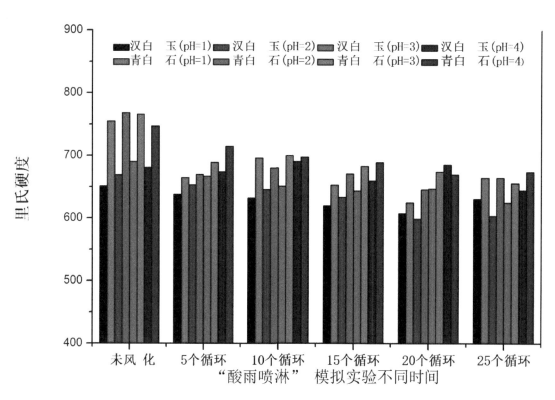

图 6-33 不同 pH "酸雨喷淋"模拟老化不同时间里氏硬度

六、风化大理岩结构和形貌分析结果

（一）矿物成分分析

采用型号 500VB2+PC X- 射线衍射仪（XRD）测试每次循环后矿物成分变化；

图 6-34 是汉白玉和青白石的 XRD 测试结果，因为所有样品主要成分均为白云石（$CaMg(CO_3)_2$），本报告中只选择图 6-34a 和图 6-34b 为代表图形呈现汉白玉和青白石的矿物成分分析。

（二）化学成分测试

采用型号为岛津 XRFX- 射线荧光分析仪（XRF）测试每次循环后试样的氧化物含量变化。

表 6-10 结果显示，青白石和汉白玉主要含 Ca、Mg、Si 元素，且含量较高，还含有 Fe、K、Na、Al、P 等微量元素。在测试结果中，可见"盐 + 冻融"老化不同循环次数后，石材基本都含有 S 元素，且含量存在一定变化，因为本实验主要选择硫酸钠作为老化石材所用的盐化合物，在老化过程中，硫酸根根离子会不断渗入试块表层空隙中。上表明显看出，汉白玉或青白石中 S 元素含量随着循环次数的增加而增加。

研究中"酸雨喷淋"模拟实验中酸溶液中的 SO_4^{2-} 和 NO_3^- 与石材中的碳酸盐成分会发生反应生成硫酸盐，随着喷淋时间的增加，S 元素含量会不断提高，可说明老化程度加深。

根据上图 6-35 可知，忽略测试及取样的偶然误差，可见 S 元素含量基本随着循环次数的增加而逐渐增加，且汉白玉中 S 元素的变化量明显大于青白石的。由以上两点，可说明随着循环次数的增加，硫酸根的渗入量在增加，一定程度上促进了石材老化，随着循环次数的增加，老化程度在加深。还可说明汉白玉与青白石两种材质相比，汉白玉的致密性比青白石差，导致汉白玉中盐的渗入量较大。图中显示在第 10 个循环时没有检测出 S 元素的存在，这可能是因为被检测区域中 Na_2SO_4 没有在表面成膜，故没有被检测出来。

由上图 6-36 和图 6-37 可知，忽略石材离散性、取样和测试偶然误差，汉白玉

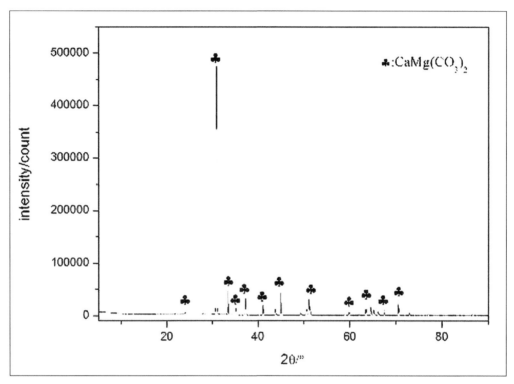

a. 汉白玉

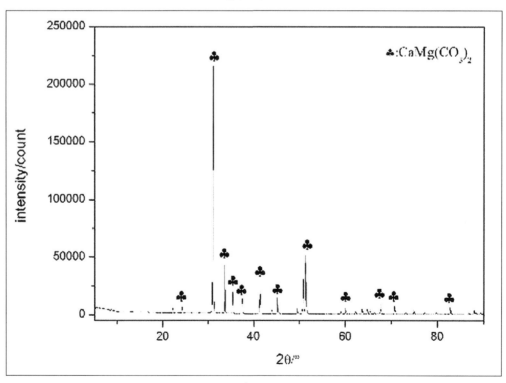

b. 青白石

图 6-34 汉白玉与青白石 XRD 测试结果

表 6-10　不同类型老化模拟实验不同循环后元素种类及含量变化

风化状态	不同时间		岩石种类	元素种类及含量（wt%）										
				Ca	Mg	Si	S	Fe	Zn	K	Na	Cu	P	Al
"盐+冻融"	未风化		汉白玉	75.213	6.633	16.200	0.839	—	—	0.396	—	—	—	—
			青白石	90.731	8.546	—	0.403	—	—	—	—	—	—	—
	10 个循环		汉白玉	38.303	4.009	25.287	0.485	—	—	0.473	29.591	—	—	1.046
			青白石	90.800	8.594	0.606	—	—	—	—	—	—	—	—
	20 个循环		汉白玉	57.196	3.842	33.382	0.937	—	—	0.985	—	—	1.141	1.222
			青白石	89.141	7.731	0.935	0.402	—	—	—	—	—	1.398	—
	30 个循环		汉白玉	60.357	4.475	31.145	—	—	—	0.602	—	—	1.749	
			青白石	90.586	8.573	—	0.423	—	—	—	—	—	—	—
"酸雨喷淋"	未风化	pH=1	汉白玉	88.678	5.232	4.144	0.365	—	1.582	—	—	—	—	—
			青白石	89.938	8.916	0.325	0.375	0.446	—	—	—	—	—	—
		pH=2	汉白玉	78.690	7.777	11.450	0.816	0.883	—	0.383	—	—	—	—
			青白石	89.128	8.720	1.808	0.343	—	—	—	—	—	—	—
		pH=3	汉白玉	84.059	9.267	3.913	0.197	1.212	—	1.352	—	—	—	—
			青白石	91.131	8.472	—	—	0.397	—	—	—	—	—	—
		pH=4	汉白玉	80.406	8.410	2.914	0.643	1.791	—	—	5.835	—	—	—
			青白石	89.868	9.657	—	—	0.475	—	—	—	—	—	—
	5 个循环	pH=1	汉白玉	83.362	7.339	6.742	1.182	0.954	—	0.420	—	—	—	—
			青白石	88.924	9.634	0.585	0.710	—	—	—	—	0.147	—	—
		pH=2	汉白玉	80.144	7.052	9.893	1.676	0.832	—	0.403	—	—	—	—
			青白石	89.265	8.778	1.685	0.272	—	—	—	—	—	—	—
		pH=3	汉白玉	85.982	8.106	3.219	0.347	1.260	—	1.086	—	—	—	—
			青白石	87.711	8.522	1.722	—	0.405	—	—	—	—	1.639	—
		pH=4	汉白玉	85.903	8.094	3.416	0.629	1.957	—	—	—	—	—	—
			青白石	89.219	10.206	—	—	0.409	0.166	—	—	—	—	—
	10 个循环	pH=1	汉白玉	82.046	7.219	7.643	1.377	1.197	0.109	0.410	—	—	—	—
			青白石	89.286	8.199	0.682	1.104	0.581	—	—	—	0.150	—	—
		pH =2	汉白玉	77.713	7.107	12.208	1.402	0.924	—	0.575	—	0.071	—	—
			青白石	90.587	8.640	0.520	0.253	—	—	—	—	—	—	—

风化状态	不同时间	岩石种类	元素种类及含量（wt%）										
			Ca	Mg	Si	S	Fe	Zn	K	Na	Cu	P	Al
	pH=3	汉白玉	84.737	8.644	3.786	—	1.198	—	1.120	—	—	—	0.515
		青白石	89.917	9.041	0.681	0.361	—	—	—	—	—	—	—
	pH=4	汉白玉	86.937	6.329	3.451	0.823	1.961	0.135	0.362	—	—	—	—
		青白石	82.380	9.627	1.114	0.318	—	—	—	6.560	—	—	—
	pH=1	汉白玉	78.872	6.958	8.087	3.151	1.100	—	0.412	—	—	1.421	—
		青白石	88.440	7.965	0.882	2.201	0.512	—	—	—	—	—	—
	pH=2	汉白玉	76.314	6.911	12.752	1.958	0.887	—	0.682	—	—	—	0.495
15个循环		青白石	90.013	8.519	0.707	0.423	0.338	—	—	—	—	—	—
	pH=3	汉白玉	87.897	5.528	3.678	0.227	1.246	—	1.036	—	—	—	0.388
		青白石	89.900	8.950	0.375	0.376	0.399	—	—	—	—	—	—
	pH=4	汉白玉	79.644	7.378	4.976	0.703	2.146	—	0.581	—	—	—	4.573
		青白石	88.869	9.324	0.299	—	0.507	—	—	—	—	—	—
	pH=1	汉白玉	82.954	6.949	5.142	3.675	0.945	—	0.335	—	—	—	—
		青白石	87.767	8.269	0.413	3.477	—	—	—	—	0.074	—	—
	pH=2	汉白玉	80.771	7.043	6.564	3.308	0.839	0.125	—	—	—	1.349	—
20个循环		青白石	89.074	9.457	1.017	0.452	—	—	—	—	—	—	—
	pH=3	汉白玉	86.779	7.403	3.144	—	1.710	—	0.811	—	0.154	—	—
		青白石	89.872	9.350	—	0.339	0.439	—	—	—	—	—	—
	pH=4	汉白玉	77.551	7.788	11.836	0.536	1.224	—	1.065	—	—	—	—
		青白石	90.985	8.680	—	0.335	—	—	—	—	—	—	—
	pH=1	汉白玉	81.576	6.341	5.531	4.581	0.973	0.098	—	—	—	0.899	—
		青白石	90.168	7.949	0.201	1.518	—	0.165	—	—	—	—	—
	pH=2	汉白玉	80.024	8.010	8.362	1.465	0.880	—	0.307	—	—	0.951	—
25个循环		青白石	89.285	9.003	0.647	—	—	—	—	—	—	1.065	—
	pH=3	汉白玉	85.487	8.804	3.153	0.261	1.318	0.129	0.848	—	—	—	—
		青白石	89.795	9.092	0.339	0.380	0.394	—	—	—	—	—	—
	pH=4	汉白玉	78.831	8.302	9.737	1.272	1.248	—	0.609	—	—	—	—
		青白石	89.739	9.537	—	0.389	0.335	—	—	—	—	—	—

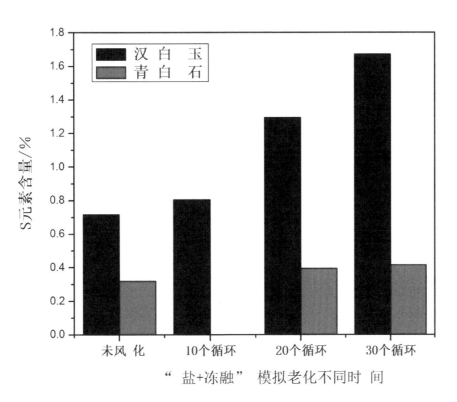

图 6-35 "盐 + 冻融" 模拟老化过程中 S 元素含量

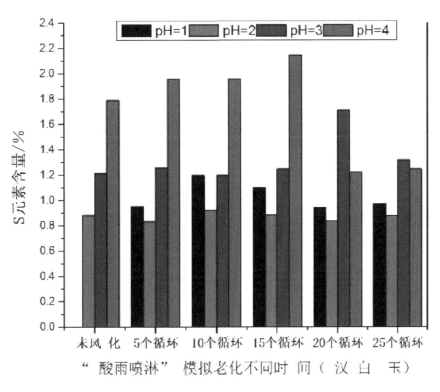

图 6-36 模拟老化过程中 S 元素含量(汉白玉)

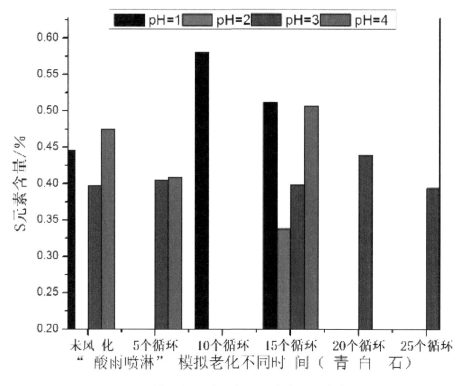

图 6-37 模拟老化过程中 S 元素含量（青白石）

中 S 元素含量在 pH=1、pH=2 的酸性条件下变化较为明显，且含量随着循环次数增加而增加，而用 pH=3、pH=4 喷淋时，含量变化不明显。同样，青白石中 S 元素含量在 pH=1 的酸性条件下变化较为明显，且含量随着循环次数增加而增加，而在用 pH=2、pH=3、pH=4 喷淋时，含量变化不明显。整体来看，当 pH 值相同时，如 pH=1，汉白玉与青白石相比，汉白玉 S 元素含量变化较大。根据以上所得规律，可得对于同种材质石材，随着循环次数的增加，S 元素含量增加，老化程度加深；喷淋酸酸性越高，越能促进石材老化；汉白玉材质比青白石致密性差，相同条件下，汉白玉的老化程度高。但是图中有很多没有检测出 S 元素，这可能是因为所选取被检测的那一部分区域被水清洗过度，形成的含 S 化合物被清洗掉而没有被检测出来。

表 6-11 不同老化模拟实验不同循环后氧化物种类及含量变化

风化类型	不同时间		岩石种类	氧化物种类及含量（wt%）										
				CaO	MgO	SiO$_2$	SO$_3$	Fe$_2$O$_3$	ZnO	K$_2$O	Na$_2$O	CuO	P$_2$O$_5$	Al$_2$O$_3$
"盐+冻融"	未风化		汉白玉	63.038	8.650	26.089	1.272	0.626	—	0.325	—	—	—	—
			青白石	87.125	11.867	—	0.651	0.357	—	—	—	—	—	—
	10 个循环		汉白玉	27.123	4.472	34.324	1.151	0.298	—	0.310	31.033	—	—	1.290
			青白石	87.003	11.934	1.063	—	—	—	—	—	—	—	—
	20 个循环		汉白玉	40.508	4.728	48.421	1.912	0.573	—	0.659	—	—	1.559	1.640
			青白石	84.011	10.639	1.624	0.788	0.347	—	—	—	—	2.591	—
	30 个循环		汉白玉	43.248	5.536	45.858	2.512	—	—	0.409	—	—	2.437	—
			青白石	86.879	11.896	—	0.850	0.374	—	—	—	—	—	—
"酸雨喷淋"	未风化	pH=1	汉白玉	83.757	7.147	7.177	0.725	—	1.192	—	—	—	—	—
			青白石	85.832	12.348	0.568	0.760	0.392	—	—	—	—	—	—
		pH=2	汉白玉	68.360	10.299	18.831	1.502	0.689	—	0.319	—	—	—	—
			青白石	84.150	12.021	3.140	0.689	—	—	—	—	—	—	—
		pH=3	汉白玉	78.029	12.652	6.697	0.389	1.030	—	1.202	—	—	—	—
			青白石	87.859	11.788	—	—	0.353	—	—	—	—	—	—
		pH=4	汉白玉	74.508	11.305	4.926	1.251	1.513	—	—	6.496	—	—	—
			青白石	86.184	13.396	—	—	0.420	—	—	—	—	—	—
	5 个循环	pH=1	汉白玉	75.305	9.890	11.382	2.268	0.782	—	0.372	—	—	—	—
			青白石	84.158	13.286	1.015	1.429	—	—	—	—	0.111	—	—
		pH=2	汉白玉	70.130	9.373	16.387	3.117	0.655	—	0.338	—	—	—	—
			青白石	84.413	12.111	2.929	0.548	—	—	—	—	—	—	—
		pH=3	汉白玉	80.583	11.114	5.554	0.689	1.084	—	0.976	—	—	—	—
			青白石	81.988	11.680	2.975	—	0.346	—	—	—	—	3.011	—
		pH=4	汉白玉	80.185	11.042	5.859	1.241	1.672	—	—	—	—	—	—
			青白石	85.383	14.129	—	—	0.361	0.127	—	—	—	—	—
	10 个循环	pH=1	汉白玉	73.487	9.678	12.820	2.616	0.971	0.076	0.352	—	—	—	—
			青白石	84.667	11.303	1.186	2.224	0.506	—	—	—	0.114	—	—
		pH=2	汉白玉	66.852	9.373	19.984	2.557	0.713	—	0.474	—	0.047	—	—
			青白石	86.593	11.983	0.910	0.514	—	—	—	—	—	—	—

风化类型	不同时间	岩石种类	氧化物种类及含量（wt%）										
			CaO	MgO	SiO$_2$	SO$_3$	Fe$_2$O$_3$	ZnO	K$_2$O	Na$_2$O	CuO	P$_2$O$_5$	Al$_2$O$_3$
	pH=3	汉白玉	78.888	11.817	6.490	—	1.021	—	1.000	—	—	—	0.783
		青白石	85.571	12.511	1.188	0.730	—	—	—	—	—	—	—
	pH=4	汉白玉	81.629	8.658	5.961	1.635	1.691	0.100	0.326	—	—	—	—
		青白石	77.066	13.041	1.902	0.629	—	—	—	7.362	—	—	—
15 个循环	pH=1	汉白玉	68.097	9.192	13.295	5.793	0.852	—	0.340	—	—	2.429	—
		青白石	82.727	10.917	1.524	4.393	0.438	—	—	—	—	—	—
	pH=2	汉白玉	64.760	9.071	20.694	3.529	0.673	—	0.554	—	—	—	0.719
		青白石	85.822	11.791	1.234	0.856	0.297	—	—	—	—	—	—
	pH=3	汉白玉	82.922	7.607	6.397	0.456	1.082	—	0.938	—	—	—	0.599
		青白石	85.840	12.393	0.656	0.761	0.351	—	—	—	—	—	—
	pH=4	汉白玉	71.481	9.892	8.233	1.331	1.745	—	0.498	—	—	—	6.821
		青白石	86.101	12.929	0.522	—	0.448	—	—	—	—	—	—
20 个循环	pH=1	汉白玉	73.993	9.310	8.630	7.011	0.763	—	0.293	—	—	—	—
		青白石	81.071	11.275	0.709	6.891	—	—	—	—	0.054	—	—
	pH=2	汉白玉	70.555	9.344	10.864	6.168	0.659	0.085	—	—	—	2.335	—
		青白石	84.276	13.049	1.766	0.909	—	—	—	—	—	—	—
	pH=3	汉白玉	82.041	10.173	5.447	—	1.487	—	0.735	—	0.117	—	—
		青白石	85.970	12.956	—	0.688	0.387	—	—	—	—	—	—
	pH=4	汉白玉	67.391	10.317	19.464	0.987	0.956	—	0.886	—	—	—	—
		青白石	87.259	12.057	—	0.684	—	—	—	—	—	—	—
25 个循环	pH=1	汉白玉	71.418	8.419	9.185	8.582	0.768	0.067	—	—	—	1.561	—
		青白石	85.490	10.969	0.350	3.067	—	0.125	—	—	—	—	—
	pH=2	汉白玉	70.184	10.654	13.842	2.725	0.695	—	0.264	—	—	1.636	—
		青白石	84.477	12.423	1.125	—	—	—	—	—	—	1.975	—
	pH=3	汉白玉	80.025	12.048	5.422	0.517	1.132	0.096	0.761	—	—	—	—
		青白石	85.706	12.586	0.592	0.770	0.346	—	—	—	—	—	—
	pH=4	汉白玉	69.044	11.028	16.072	2.362	0.984	—	0.511	—	—	—	—
		青白石	85.710	13.208	—	0.788	0.294	—	—	—	—	—	—

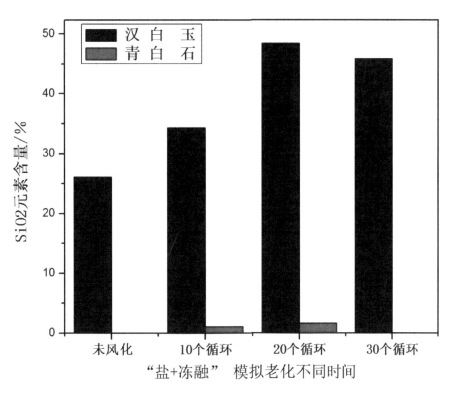

图 6-38 "盐 + 冻融" 模拟老化过程中 SiO$_2$ 含量

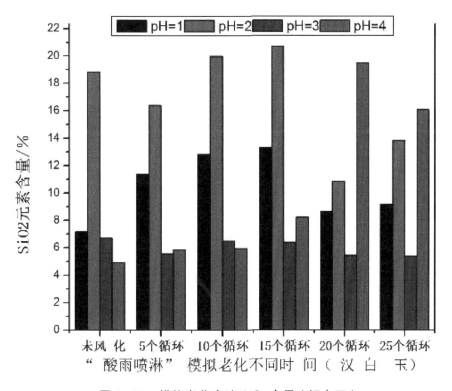

图 6-39 模拟老化实验 SiO$_2$ 含量 (汉白玉)

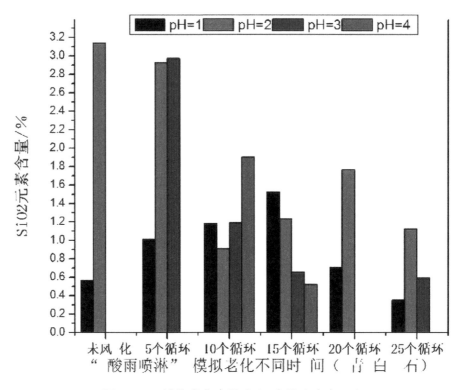

图 6-40　模拟老化实验 SiO_2 含量（青白石）

由图 6-38 可知，汉白玉在"盐 + 冻融"模拟老化过程中 SiO_2 含量增加，青白石中 10 个循环和 20 个循环过程中 SiO_2 含量增加，但是由于某种原因，其余循环次数时没有检测出 SiO_2 存在。

由图 6-39 和图 6-40 可知，在"酸雨喷淋"实验过程中 SiO_2 含量发生变化，但是规律不是很明显。可能原因：

（三）视频显微镜分析

采用视频显微镜观察石材表面微观相貌。

由图 6-41 可见，用 60 倍的视频显微镜下观察试块的显微形貌，未风化的汉白玉和青白石表面显示有一定的空隙，10 个循环过后，汉白玉表面的空隙明显变少，这可能是由于"盐浸泡"实验所用的 Na_2SO_4 晶体填充在这些空隙中，致使其表面的空隙被填充，20 个循环和 30 个循环后表面形貌变化不大。青白石在 60 倍镜下表面形貌发生的变化不是特别明显。由图 3-42 可见，用 200 倍的视频显微镜下观察试块的显微形

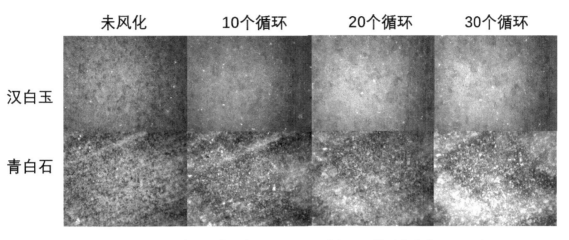

图 6-41 "盐 + 冻融"模拟实验不同循环后岩石显微形貌变化（60×）

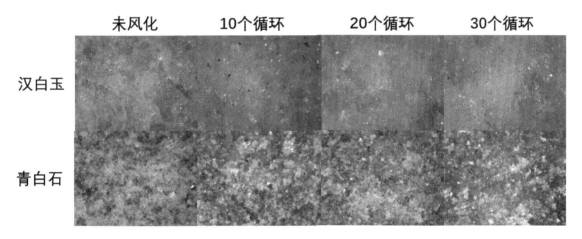

图 6-42 "盐 + 冻融"模拟实验不同循环后岩石显微形貌变化（200×）

貌，未风化的汉白玉和青白石表面显示有一定的空隙，随着循环次数增加，颗粒之间空隙增大。

由图 6-43 和图 6-44 可知，酸溶液对岩石的影响较大，整体而言，随着老化循环次数增加，石材表面的切割痕迹模糊程度加深。不同 pH 酸腐蚀条件下，酸对汉白玉的影响要大于青白石的，当 pH=1 时，到 10 个循环时，汉白玉和青白石表面空隙变大，15 个循环过后，汉白玉表面空隙明显变大，且表面有一层白色物质将其覆盖，25 个循环时视野内很明显地看到空隙变少，基本上看不到表面矿物。青白石从形貌上没有观察到空隙变大的现象，随着老化时间的进行，青白石表面一层致密的物质越来越多，直至将青白石本来的形貌掩盖。当 pH=2 时，汉白玉和青白石表面均可以看到老化实验致使岩石表面的空隙增大。而 pH=3 和 pH=4 实验条件下，放大 60 倍下，外观形貌

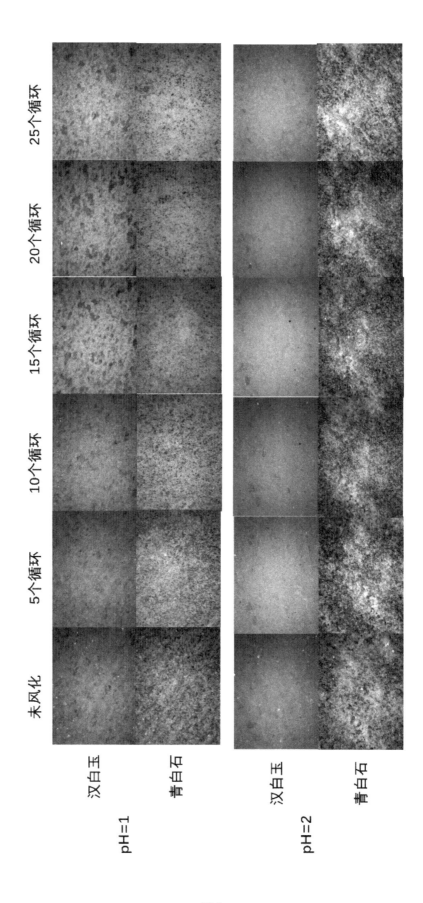

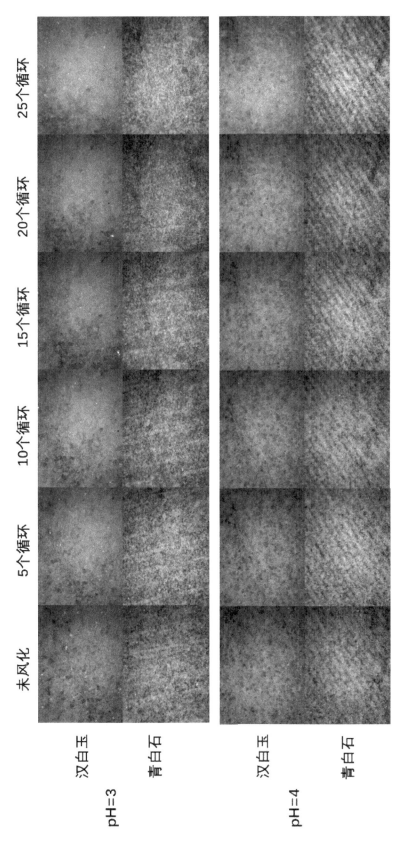

图 6-43　"酸雨喷淋"模拟实验不同循环后岩石显微形貌变化（60×）

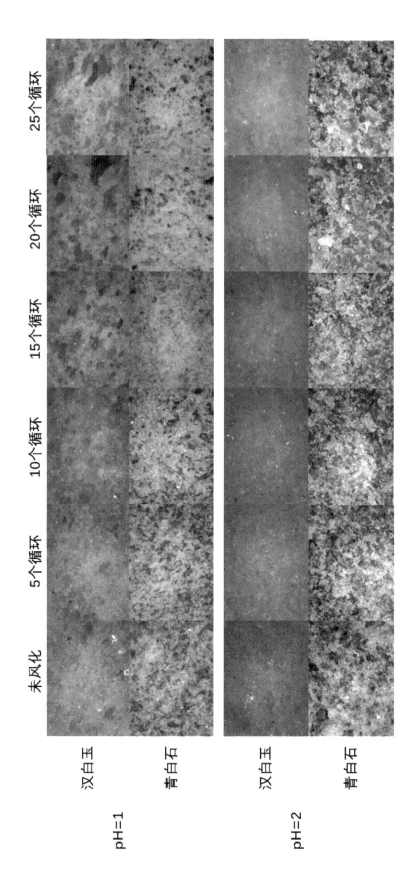

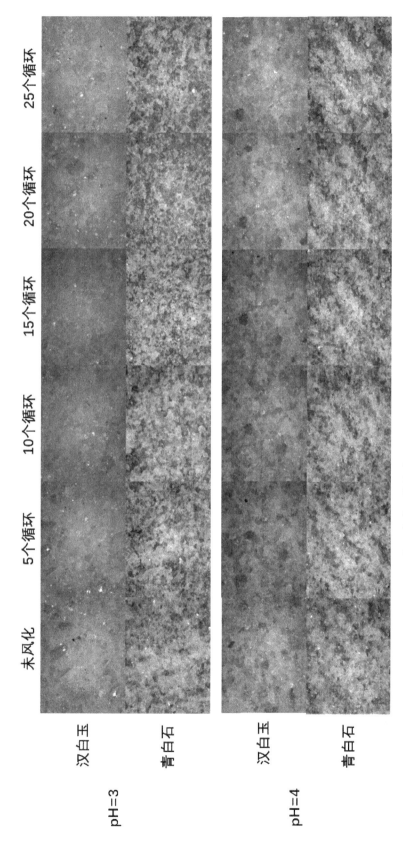

图6-44　"酸雨喷淋"模拟实验不同循环后岩石显微形貌变化（200×）

变化程度不明显，用 200 倍的视频显微镜观察到的规律与 60 倍时一致。

（四）扫描电镜微镜—能谱（SEM-DES）分析

使用型号为：Hitachi S-3600N 的扫描电镜，加速电压为 25.00KV，对每个老化循环过后的样品进行微观相貌观察，结果如下。

为了研究酸溶液对大理岩表面微观形貌的影响，现选择汉白玉在 pH=2 的酸溶液老化不同循环后表面发生的变化，在 1000 倍镜下观察，见图 6-45，其中图 6-45a 是未风化汉白玉的表面，图中显示矿物颗粒形状规则，颗粒间镶嵌严密，表面很干净；图 6-45b 是风化 5 个循环后的表面形貌，与未风化相比，此时已经有部分矿物颗粒被腐蚀，表面有少量碎屑出现；图 6-45c 是风化 10 个循环后的表面形貌，矿物颗粒上有裂痕，有被腐蚀的痕迹；图 6-45d 是风化 15 个循环后的表面形貌，此时矿物颗粒缝隙间明显长出了白色块状物质；图 6-45e 表示风化 20 个循环后的表面形貌，颗粒间的白色物质已经长成柱状物质，并呈现团簇状出现；图 6-45f 表示风化 25 个循环后的表面形貌，成簇的白色物质贴在矿物颗粒表面，图 6-45a-6-45f 完整地描述了大理石在酸腐蚀条件下表面形貌的变化过程。

表 6-12　pH=2 "酸雨喷淋" 老化模拟实验汉白玉表面元素含量

不同循环	（wt%）								
	Ca	Mg	C	O	Si	Fe	S	K	Al
未风化	24.67	12.28	17.34	36.32	00.21	0.15	8.89	0.11	00.05
5 个循环	25.87	12.45	18.80	40.98	—	—	1.90	—	—
10 个循环	24.49	12.00	19.67	32.72	11.12	—	—	—	—
15 个循环	7.77	—	—	38.10	44.94	—	9.18	—	—
20 个循环	26.51	—	—	34.87	25.50	—	13.12	—	—
25 个循环	24.67	8.63	23.95	36.80	4.29	—	1.66	—	—

对图 6-45 的 SEM 图做 EDS 面扫描得到如表 6-12 所示元素种类及组成，由表可知，含有的元素有 Ca、Mg、C、O、Si、Fe、S、K 和 Al 等元素，还含有 Fe、K 等少量元素。

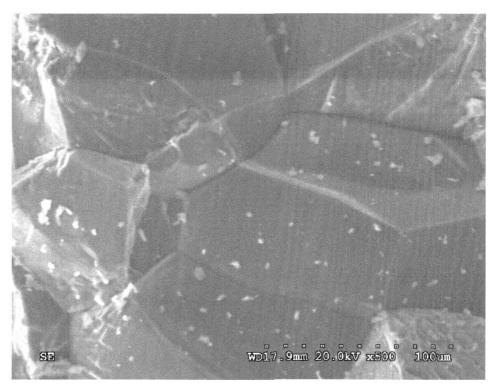

a. 未风化

b.5 个循环

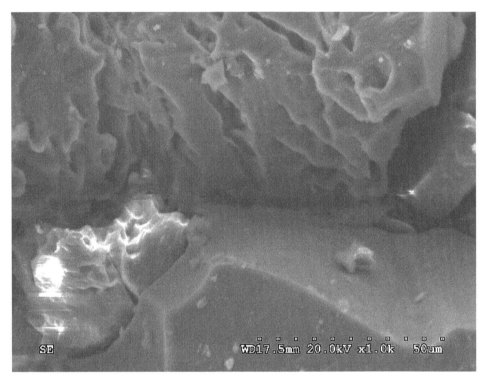

c.10 个循环

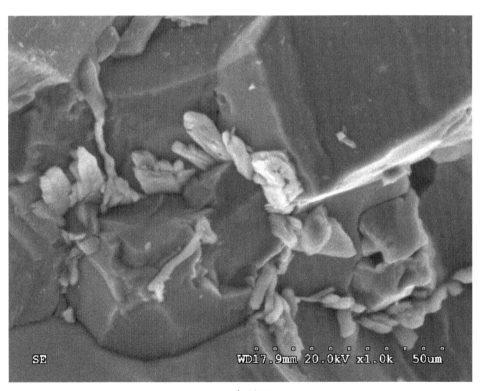

d.15 个循环

e.20 个循环

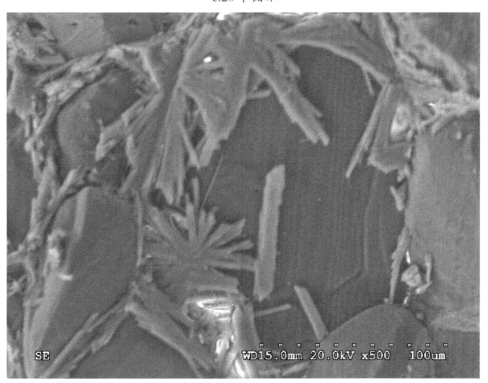

f.25 个循环

图 6-45 pH=2 "酸雨喷淋"老化模拟实验汉白玉表面形貌变化

图 6-46　汉白玉表面结晶物形貌

表 6-13　汉白玉表面结晶物元素含量

元素种类	元素种类及含量 Wt%			
	Ca	O	S	Si
	40.36	29.24	30.18	0.22

为了进一步研究第 15 个循环后出现的白色结晶物质，用 SEM 扫描得到图 6-46 的表面结晶物在 500× 和 1000× 下的微观形貌，并将图中白色结晶物进行区域 EDS 测试并得到表 6-13 中的数据。表 6-13 表明，白色结晶物质中含有大量的 Ca、O、S 这三种元素，可以初步确定该白色团簇状出现的白色结晶物为石膏（$CaSO_4$ 或 $CaSO_4 \cdot 2H_2O$）。

表 6-14　不同区域元素含量

不同区域	不同循环后元素含量 Wt%					
	Ca	Mg	C	O	S	Si
1	23.91	10.24	36.59	27.48	1.78	—
2	30.30	10.49	17.11	34.03	8.07	—
3	1.77	0.52	16.26	30.00	0.61	50.84

图 6-47　汉白玉表面结晶物形貌

为了研究风化后汉白玉表面矿物成分发生的变化，现选取图6-47的区域进行分区域测试，区域1代表表层出现的不同于本体矿物的物质；区域2代表被腐蚀矿物；区域3代表表面没有发生腐蚀的矿物。

对选定的三个区域进行EDS测试，并得到表6-14中的元素种类及含量，区域1主要元素是Ca、Mg、C、O，含有少量的S元素，这说明白色物质可能为$CaCO_3$和$MaCO_3$；区域2主要元素与区域1种类相同，但是含有更多的S元素，说明该被腐蚀的部分很有可能是$CaCO_3$、$MaCO_3$和$CaSO_4$；相比之下，区域3多了大量的Si，其含量高达50.84%，这很有可能说明该形状规则、没被腐蚀的区域为SiO_2。

七、北京大理岩风化体系综合表征

综合以上所有的测试结果，为获得抗压强度、抗折强度、超声波波速、自由吸水率、开孔孔隙率和里氏硬度之间的相互性，现做线性回归线进行相关性拟合，结果如下：

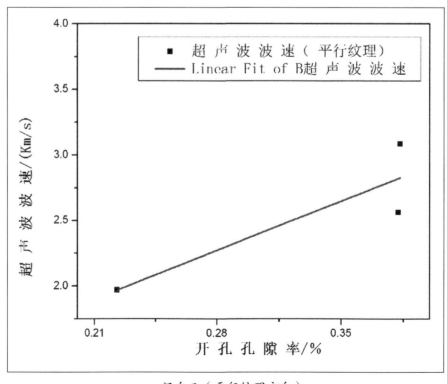

a. 汉白玉（平行纹理方向）

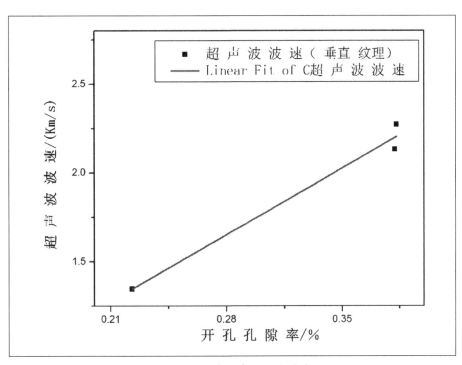

b. 汉白玉（垂直纹理方向）

图 6-48 "盐 + 冻融"老化实验的超声波波速与开孔孔隙率线性回归方程

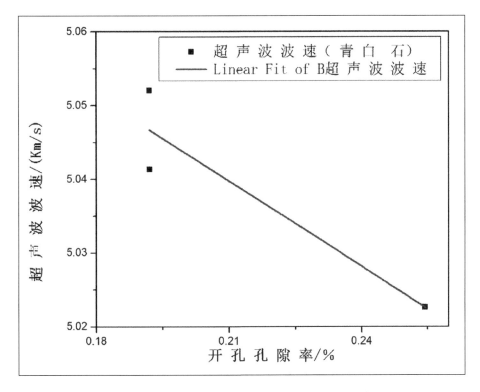

图 6-49 "盐 + 冻融"老化实验的超声波波速与开孔孔隙率线性回归方程

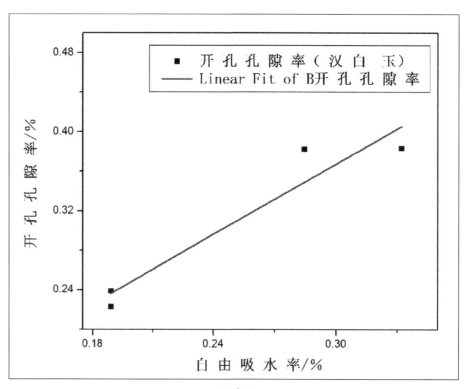

a. 汉白玉

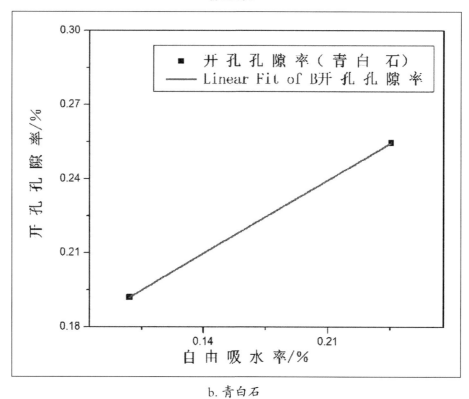

b. 青白石

图 6-50 "盐 + 冻融" 老化实验的自由吸水率与开孔孔隙率线性回归方程

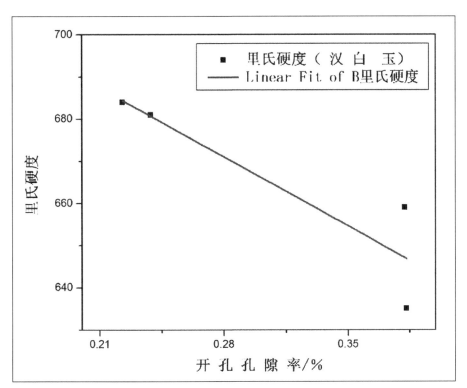

a. 汉白玉

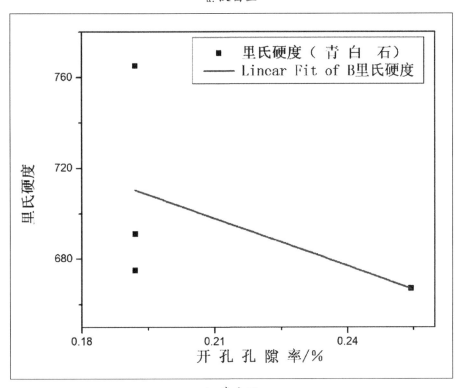

b. 青白石

图 6-51　"盐 + 冻融"老化实验的里氏硬度与开孔孔隙率线性回归方程

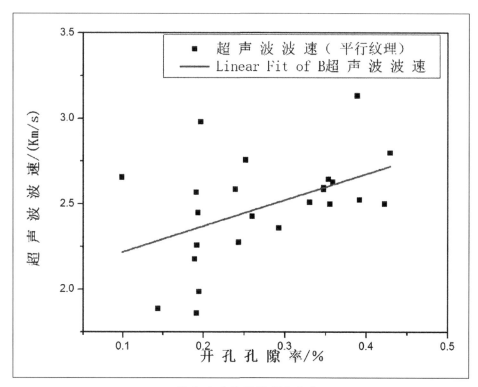

a. 汉白玉（平行纹理方向）

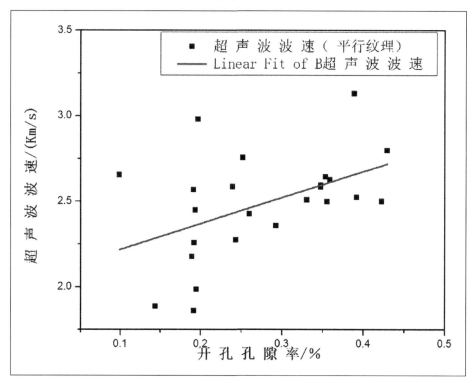

b. 汉白玉（垂直纹理方向）

图 6-52 "酸雨喷淋" 老化实验的超声波波速与开孔孔隙率线性回归方程

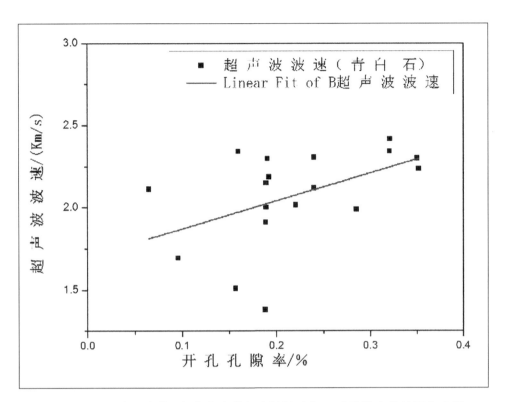

图 6-53 "酸雨喷淋"老化实验的超声波波速与开孔孔隙率线性回归方程

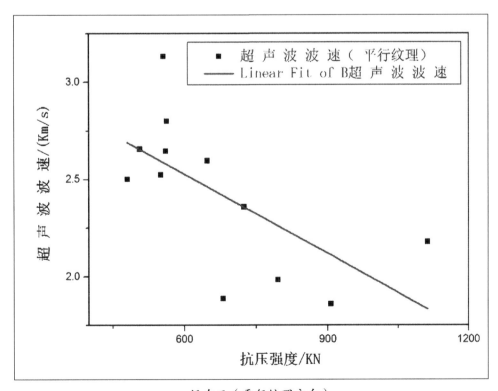

a. 汉白玉（平行纹理方向）

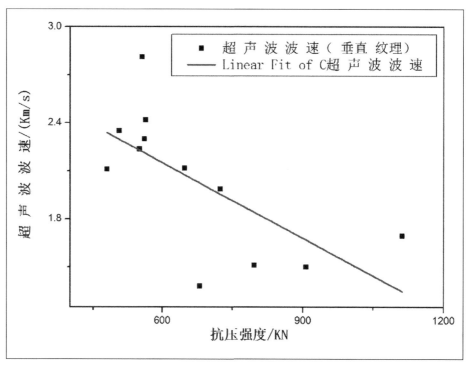

b.汉白玉（垂直纹理方向）

图 6-54 "酸雨喷淋"老化实验的超声波波速与抗压强度线性回归方程

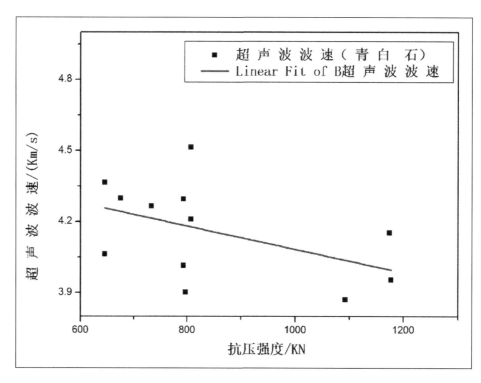

图 6-55 "酸雨喷淋"老化实验的超声波波速与抗压强度线性回归方程

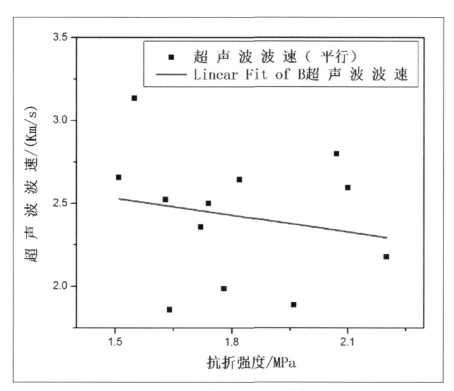

a. 汉白玉（平行纹理方向）

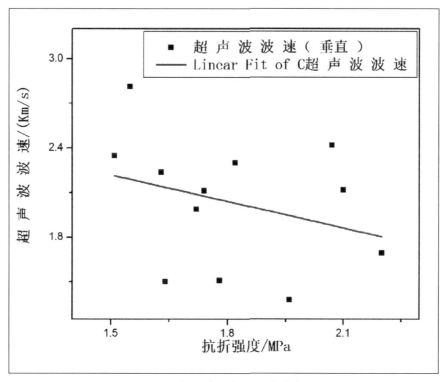

b. 汉白玉（垂直纹理方向）

图 6-56 "酸雨喷淋"老化实验的超声波波速与抗折强度线性回归方程

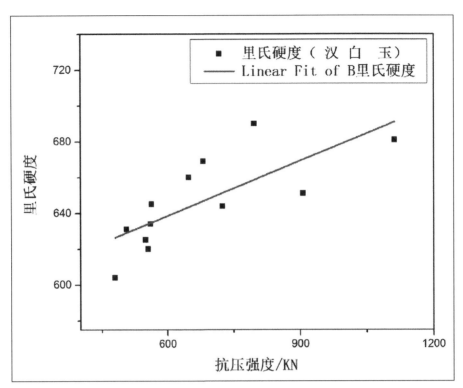

a. 汉白玉

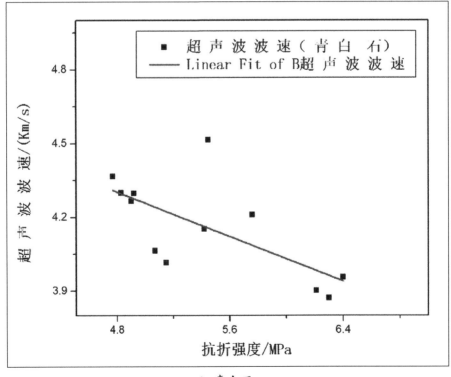

b. 青白石

图 6-57 "酸雨喷淋"老化实验的里氏硬度与抗压强度线性回归方程

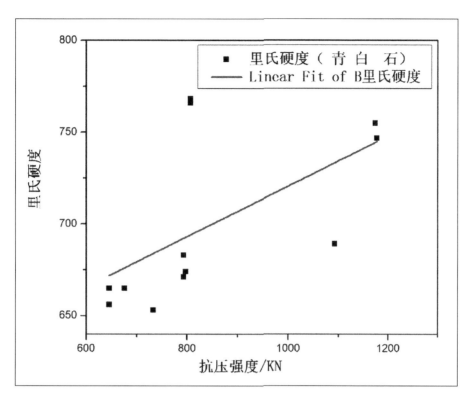

图 6-58　"酸雨喷淋"老化实验的里氏硬度与抗压强度线性回归方程

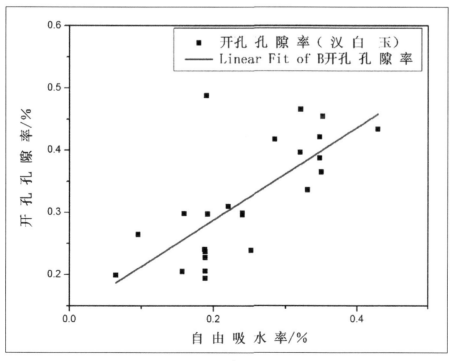

a. 汉白玉

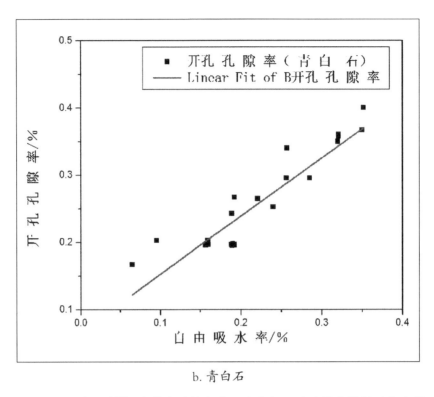

b. 青白石

图 6-59 "酸雨喷淋"老化实验的自由吸水率与开孔孔隙率线性回归方程

图 6-48—图 6-50 表示"盐 + 冻融"和"酸雨喷淋"两种模拟老化方式得到的各参数（抗压强度、抗折强度、超声波波速、自由吸水率、开孔孔隙率和里氏硬度）之间的线性回归方程，现将回归方程以及方差列于表 6-15 中。

由表 6-15 可知，汉白玉和青白石在不同腐蚀条件下得到的各参数之间的线性拟合程度各不相同，其中，"盐 + 冻融"老化实验汉白玉沿着垂直纹理方向超声波波速与开孔孔隙率、"盐 + 冻融"老化实验青白石的自由吸水率与开孔孔隙率、"盐 + 冻融"老化实验汉白玉的里氏硬度与开孔孔隙率、"酸雨喷淋"老化实验青白石的自由吸水率与开孔孔隙率这四种实验条件下两个参数之间的相关性比较高，即这两个参数之间在该实验条件下相互影响。

研究中通过模拟北京地区汉白玉和青白石风化过程中各项物理性能、力学性能（无损测试）、矿物学组成等参数的变化，初步得出大理岩风化等级指标。

表 6-15　各参数之间的线性回归方程与方差

对应图片	两个参数	回归方程（y=kx+b）	方差（R^2）
图 6.48a	"盐＋冻融"老化实验汉白玉沿着平行纹理方向超声波波速与开孔孔隙率	y=5.36408x+0.77064	0.57317
图 6.48b	"盐＋冻融"老化实验汉白玉沿着垂直纹理方向超声波波速与开孔孔隙率	y=5.35426x+0.15244	0.96374
图 6.49	"盐＋冻融"老化实验青白石的超声波波速与开孔孔隙率	y=−0.38531x+5.12065	0.74333
图 6.50a	"盐＋冻融"老化实验汉白玉的自由吸水率与开孔孔隙率	y=1.12331x+0.01233	0.88517
图 6.50b	"盐＋冻融"老化实验青白石的自由吸水率与开孔孔隙率	y=0.42398x+0.15041	0.99998
图 6.51a	"盐＋冻融"老化实验汉白玉的里氏硬度与开孔孔隙率	y=−234.04287x+736.55435	0.72750
图 6.51b	"盐＋冻融"老化实验青白石的里氏硬度与开孔孔隙率	y=−255.89678x+732.1385	0.14011
图 6.52a	"盐＋冻融"老化汉白玉沿着平行纹理方向超声波波速与开孔孔隙率	y=1.52107x+2.06585	0.18319
图 6.52b	"盐＋冻融"老化实验汉白玉沿着垂直纹理方向超声波波速与开孔孔隙率	y=1.84218x+1.60313	0.23445
图 6.53	"酸雨喷淋"老化实验青白石的超声波波速与开孔孔隙率	y=1.69121x+1.70238	0.17274
图 6.54a	"酸雨喷淋"老化实验汉白玉沿着平行纹理方向的超声波波速与抗压强度	y=−0.00136x+0.34662	0.3692
图 6.54b	"酸雨喷淋"老化实验汉白玉沿着垂直纹理方向的超声波波速与抗压强度	y=−0.00157x+0.37888	0.40049
图 6.55	"酸雨喷淋"老化实验青白石的超声波波速与抗压强度	y=−4.90609x+0.25048	0.14544
图 6.56a	"酸雨喷淋"老化实验汉白玉沿着平行纹理方向的超声波波速与抗折强度	y=−0.44814x+3.41198	0.05698
图 6.56b	"酸雨喷淋"老化实验汉白玉沿着垂直纹理方向的超声波波速与抗折强度	y=−0.59371x+3.1093	0.00418
图 6.57	"酸雨喷淋"老化实验青白石的超声波波速与抗折强度	y=−0.22668x+5.39045	0.40585
图 6.58a	"酸雨喷淋"老化实验汉白玉的里氏硬度与抗压强度	y=0.10249x+577.10627	0.51928

对应图片	两个参数	回归方程（y=kx+b）	方差（R²）
图 6.58b	"酸雨喷淋"老化实验青白石的里氏硬度与抗压强度	y=0.13753x+583.08124	0.27549
图 6.59a	"酸雨喷淋"老化实验汉白玉的自由吸水率与开孔孔隙率	y=0.74375x+0.13879	0.49484
图 6.59b	"酸雨喷淋"老化实验青白石的自由吸水率与开孔孔隙率	y=0.86339x+0.06642	0.82965

表 6-16　北京地区大理岩风化等级分级

风化程度	分级标准
未风化	岩石表面光滑
轻微风化	岩石表面形貌发生轻微变化，表面有少量"酥粉"脱落
严重风化	岩石表面形貌发生巨大变化，凹凸不平严重，有大量"酥粉"脱落

根据该表风化程度分级时的表观形貌，及该形貌对应的其他指标如吸水率、孔隙率、抗压强度、抗折强度及里氏硬度等指标值，进一步对上述三类风化等级相应的指标体系进行分级，见下表。

表 6.17　北京地区大理岩风化等级指标体系

风化等级	汉白玉风化等级指标体系					
	自由吸水率（%）	饱和吸水率（%）	开孔孔隙率（%）	抗压强度（KN）	抗折强度（MPa）	里氏硬度
未风化	＜0.20	＜0.24	＜0.24	＞700	＞1.90	＞650
轻微风化	0.2–0.40	0.24–0.46	0.24–0.46	400–700	1.50–1.90	500–650
严重风化	＞0.42	＞0.46	＞0.46	＜400	＜1.50	＜500
	青白石风化等级指标体系					
未风化	＜0.16	＜0.30	＜0.30	＞900	＞5.4	＞740
轻微风化	0.16–0.32	0.30–0.56	0.30–0.56	500–900	4.0–5.4	500–740
严重风化	＞0.35	＞0.55	＞0.55	＜600	＜4.0	＜550

八、总结

本章主要通过模拟"酸雨"和"温差作用"对北京地区大理岩（汉白玉和青白石）的影响，研究北京地区大理岩的风化机理，模拟实验中主要设置了"酸雨喷淋"和"盐+冻融"两种模拟实验。

酸雨实验中设置四个 pH 值（pH=1、2、3、4），通过各种测试结果表明在 1–15 个循环过程中，石材风化程度 pH=1 ＞ pH=2 ＞ pH=3 ＞ pH=4；在 15 个循环后，pH=1 的石材表面形成一层致密地对石材有一定保护作用的石膏（$CaSO_4 \cdot 2H_2O$）层。总体而言，相同实验条件下，汉白玉的风化程度大于青白石。"盐+冻融"实验进行到 30 个循环时，物理性能和力学性能均发生变化，但外观尚无明显变化。

根据不同腐蚀条件对大理岩（汉白玉、青白石）指标的影响，将物理性能（自由吸水率、饱和吸水率、开孔孔隙率）、力学性能（抗压强度、抗折强度）和里氏硬度指标进行风化等级划分，初步制定了适合北京地区大理岩石质文物风化等级指标体系。

第七章　北京地区石质文物保护材料研究

在研究了北京地区石质文物在外界环境酸雨、可溶盐及冻融循环作用下，风化病害主要是表面剥落、酥粉，继而发展为裂缝的基础上，本章及下一章筛选并改性适用于北京地区风化大理岩加固和封护的保护材料，以隔绝环境进一步侵蚀文物本体，避免病害进一步发展。

一、石质文物加固剂筛选实验及评价

（一）样品制备

1. 试样准备：经实验室酸老化后的模拟风化青白石，尺寸 70mm × 70mm × 70mm 和 100mm × 50mm × 10mm，取自房山大石窝。

2. 清洗和干燥：用蒸馏水清洗试样后，在温度为 105℃的烘箱中干燥 24h，以备后用；

3. 涂覆过程：用沾有加固剂的毛刷，参照《天然石材防护剂的行业标准》（JC/T 974-2005）在青白石上均匀涂覆三次，每次涂覆待前次干燥后进行，每次间隔大约 10min。经涂覆后的试样置于室温下，自然干燥。[①]

（二）加固剂使用浓度

采用加固剂生产厂家提供的稀释比例或经初步试验后的稀释比例，对加固剂进行稀释处理，具体见下表。

---

① 孙敏. SiO$_2$基石质文物加固保护用复合材料制备及性能测试［D］. 哈尔滨：哈尔滨工业大学，2011.

表 7-1　7 种加固剂与溶剂的配比

编号	名称	主要成分	使用时的稀释比例（体积比）
1	CYKH-02	有机氟硅低聚物及烷氧高聚物主要活性物	CYKH-02：乙醇 =1：1
2	TEOS	正硅酸乙酯	TEOS：乙醇 =1：1
3	碧林微纳米石灰 NML010	Ca（OH）$_2$	微纳米石灰：乙醇 =1：5
4	ZL-T42M 桥联型有机硅渗透加固剂	醇型六官能乙撑硅氧烷	ZL-T42M：丙酮 =1：4
5	Remmers 300	正硅酸乙酯	Remmers 300：乙醇 =1：1
6	古建保护剂	水玻璃	古建保护剂：水 =1：5
7	B72	66% 甲基丙烯酸乙酯和 34% 丙烯酸甲酯共聚物	以丙酮为溶剂，质量分数 3%

（三）表面色差及光泽度变化

加固剂涂覆后不应改变试样表面颜色，所以在其他性能测试前，先使用色差测量仪和光泽度测量仪测定试样表面处理前后色差和光泽度变化。

实验步骤：涂刷加固剂前，先使用 JZ-300 通用色差计和 XGP 便携式镜向光泽度计测量 8 组模拟风化青白石（70mm×70mm×70mm）表面色度值和光泽度值。按照 7.1.1 步骤制备试样，再使用色差计和光泽度计测试加固前后试样表面的色差和光泽度变化。色差值与视觉效果之间的关系，漆膜光泽度分级见下表。

表 7-2　颜色分辨与色差的关系

NBS 色差值	ΔE 色差值	视觉差异
0-0.5	0 ~ 0.54	极微
0.5-1.6	0.54 ~ 1.74	轻微
1.6-3.0	1.74 ~ 3.26	明显
3.0-6.0	3.26 ~ 6.52	很明显
6.0-12.0	6.54 ~ 13.04	强烈
≥12.0	≥13.04	很强烈

注：根据 GB/T 1766-2008 有关清漆的色差规定，色差是指用数值来表示颜色的差别，当两种颜色分别用 L*、a*、b* 标定后，其总色差 $\Delta E*ab=[（L_1*-L_2*)^2+（a_1*-a_2*)^2+（b_1*-b_2*)^2]^{1/2}$，NBS=0.92 × ΔE*ab。

表 7-3　涂料光泽度分类

光泽度 Gs/%	光泽度 φs/Gu	分类
＜10	＜1.86	无光
15–60	2.79 ~ 11.16	亚光
＞60	＞11.16	高光

注：上表使用反射光角度为60°。标准陶瓷板反射光60°时，光泽度为18.6 Gu。根据文献[①]描述，光泽度大小以试样表面的镜面反射率 φs 和标准板表面的镜面反射率 φos 之比表示，公式：Gs=φs/φos×100%。

表 7-4　加固前后各试样色差及光泽度变化

编号	ΔE 色差值	加固前光泽度 φs/Gu	加固后光泽度 φs/Gu
1	4.60	1.5	1.1
2	2.04	1.5	1.3
3	0.98	1.4	1.3
4	7.71	1.2	1.4
5	7.95	1.4	1.1
6	1.03	1.5	2.0
7	2.60	1.5	1.4

上表中 ΔE 表示试样经加固剂处理前后的色差值变化，由表7-2、表7-4可以观察到，加固完成后，3号、6号试样表面颜色变化轻微，2号、7号试样颜色变化明显，1号试样颜色变化很明显，4号和5号试样颜色变化强烈。图7-1可以清楚地看出1号–7号试样的色差值大小情况。由表7-3、表7-4可以得到，加固前1号–7号试样光泽度1.2Gu–1.5Gu之间，处于无光状态。加固后，1号、2号、3号、5号和7号试样光泽度略降，仍处于无光状态，4号试样光泽度升高0.2Gu，处于无光状态，6号试样光泽度升高0.5Gu，介于无光、亚光之间。综上，从表面色差和光泽度两方面考虑，1号、4号和5号试样加固前后 ΔE 色差值＞3.26，1号（CYKH–02）试样颜色变化很明显，4号（ZL–T42M 桥联型有机硅渗透加固剂）、5号（Remmers 300）加固剂使得试样表面颜色变化强烈，其中4号加固剂加固后明显改变试样表面颜色。

---

① 乔加亮. 黏合剂结构与低红外发射率涂层光泽度性能研究［D］. 南京：南京航空航天大学，2014.

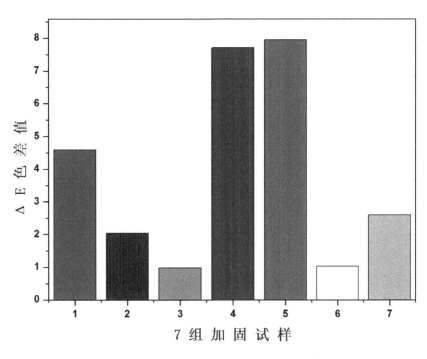

图 7-1　1 号 -7 号试样加固前后表面 △E 色差大小对比

（四）透气性

石质文物加固材料需要有一定的透气性，使内部的水分能以蒸汽的形式与外界进行正常的水汽交换以利于石材中微量水的排出，从而避免产生不应有的作用力。因此测定保护材料的透气性是评价加固材料的重要指标之一。

实验步骤：使用经实验室酸老化后的模拟风化的青白石（100mm×50mm×10mm）进行透气性试验，按照规定步骤在试样四周涂刷封护材料。根据 GB/T 17146-1997 的方法，用密封胶和铝箔将已封护的青白石试样固定在塑料杯上（如下图所示），让水汽只由青白石试样通过，然后放置于装有饱和氯化镁溶液（RH35% 左右）的密封容器内，每隔 48h 称取塑料杯质量，计算不同时间的质量变化率，绘制质量变化曲线图。

图 7-2 试验示意图（1 号）

表 7-5 加固剂透气性实验过程中试样质量变化

编号	初始质量 /g	质量下降值 /g				
		2d	4d	6d	8d	10d
1	263.99	0.07	0.11	0.16	0.19	0.26
2	247.14	0.05	0.08	0.13	0.16	0.21
3	257.68	0.17	0.25	0.34	0.42	0.54
4	259.67	0.03	0.05	0.08	0.09	0.11
5	259.12	0.05	0.08	0.12	0.14	0.17
6	233.87	0.24	0.37	0.50	0.62	0.81
7	261.77	0.05	0.09	0.15	0.20	0.27
8	262.48	0.08	0.12	0.21	0.47	0.92

由上图可以清楚地观察到，实验开始前 6d，3 号与 6 号试样的水汽透过率均大于 8 号空白试样，第 8 天 8 号试样的透过率超过 3 号试样，第 10 天 8 号试样的透过率赶上 6 号试样。实验过程中，1 号、2 号、4 号、5 号和 7 号试样的水汽透过率一直都小于 8 号空白试样，其中 4 号试样的水汽透过率最小，第 8d 时，空白试样的透过率远大于这些试样。根据文献[①]表面加固剂透气性相关指标，与空白试样相比，下降值＞30% 说明

① 雷涛. 石质文物保护材料评价方法研究［D］. 兰州：兰州理工大学，2010.

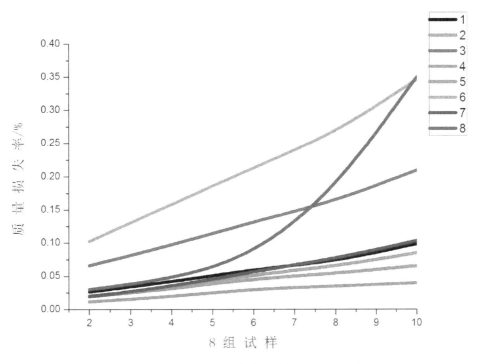

图 7-3　加固剂透气性实验试样损失率对比

透气性不好。如图所示只有 6 号试样质量损失率下降值 ≤ 30%，3 号试样质量损失率下降值略大于 30%。综上，6 号（古建保护剂）加固剂的透气性相对较好，3 号（碧林微纳米石灰 NML010）加固剂次之，其余 5 种加固剂透气性相对较差。

（五）渗透性

不同的功能材料应具有不同的渗透性，对加固材料渗透性要求偏高，应具有较好的渗透性渗入石质文物的加固层。实验步骤：使用经实验室酸老化后的模拟风化青白石（70mm×70mm×70mm）进行渗透性试验。向培养皿中放置 4 个厚度约为 0.5cm 的塑料垫片，将试样放在垫片上，向培养皿中加入封护剂，封护剂的高度始终高于试块底部 2mm 左右，其中 10 号试样使用去离子水．各试样渗透 5 分钟后，测量四个面封护剂上升高度取平均值作为渗透深度考察指标。1 号～7 号表示不同加固剂，8 号试样使用去离子水，渗透 5 分钟，测量四个面加固剂上升高度取平均值作为渗透深度考察指标。

WW/T 0028-2010（砂岩质文物防风化材料保护效果评估方法）中加固剂渗透性评

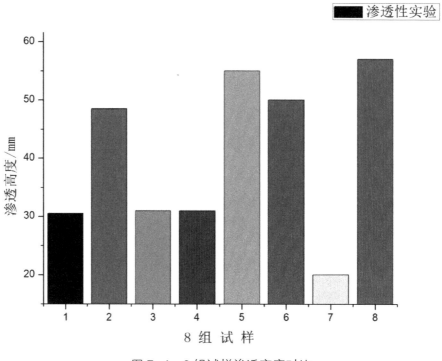

图 7-4 8组试样渗透高度对比

价指标，建议加固剂渗透深度接近或超过蒸馏水（或去离子水）渗透深度。由上图可见，2 号（TEOS）、5 号（Remmers 300）和 6 号（古建保护剂）加固剂接近 8 号去离子水的渗透高度，渗透性相对较好；1 号、3 号和 4 号的渗透高度在 30mm 左右，渗透性相对较差；7 号加固剂渗透高度最小，渗透性最差。

（六）冻融老化

结冰是水对岩石的破坏形式之一，当水结成冰时，其体积增大 9%，会对岩石产生 1000-6000kg/cm^2 的压力，超过了一般岩石的抗压强度，导致石材发生进一步破坏。因此测试加固后试样的耐冻融性能，是评价加固剂加固性能的一项重要标准。

实验步骤：使用模拟风化青白石（70mm×70mm×70mm）做冻融试验，按照规定步骤对试样进行加固处理。参照 GB/T 9966.4-2001 的方法，将试样先在 20±2℃的清水中浸泡 24h，取出、擦干表面水迹，放入 -20±2℃的冷冻箱内冷冻 4h，再将其放入 20±2℃的清水中浸泡 4h，记为一次，反复冻融 25 次，记录冻融前后试样表面色差、光泽度和质量变化，检测冻融后试样抗压强度。

表 7-6 冻融实验前后试样表面色差及光泽度变化

编号	ΔE 色差值		光泽度 φs/Gu		
	冻融前	冻融后	加固前	冻融前（加固后）	冻融后
1	4.60	4.78	1.5	4.1.1	4.1.1
2	2.04	1.52	1.5	1.3	1.2
3	0.98	0.78	1.4	1.3	1.3
4	7.71	4.31	1.2	1.4	1.5
5	7.95	5.81	1.4	4.1.1	1.2
6	1.03	0.885	1.5	2.0	1.4
7	2.60	3.38	1.5	1.4	1.2
8	–	0.72	1.5	1.5	1.5

上表中 ΔE 色差值分别表示试样经加固剂处理前后的色度值变化及试样冻融后与加固前的色度值变化。由表 7-5 可以观察到，加固完成后，3 号、6 号试样表面颜色变化轻微，2 号、7 号试样颜色变化明显，1 号试样颜色变化很明显，4 号和 5 号试样颜色变化强烈。经 25 次冻融循环之后，1 号（CYKH-02）和 7 号（B72）试样表面 ΔE 色差值变大，其他试样表面 ΔE 色差值减小，其中 4 号（ZL-T42M 桥联型有机硅渗透加固剂）和 5 号（Remmers 300）降低值较大，由颜色变化"强烈"降为"很明显"。2 号（TEOS）、3 号（碧林微纳米石灰 NML010）和 6 号（古建保护剂）颜色变化"轻微"，1 号和 7 号试样颜色变化"明显"，8 号空白试样表面同样有"轻微"变化。8 组试样冻融前后表面光泽度变化不大，除 6 号（古建保护剂）试样由亚光降到无光外，其余均处于无光状态。

表 7-7 冻融实验前后试样质量变化

编号	冻融前质量 /kg	冻融后质量 /kg	质量变化率 /%
1	1.030	1.029	0.097
2	1.007	1.005	0.199
3	1.024	1.024	0
4	0.973	0.972	0.103
5	1.000	0.999	0.100

编号	冻融前质量 /kg	冻融后质量 /kg	质量变化率 /%
6	0.999	0.999	0
7	0.997	0.998	−0.100
8	1.019	1.019	0

由上表可知，8 组试样冻融循环前后质量变化很小或无变化，试验中所使用的电子秤最小量程是 1g，所以 3 号、6 号和 8 号的质量变化可能小于 1g，并非无变化。

（七）可溶盐老化

可溶性盐（以氯化物和硫酸盐为主）结晶会对岩石产生破坏作用，使岩石表面结壳、脱落、产生裂缝等，所以测定试样的耐可溶盐性也是评价表面加固材料性能的一项指标。[1]

实验步骤：按照规定步骤在新鲜未风化的青白石（100mm × 50mm × 10mm）试样四周涂刷封护材料三遍，干燥后将试样先在饱和硫酸钠溶液中浸蚀 4h 使盐溶液进入青白石孔隙中，取出后于室温下自然风干使盐结晶析出，再清洗表面后烘干，如此反复循环使盐结晶—溶解过程破坏石材微观结构，循环 7 个周期。下图为可溶盐老化前及老化 7 个周期之后，各试样的表面形貌照片。

表 7-8　硫酸钠的溶解度

温度	0℃	10℃	20℃	30℃	40℃
溶解度 /g/100g 水	4.9	9.1	19.5	40.8	48.8

注：室温下（＜20℃）配制硫酸钠饱和溶液，以 20g 硫酸钠 /100g 水比例配制。

由图 7-5 至图 7-12 可见，4 号试样加固完成后，表面被加固剂覆盖，不能看到原有的微观形貌，经 7 个周期的可溶盐老化试验之后，表面出现小范围的加固剂剥落现象，其他试样表面微观形貌无明显变化，说明除 4 号（ZL-T42M 桥联型有机硅渗透加

---

① 刘强. 基于生物矿化的石质文物仿生保护 [D]. 杭州：浙江大学，2007.

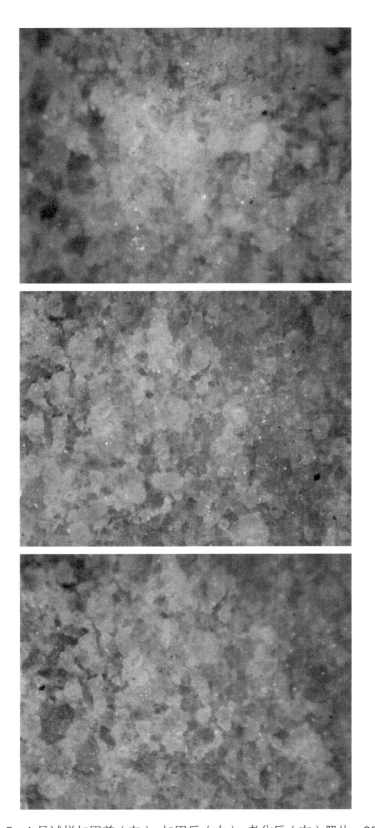

图 7-5　1 号试样加固前（左）、加固后（中）、老化后（右）照片　200×

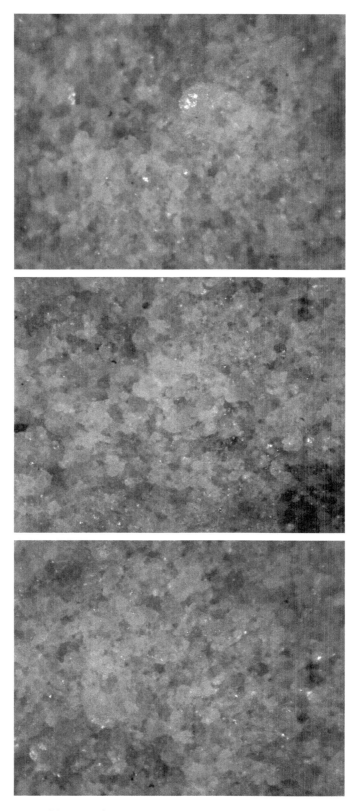

图 7-6　2 号试样加固前（上）、加固后（中）、老化后（下）照片　200×

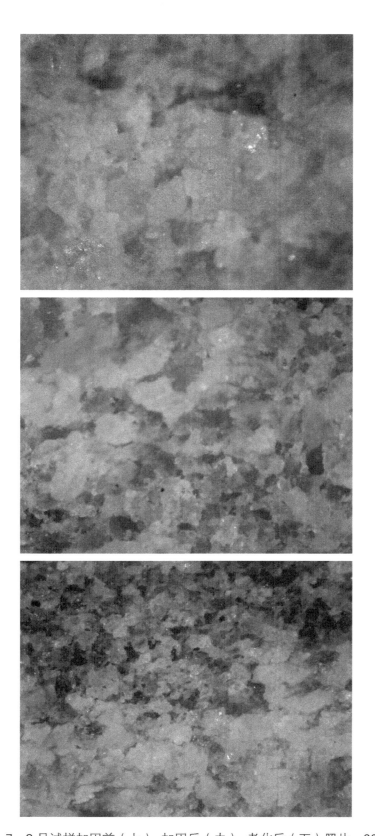

图 7-7　3 号试样加固前（上）、加固后（中）、老化后（下）照片　200×

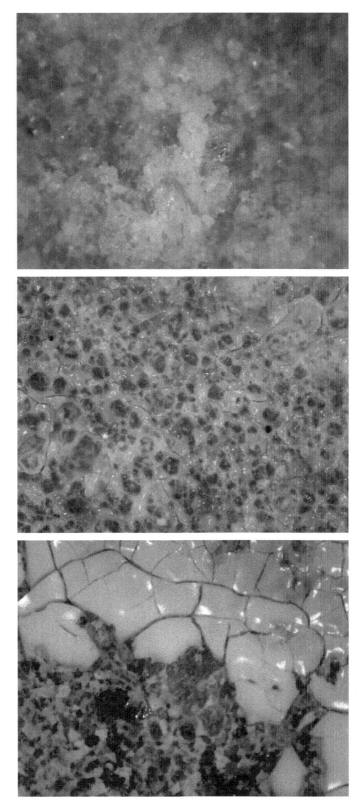

图 7-8　4 号试样加固前（上）、加固后（中）、老化后（下）照片　200×

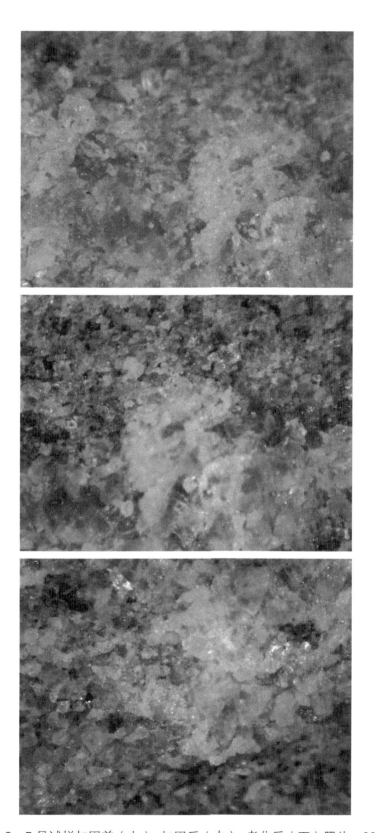

图 7-9　5 号试样加固前（上）、加固后（中）、老化后（下）照片　200×

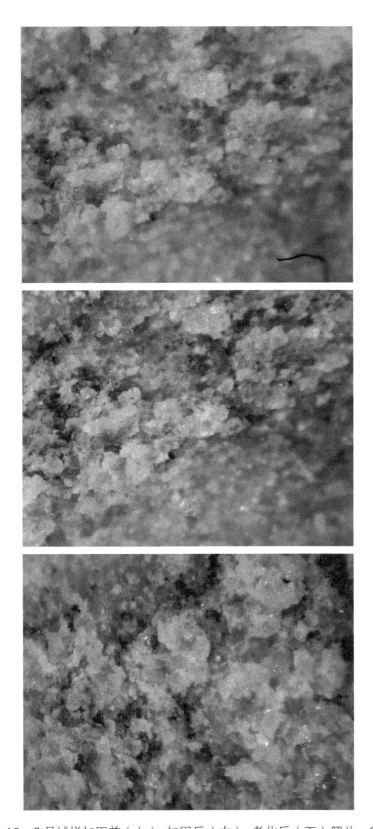

图 7-10　6 号试样加固前（上）、加固后（中）、老化后（下）照片　200×

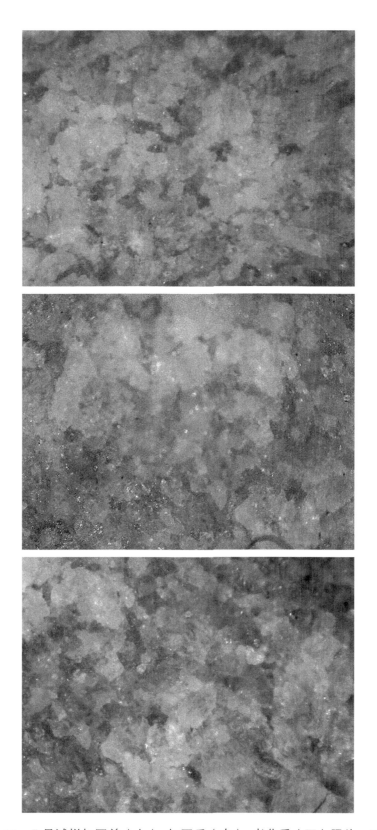

图 7-11 7号试样加固前（上）、加固后（中）、老化后（下）照片 200×

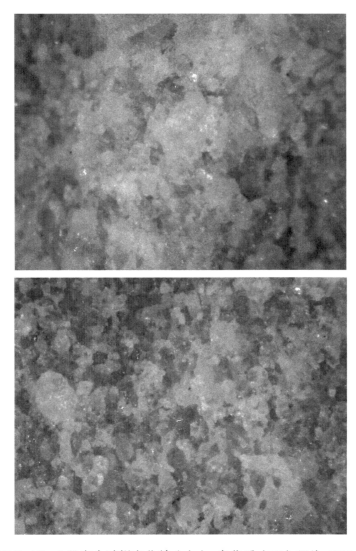

图 7-12　8 号空白试样老化前（上）、老化后（下）照片　200×

固剂）外，其余加固剂均具有较好的耐可溶盐性能。

（八）强度测试

大部分石质文物长期暴露在户外，由风吹日晒雨淋等自然风化及人为活动等，导致文物表面酥粉、空鼓，甚至产生裂缝等。为避免石质文物崩解破坏，减缓表面酥粉现象，需对石质文物进行加固处理，所以加固剂处理后的强度测试是评价材料加固效果的一项重要指标。

实验步骤：按照规定步骤在风化的青白石（70mm×70mm×70mm、100mm×50mm×10mm）试样四周涂刷加固材料三遍，将试样静置48h自然风干。再对实施加固剂前后的青白石样块进行抗压强度、抗折强度测试，判定7种加固材料的加固效果。

1. 抗压强度

试验仪器：微机控制电液伺服压力试验机

测试标准：《公路工程岩石试验规程　单轴抗压强度试验》（JTGE41-2005 T 0221-2005），试样规格为：70mm×70mm×70mm的正方体试块，每组5块，去除最大值和最小值，再取平均值。

表 7-9　加固试样、空白试样和新鲜石材的抗压强度对比

编号	名称	抗压强度 /MPa					平均值 /MPa
1	CYKH-02	151.4	160.1	106.6	159.9	122.3	144.5
2	TEOS	114.2	188.3	130.3	194.5	178.3	165.6
3	碧林微纳米石灰 NML010	68.6	107.6	164.3	154.7	214.1.1	142.2
4	ZL-T42M 桥联型有机硅渗透加固剂	109.0	156.3	182.1	111.8	160.2	150.1
5	Remmers 300	143.2	177.6	183.3	213.4	139.7	168.0
6	古建保护剂	174.6	123.8	160.8	180.6	159.9	167.1
7	B72	150.7	110.2	132.8	134.5	155.8	139.3
8	空白试样	114.6	122.1	102.7	60.9	102.8	106.7
9	新鲜试样	193.0	159.4	196.4	108.8	184.1.1	177.8

2. 抗折强度

试验仪器：WDW-100KW 电子万能试验机

试样规格为：100mm×50mm×10mm的长方体试块，每组5块，去除最大值和最小值，再取平均值。

参照 GB/T 9966.4-2001 标准，测试青白石干燥状态下弯曲强度。

$$p_w = \frac{3FL}{4KH^2} \quad (8)$$

Pw—弯曲强度，MPa

F—试样破坏载荷，N

L—支点间距离，mm

K—试样宽度，mm

H—试样厚度，mm

表 7-10　加固试样、空白试样和新鲜石材的抗折强度对比

编号	名称	破坏载荷 /N	抗折强度 /MPa
1	CYKH-02	436.0	6.540
2	TEOS	458.7	6.881
3	碧林微纳米石灰 NML010	427.3	6.410
4	ZL-T42M 桥联型有机硅渗透加固剂	413.0	6.195
5	Remmers 300	415.3	6.230
6	古建保护剂	458.7	6.881
7	B72	420.0	6.300
8	空白试样	397.0	5.955
9	新鲜试样	476.8	7.152

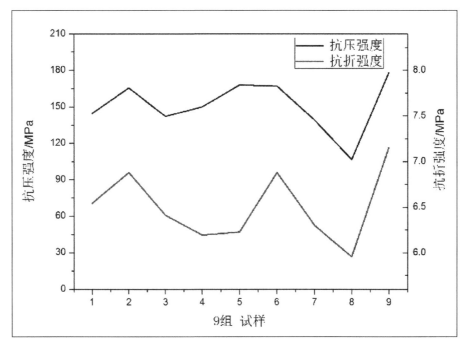

图 7-13　9 组试样的抗压、抗折强度图

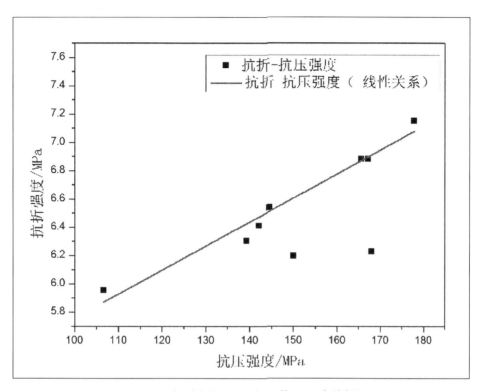

图 7-14　9 组试样抗折强度 – 抗压强度线性关系

如图 7-14 所示，9 组试样的抗压强度与抗折强度呈现一定的线性关系，其相关系数 R–Sq 为 0.9605，满足 y=0.016x+4.059 关系式。1 号 ~ 7 号为加固试样，8 号表示未加固的空白试样，9 号为新鲜试样。经加固后，1 号 ~ 7 号加固试样的抗压及抗折强度均高于 8 号空白试样，低于 9 号新鲜试样。其中 2 号（TEOS）和 6 号（古建保护剂）加固试样的抗压及抗折强度相对最佳。

（九）小结

本节通过耐水性、耐可溶盐、透气性、渗透性、冻融老化和强度等实验对所选的 7 种加固材料进行筛选。从表面色差变化考虑，经 CYKH-02、ZL–T42M 桥联型有机硅渗透加固剂和 Remmers 300 加固后的试样表面 ΔE 色差值＞ 3.26，其余试样加固前后表面色差变化较小。加固后试样透气性古建保护剂相对最好，碧林微纳米石灰 NML010 次之，其余 5 种加固剂透气性相对较差；TEOS、Remmers 300 和古建保护剂加固剂的渗透高度接近去离子水，渗透性相对较好，其余加固剂渗透高度相对较低；冻融 25 个循环后，试样表面光泽度变化不大，表面色差有所变化，仅 TEOS、碧林微纳米石灰 NML010 和古建保护剂加固试样 ΔE 色差＜3.26；可溶盐老化循环后，ZL-T42M 桥联型有机硅渗透加固试样表面出现小范围的加固剂剥落现象，其他试样表面微观形貌无明显变化；TEOS 和古建保护剂加固试样的抗压及抗折强度相对最佳。综合考虑，古建保护剂加固性能相对最好，TEOS 次之，其余加固剂性能相对较差。

二、加固剂在马口铁上的性能评估

（一）马口铁上的涂料制备

筛选出的综合性能较好古建保护剂和 TEOS 两种加固剂，按照规定的方法和规定的使用浓度制备试样，具体如下：

TEOS   古建保护剂

图 7-15   2 种加固剂在马口铁片上涂覆后的照片

1. 用 220 号、400 号和 600 号砂纸对马口铁片单面逐级打磨，将表面镀层打磨掉，然后用去离子水清洗，乙醇除水，丙酮除油，冷风烘干待用。

2. 用沾满封护剂的毛刷，对上述马口铁片的打磨面均匀涂刷 3 次，每次涂覆待前次干燥后进行，每次间隔不超过 30min。

3. 在湿度不大于 60% 的室温下自然干燥 48h，干燥过程防水、防触碰。

4. 将干燥完成后的试样用质量比为 1∶1 的石蜡和松香加热融化后封边。

制备完成的马口铁上的涂层外观如图 7-15 所示，TEOS 加固剂呈透明状态，自然固化后表面平整，外观无肉眼可视变化。而古建保护剂加固试样干燥后，表面有成片的类似于水渍的痕迹存在。

（二）测试标准及方法

参照相关国家标准对这 2 种加固剂的物理性能进行测试和比较，测试内容和标准如下。

附着力：参照测试标准为《漆膜附着力测定法》（GB1720-1979），将待测涂料分别涂刷在经过砂纸打磨、丙酮除油的马口铁片上，完全固化后，采用型号为 Q165-07 的漆膜附着力测试仪（划圈法）测试涂膜在铁片表面的附着力。用放大镜观察圈内各部分完整程度并确定级别（1-7 级，1 级最好，7 级最差）。

参考标准为：《建筑饰面材料镜向光泽度测定方法》（GB/T13891-2008），将待测涂料分别涂刷在毛玻璃板和打磨除油后的马口铁上，完全固化后，采用 XGP 便携式镜向光泽度计测试四种涂膜的光泽度。

表面亲 / 疏水性：将待测涂料分别涂在马口铁片上，待完全固化后，用 JJC-1 型接触角测量仪分别测量 6 种涂膜与极性溶剂水的接触角，通过接触角的测量评价各种涂膜表面的亲 / 疏水性。

参照《漆膜厚度测定法》（GB/T 1764-1979〔1989〕）标准，对涂有封护剂的马口铁片化学性能进行测试和比较。测试项目和测试标准如下。

耐酸性：将待测涂层分别浸泡于 0.05mol/L 的 H_2SO_4 水溶液中，定期观察涂膜的表面状况，并记录试样基体开始腐蚀的时间，以评价、比较涂膜的耐酸性。

耐碱性：腐蚀介质为饱和 Ca（OH）$_2$ 水溶液，试样尺寸及涂膜制备方法与耐酸性相同。

耐盐性：腐蚀介质为 3.5% NaCl 水溶液，试样尺寸及涂膜制备方法与耐酸性相同。

耐水性：腐蚀介质为去离子水，试样尺寸及涂膜制备方法与耐酸性相同。

耐紫外老化性能测试：将带有涂层的马口铁片放置在荧光紫外老化试验箱中进行老化。温度为 50℃，相对湿度为 100%，紫外光强度为 0.77W/m^2，定期观察样品是否发生开裂、泛白、脱落等现象。

（三）测试结果及分析

1. 物理性能分析

表 7-11　涂层附着力及紫外光照射前（0h）后（120h、240h）接触角

编号	名称	附着力	接触角		
			0h	120h	240h
1	TEOS	1 级	84.00°	79.00°	78.00°
2	古建保护剂	1 级	95.50°	88.67°	79.00°

表 7-12　涂层紫外光照射前（0h）后（120h、240h）色差和光泽度变化

编号	ΔE 色差值			封护前光泽度 φs/Gu	封护后光泽度 φs/Gu		
	0h	120h	240h		0h	120h	240h
1	6.65	8.07	8.65	123.7	80.1	107.8	101.0
2	8.71	7.15	4.81	122.5	23.2	39.2	25.0

由表 7-11 和表 7-12 可得，TEOS 和古建保护剂的附着力均为 1 级；随着紫外光照射时间加长，试样表面接触角均降低。紫外光照射时间越长，试样表面光泽度越小，且加固剂涂覆前后，古建保护剂试样光泽度变化大，试样表面 ΔE 色差变化无明显规律。

2. 化学性能分析

将带有涂层的马口铁板浸泡在去离子水、酸、碱和盐溶液中，定期观察涂料表面的状况并记录。

（1）耐水性

表 7-13　涂层在水中浸泡实验现象

涂层	浸泡时间		
	24h	48h	72h
TEOS	出现锈点	锈迹增加	涂层起翘，表面有大量锈迹
	浸泡位置和界面处均有锈迹产生	锈点没有增大，边缘开始生锈	锈点和边缘锈迹变化不明显
古建保护剂			

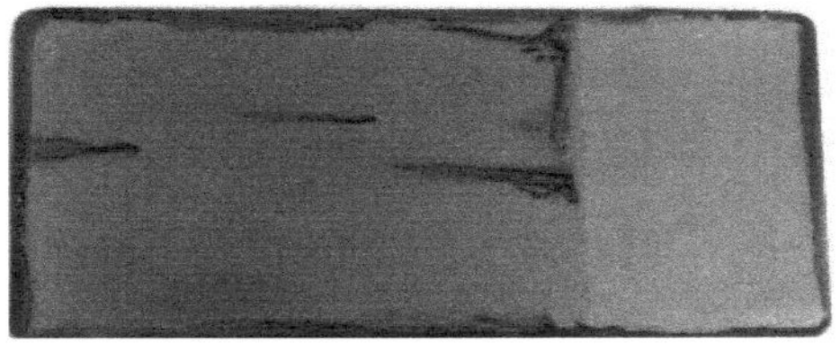

由表 7-13 可见，各试样在去离子水中浸泡 72h 过程中的表面变化情况。其中经古建保护剂封护后的试样在实验过程中表面涂层完整，几乎无锈迹出现。而 TEOS 涂层表面出现锈迹；随着浸泡时间的增加，锈迹加重，表面涂层起翘破坏。

333

（2）耐酸性

表 7-14　涂层在 0.05mol/L 稀硫酸中浸泡现象

涂层	浸泡时间		
	16h	48h	192h
TEOS	界面有锈迹	界面处锈迹加重	界面处涂层破坏
古建保护剂	大量锈点，界面有锈迹	大量锈点，界面锈迹加重	涂层明显被破坏，界面锈迹明显

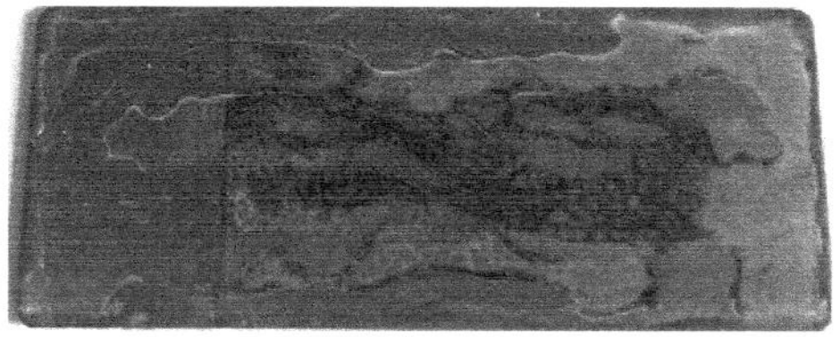

如表 7-14 所示，2 组试样在 0.05mol/L 稀硫酸浸泡 192h 过程中的表面变化情况。各试样表面均有不同程度的变化，在浸泡交界处界面都产生锈迹。经 192h 浸泡后，古建保护剂涂层出现破损，表面有明显的改变。

（3）耐碱性

表 7-15 涂层在饱和氢氧化钙溶液中浸泡现象

涂层	浸泡时间		
	168h	216h	240h
TEOS	有锈点	出现锈迹	锈迹加重
古建保护剂	涂层完整，无明显现象	出现锈迹	锈迹加重

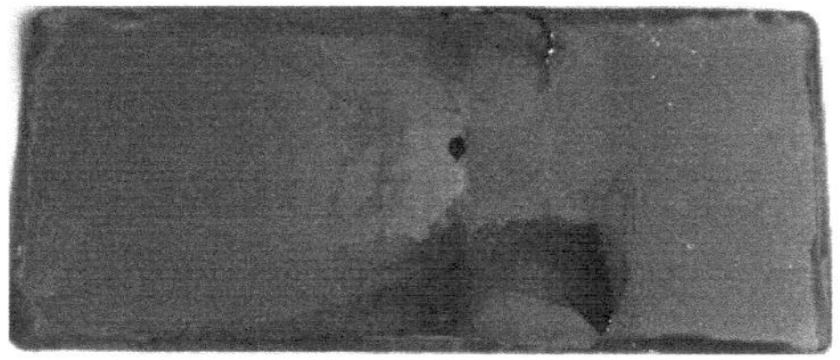

如表 7-15 所示，2 组试样在饱和氢氧化钠溶液浸泡 240h 过程中的表面变化情况。168h 浸泡后，各组试样表面几乎无变化；浸泡 216h 时，TEOS 和古建保护剂试样均有锈迹出现，并随着时间增加，锈迹加重。

（4）耐盐性

表 7-16 涂层在 3.5% 氯化钠溶液中浸泡现象

涂层	浸泡时间		
	16h	48h	192h
TEOS	表面有锈迹产生	锈迹增加	反应痕迹明显
古建保护剂	边缘有锈迹	锈迹加重	表面颜色加深

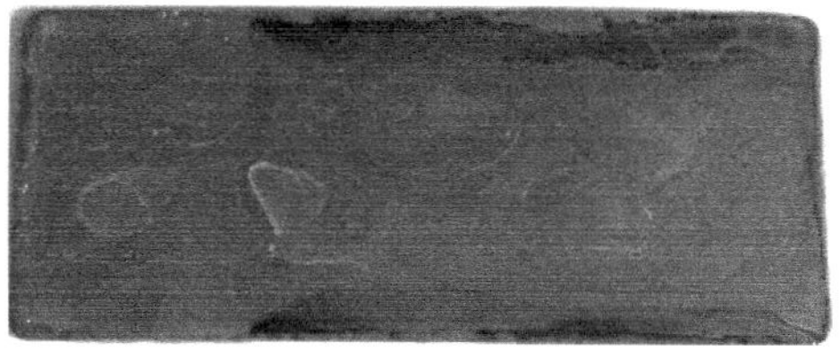

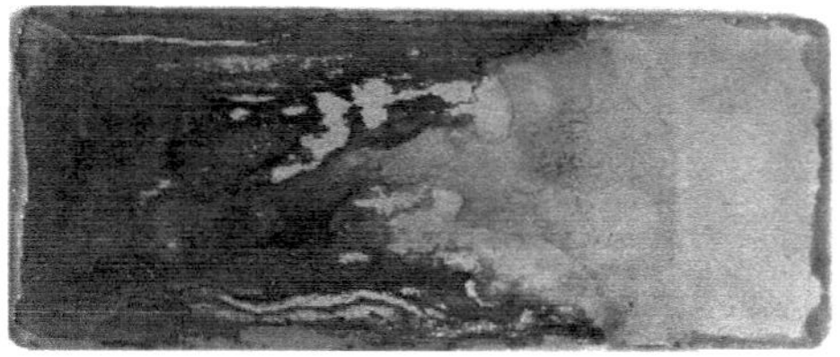

如表 7-16 所示，2 组试样在 3.5% 氯化钠溶液中浸泡 192h 过程中的表面变化情况。浸泡 16h 时，试样表面均有不同程度的变化。用古建保护剂涂刷的铁板从边缘开始产生锈迹不排除封边不密实而导致的误差。随着浸泡时间加长，试样表面锈迹加重，经 192h 浸泡后，古建保护表面改变明显，表面颜色加深，TEOS 表面黑色物质轻擦拭后消失，涂层被破坏。

（5）耐紫外线辐照性能

表 7-17　紫外光照射过程中试样表面变化

涂层	浸泡时间		
	0h	120h	240h
TEOS	涂层完整，无明显现象	涂层完整，无明显现象	涂层完整，无明显现象
古建保护剂	涂层完整，无明显现象	涂层完整，封边处轻微锈迹	涂层完整，封边处轻微锈迹

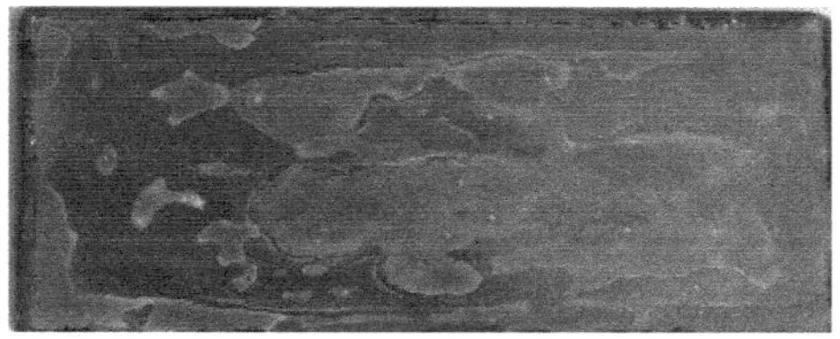

如表 7-17 所示，2 组试样在紫外光照射 240h 过程中的表面变化情况。照射 240h 后，TEOS 和古建保护剂涂层完整，用古建保护剂保护的仅封边边缘处有轻微锈迹，可能是封边不完全造成的，所以 TEOS 和古建保护剂这两种加固剂均有良好的耐紫外线辐照性能。

（四）小结

根据相关标准测试并比较马口铁片上 TEOS 和古建保护剂两种加固剂涂层的物理和化学性能。TEOS 和古建保护剂的附着力好，均为 1 级；古建保护剂耐水性好，在实验过程中表面涂层完整、几乎锈迹出现，而 TEOS 涂层耐水性差，表面出现严重锈迹，涂层起翘破坏；这两种加固剂的耐酸性一般，耐酸性实验后表面均有明显变化；耐碱性一般，实验开始一段时间后均有锈迹产生；耐可溶盐性较差，试样表面产生严重锈迹，涂层被破坏。TEOS 和古建保护剂均具有良好的耐紫外线辐照性能，经 240h 紫外照射后涂层完整，古建保护剂仅封边边缘处有轻微锈迹，可能是封边不完全造成的。综上所述，古建保护剂的耐水性优于 TEOS，此外古建保护剂和 TEOS 加固剂具有相似的物理和化学性能。

三、石质文物封护剂筛选试验及评价

（一）样品制备

1. 试样准备：新鲜青白石和经实验室酸老化模拟后的风化青白石，尺寸 70mm × 70mm × 70mm 和 100mm × 50mm × 10mm，取自房山大石窝。

2. 清洗和干燥：用蒸馏水清洗试样后，在温度为 105℃的烘箱中干燥 24h，以备后用；

3. 涂覆过程：用沾有封护剂的毛刷，参照《天然石材防护剂的行业标准》（JC/T 974-2005）在青白石上均匀涂覆三次，每次涂覆待前次干燥后进行，每次间隔大约 10min。经涂覆后的试样置于室温下，自然干燥。

（二）封护剂使用浓度

采用封护剂生产厂家提供的稀释比例或经初步试验后的稀释比例，对封护剂进行稀释处理，具体见下表。

表 7-18　9 种封护剂与溶剂的配比

编号	名称	主要成分	使用时的稀释比例
1	ZL-Z53 文物表面防蚀防水剂	长链烷基烷氧基硅烷	ZL-Z53：乙醇 =1：4
2	ZL-Z57 有机硅防水渗透封护剂	硅烷硅氧烷低聚物	ZL-Z57：丙酮 =1：4
3	WACKER BS290	硅烷 / 硅氧烷	BS290：丙酮 =1：14
4	Remmers SNL 非水解硅烷防水剂	非水解性硅烷	SNL：乙醇 =1：4
5	CYKH-01	有机氟硅低聚体	CYKH-01：乙醇 =1：1
6	碧林外立面憎水剂 RS-96	低聚物硅氧烷	RS-96：乙醇 =1：1
7	碧林外立面憎水乳液 WS-98	水性硅氧烷	WS-98：丙酮 =1：2
8	AZ-EVV 石材防护液	乙烯、氯乙烯、月桂酸乙烯酯、有机硅	AZ EVV：水 =1：5
9	PLA	聚丙交酯	100mgPLA：5mL 二氯甲烷

（三）防水、耐水性

水是石质文物风化的主要原因之一，既包括结冰和盐结晶等物理作用，又包括水的溶蚀、水解等化学破坏作用，所以应尽量避免外来水进入石质文物内部。因此封护膜的防水、耐水性是评价封护剂应用效果的一项重要指标，本文通过吸水率测定 9 种封护膜的防水性能。

试验步骤：使用新鲜未风化的青白石（100mm×50mm×10mm）进行耐水性实验，按照规定步骤在试样四周涂刷封护剂，干燥后称重，之后将试样浸泡于水中 240 小时后，取出、滤纸吸干，再称重。计算吸水率，见表 7-19。其中 10 号样品为空白样，未涂刷封护剂。

表 7-19　封护前后样品的吸水率

编号	浸泡前质量 /g	浸泡后质量 /g	质量变化 /g	吸水率 /%
1	155.30	155.69	0.39	0.253
2	169.65	170.01	0.36	0.211
3	157.10	157.41	0.31	0.195
4	178.79	179.10	0.31	0.198

续　表

编号	浸泡前质量 /g	浸泡后质量 /g	质量变化 /g	吸水率 /%
5	175.21	175.57	0.36	0.205
6	159.96	160.30	0.34	0.215
7	146.02	146.38	0.36	0.244
8	161.06	161.33	0.27	0.168
9	157.63	157.96	0.33	0.209
10	160.61	161.21	0.60	0.286

耐水性实验完成之后，观察 10 组试样表面均无粉化、开裂、剥落、起泡等现象。从上表中可以看出，经封护剂处理后的 1 号～9 号试样吸水率均小于 10 号空白试样，说明所选的 9 种封护材料均具有良好的防水、耐水性。

（四）耐紫外光老化性能

用于石质文物表面的封护材料应具有无色、透明等特点，而大量石质文物在露天环境下保存和展示，受到长时间太阳光照射，太阳光中的紫外线具有破坏作用，尤其对有机高分子封护膜具有降解作用，从而使封护膜失去对石质文物的保护作用，因此封护材料的耐紫外光老化性能也是一项重要的考查指标。

实验步骤：按照规定步骤在新鲜未风化的青白石（100mm×50mm×10mm）试样单面涂刷封护剂，干燥后将封护剂处理后的试样（1 号～9 号）与空白试样（10 号），放入 UV40 荧光紫外老化试验箱中持续照射，在 300h、600h、900h 取出试样进行测试。根据文献[1]用接触角、色差、光泽度指标表征用封护剂处理后的效果及封护剂的耐紫外老化性能。用 JGW–360A 型接触角测定仪测定不同照射时间下试样表面的接触角，同时使用 JZ–300 通用色差计和 XGP 便携式镜向光泽度计测试老化前后试样表面的色差和光泽度。色差值与视觉效果之间的关系，漆膜光泽度分级详见前文。

---

① 赵强. 石质文物氟硅类封护材料试验研究［D］. 南京：南京航空航天大学，2007.

表7-20 紫外光老化试验前（0h）后（300h、600h、900h）样品色差和光泽度变化

编号	ΔE 色差值				封护前光泽度 φs/Gu	封护后光泽度 φs/Gu			
	0h	300h	600h	900h		0h	300h	600h	900h
1	0.51	0.55	1.21	1.55	1.9	2.0	2.0	2.0	2.0
2	3.14	0.85	1.26	0.90	1.9	1.9	1.9	1.9	1.9
3	24.24	24.21	23.19	22.40	1.9	1.4	1.4	1.4	1.4
4	2.40	1.52	1.18	0.98	1.9	1.6	1.6	1.6	1.6
5	1.41	0.69	0.57	1.37	1.9	2.0	2.0	2.0	2.0
6	1.43	1.40	1.70	1.53	1.9	1.8	1.8	1.8	1.8
7	1.17	0.65	0.33	0.19	1.9	2.0	2.0	2.0	2.0
8	1.73	16.58	21.67	23.91	1.9	4.0	2.5	2.0	1.9
9	0.63	1.26	1.10	1.16	1.9	2.1	1.8	1.8	1.8
10	0	0.74	1.77	2.54	1.9	1.9	1.9	1.9	1.8

表7-20 中不同时间点的 ΔE 色差值均以各试样未涂刷封护剂之前的色度值为基准计算。ΔE 色差值（0h）表示耐紫外老化试验之前封护剂处理前后的色度值变化，ΔE 色差值（300h、600h、900h）表示紫外光照射相应时间后各试样与封护之前的色度值变化。以 1 号试样为例，涂刷封护剂前后的色度值分别是 L_1^*=73.2、a_1^*=0.7、b_1^*=-0.2，L_2^*=72.7、a_2^*=0.7、b_2^*=-0.1，由上述公式计算得 $\Delta E=[(L_1^*-L_2^*)^2+(a_1^*-a_2^*)^2+(b_1^*-b_2^*)^2]^{1/2}$=0.51（0h）。上表可见，紫外光老化试验之前，封护剂处理之后 1 号试样颜色变化极微，5 号、6 号、7 号、8 号和 9 号试样颜色变化轻微，2 号和 4 号试样颜色变化明显，3 号试样颜色变化很强烈。紫外光照射过程中 1 号、2 号、4 号、5 号、6 号、7 号和 9 号试样颜色变化轻微，3 号试样依旧颜色变化很强烈，8 号试样表面由轻微变为很强烈，10 号空白试样表面颜色变化由轻微转为明显（说明长时间的紫外光照射会改变青白石的表面颜色）。涂刷封护剂前 8 组试样光泽度都是 1.9Gu，略大于标准值 1.86，介于无光、亚光之间；封护完成后，3 号、4 号和 6 号试样表面光泽度降低，处于无光状态，1 号、5 号、7 号和 9 号试样表面光泽度升高，介于无光、亚光之间，2 号试样表面光泽度无变化，8 号试样表面变为亚光。紫外老化过程中，经封护后的 1 号 -7 号试样表面光泽度无变化，8 号试样表面光泽度由亚光降为介于亚光、无光

之间，9 号试样光泽度略降为无光，10 号空白试样光泽度略降，老化 900h 后，处于无光状态。综上，从表面色差和光泽度两方面考虑，2 号（ZL–Z57）和 4 号（Remmers SNL）封护剂造成试样表面有明显颜色变化，3 号（WACKER BS290）封护剂使得试样表面很强烈颜色变化、光泽度明显降低，8 号（AZ–EVV）石材防护液造成表面很强烈颜色变化、光泽度明显升高。

表 7-21　紫外光老化试验前（0h）后（300h、600h、900h）样品接触角变化

编号	接触角 θ				接触角下降率 /% （900h）
	0h	300h	600h	900h	
1	61.33°	55.00°	56.33°	54.00°	11.95
2	117.67°	102.33°	78.67°	69.76°	40.72
3	95.79°	83.67°	65.00°	59.00°	38.41
4	97.37°	89.33°	72.33°	55.33°	43.18
5	93.83°	86.33°	67.67°	47.00°	49.91
6	83.25°	79.00°	70.00°	64.00°	23.12
7	78.33°	72.33°	51.33°	39.67°	49.36
8	72.83°	45.33°	33.50°	24.33°	66.59
9	82.00°	77.00°	34.50°	29.00°	64.63
10	57.61°	25.65°	24.00°	23.50°	59.21

由表 7-21 数据可见，紫外光老化试验之前，经封护剂处理后的试样比空白试样 10 号的接触角高 4°–60° 不等。当 θ＞90° 时，固体表面呈疏水性，θ＜90° 时，固体表面呈亲水性。其中，2 号试样表现出极强的疏水性，明显改变了青白石表面的亲水特性，3 号、4 号、5 号同样呈现疏水性，6 号、7 号、8 号和 9 号试样虽表现为亲水性，但是比 8 号试样高 20°–30°，1 号试样比 8 号试样的接触角略高。紫外老化 300h 后，空白试样接触角下降最大，其他试样接触角都有所降低，其中 2 号仍表现为强疏水性；紫外老化 900h 后，所有试样均表现为亲水性，比空白试样高 25°~ 50° 之间。综上，各封护材料都有一定的耐紫外老化能力，其中 1 号（ZL–Z53）、6 号（RS–96）试样老化前后，接触角下降率相对较小，说明这两种封护材料具有良好的耐紫外性能。

图 7-16　1 号（ZL-Z53）试样紫外老化 0h
（上 1）、300h（上 2）、600h（下 1）、900h（下 2）照片

图 7-17　2 号（ZL-Z57）试样紫外老化 0h

（上 1）、300h（上 2）、600h（下 1）、900h（下 2）照片

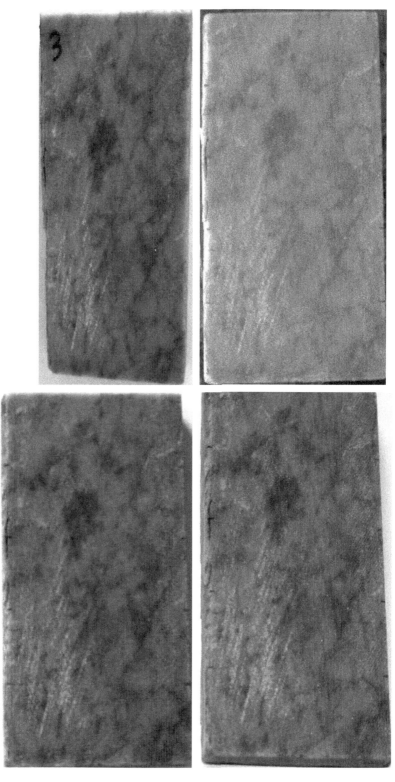

图 7-18 3号（WACKER BS290）试样紫外老化 0h
（上 1）、300h（上 2）、600h（下 1）、900h（下 2）照片

图 7-19　4 号（Remmers SNL）试样紫外老化 0h
（上 1）、300h（上 2）、600h（下 1）、900h（下 2）照片

图 7-20　5 号（CYKH-01）试样紫外老化 0h
（左 1）、300h（左 2）、600h（右 1）、900h（右 2）照片

图 7-21　6号（RS-96）试样紫外老化 0h

（左 1）、300h（左 2）、600h（右 1）、900h（右 2）照片

图 7-22　7号（WS-98）试样紫外老化 0h
（左 1）、300h（左 2）、600h（右 1）、900h（右 2）照片

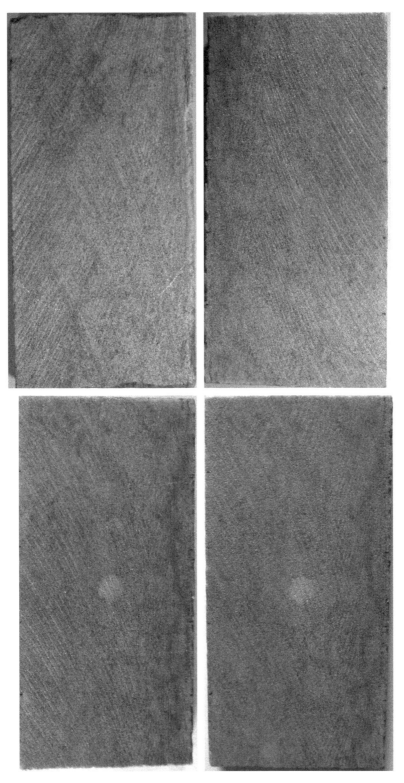

图 7-23　8号（AZ-EVV）试样紫外老化0h
（左1）、300h（左2）、600h（右1）、900h（右2）照片

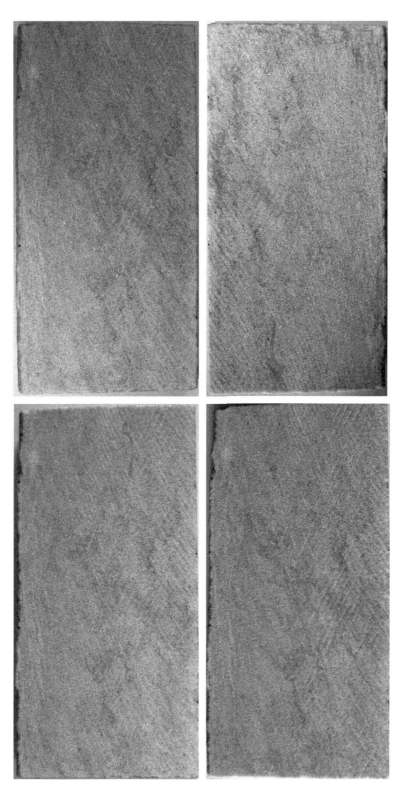

图 7-24　9 号（PLA）试样紫外老化 0h

（左 1）、300h（左 2）、600h（右 1）、900h（右 2）照片

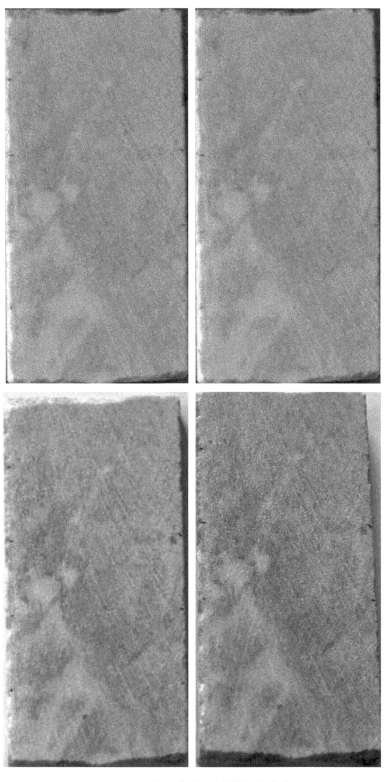

图7-25 10号（空白）试样紫外老化0h
（左1）、300h（左2）、600h（右1）、900h（右2）照片

由图 7-16 至图 7-25 可以看出，紫外老化 300h 后，试样表面编号有的变弱有的消失不见（8 号和 9 号试样表面无编号）；紫外老化 600h 后，试样表面编号完全消失，4 号、5 号、7 号和 10 号（空白）试样表面都出现了小面积的黄变，而暴露在紫外光照射下的 8 号试样表面整体黄变，所使用的封护剂分别是 Remmers SNL、CYKH-01、WS-98 和 AZ-EVV 石材防护液。

综上所述，紫外光照射之前（0h），经封护后的 2 号和 4 号试样表面有明显颜色变化；3 号和 9 号试样表面有很强烈颜色变化，3 号试样表面光泽度低于其他试样，9 号试样光泽度高于其他试样。紫外光照射 600h 后，4 号、5 号、7 号和 10 号试样表面都出现了小面积的黄变，8 号试样表面整体黄变。综上所述，AZ-EVV 石材防护液的耐紫外性能相对最差，1 号（ZL-Z53）和 6 号（RA-96）封护剂的耐紫外老化性能相对较好。

（五）透气性

在石质文物保护中，要求保护材料具有一定的透气性，使内部的水分能以蒸汽的形式与外界进行正常的水汽交换以利于石材中微量水的排出，从而避免产生不应有的作用力，因此测定保护材料的透气性是评价封护材料的重要指标之一。

实验步骤参照规定加固剂透气性测试方法。计算不同时间的质量变化率，绘制质量变化曲线图。

表 7-22　透气性实验过程中试样质量变化

编号	初始质量 /g	质量下降值 /g			
		2d	4d	6d	8d
1	259.24	0.06	0.07	0.08	0.10
2	266.01	0.03	0.04	0.06	0.07
3	246.83	0.05	0.06	0.07	0.08
4	244.18	0.05	0.08	0.10	0.13
5	261.03	0.04	0.04	0.05	0.06
6	271.92	0.08	0.10	0.13	0.16

编号	初始质量 /g	质量下降值 /g			
		2d	4d	6d	8d
7	265.45	0.09	0.12	0.15	0.18
8	227.82	0.08	0.14	0.24	0.28
9	244.50	0.20	0.29	0.39	0.44
10	262.48	0.08	0.12	0.21	0.47

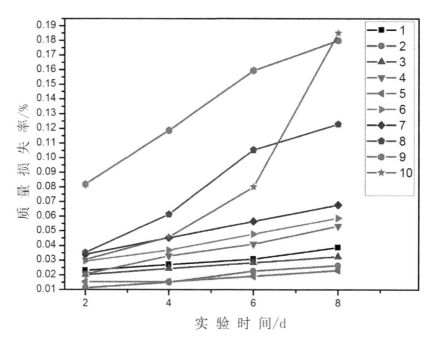

图 7-26　透气性实验试样质量损失率对比

由图 7-26 可以清楚地观察到，实验开始 2d 时，6 号、7 号、8 号与 10 号空白试样的水汽透过率相近，9 号（PLA）试样透过率比空白试样大，其余试样水汽透过率均小于空白试样；实验进行到第 4 天时，7 号与 10 号水汽透过率持平，8 号和 9 号试样明显高于空白样，6 号与其他试样质量损失率都小于空白试样的；实验继续进行，空白试样的水汽透过率远大于 1 号 -8 号试样。根据文献[①] 表面封护剂透气性相关指标，与空白试样相比，下降值＞30% 说明透气性不好。综上，6 号（RS-96）、7 号（WS-98）、8 号（AZ-EVV）和 9 号（PLA）封护材料的透气性相对较好，透气性依次为：PLA ＞

① 郭宏，韩汝玢，赵静. 广西花山岩画风化产物微观特征研究［J］. 中原文物，2005，（6）：82-88.

AZ–EVV ＞ WS–98 ＞ RE–96，其余 5 种封护材料透气性相对较差。

（六）渗透性

不同的功能材料应具有不同的渗透性，石质文物表面封护材料渗透性要求相对偏低，应避免渗入加固材料中产生不相容的现象。

实验步骤：同封护剂渗透性试验。其中 10 号试样使用去离子水。各试样渗透 5 分钟后，测量 4 个面封护剂上升高度取平均值作为渗透深度考察指标。

1 号～ 9 号封护剂的渗透性都低于去离子水的渗透性，其中 9 号封护剂渗透高度最小，3 号和 8 号封护剂次之，2 号封护剂渗透高度最大，其余 1 号、4 号、5 号、6 号和 7 号试样渗透高度在 35mm ～ 40mm 之间。目前还没有封护剂渗透高度对应渗透性大小的规范，并且该渗透性测试方法存在一定弊端，试样风化面的风化程度可能存在良莠不齐的情况，所以本实验的结果仅作为参考，但从 9 种封护剂的渗透深度均低于水的渗透深度可知，这 9 种封护剂更易于在表面铺展成膜。

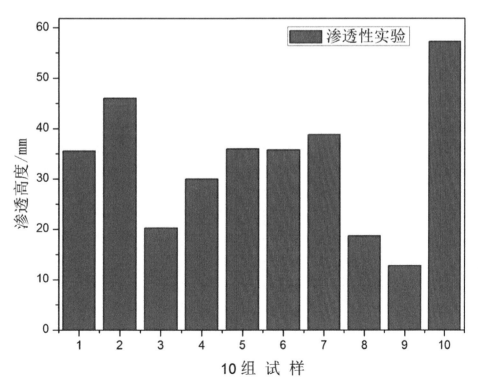

图 7–27　试样渗透高度对比

（七）可溶盐老化性能

可溶性盐（以氯化物和硫酸盐为主）结晶会对岩石产生破坏作用，使岩石表面结壳、脱落、产生裂缝等，所以测定试样的耐可溶盐性也是评价表面封护材料性能的一项指标。实验步骤参照规定加固剂耐可溶盐试验测试方法。下图为可溶盐老化前及老化 7 个周期之后，各试样的表面形貌照片。

表 7-23　硫酸钠的溶解度

温度	0℃	10℃	20℃	30℃	40℃
溶解度 /g/100g 水	4.9	9.1	19.5	40.8	48.8

注：室温下（＜20℃）配制硫酸钠饱和溶液，以 20g 硫酸钠 /100g 水比例配制。

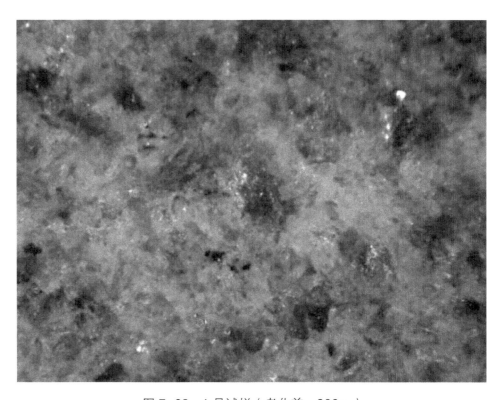

图 7-28　1 号试样（老化前、200×）

图 7-29　1 号试样（老化后、200×）

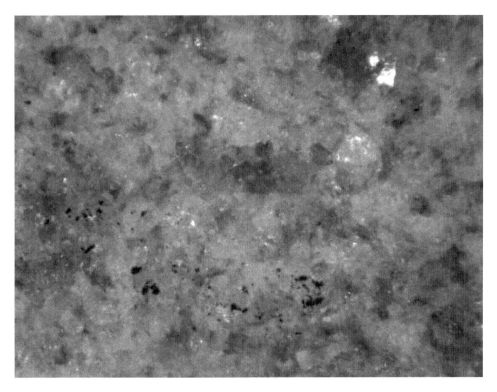

图 7-30　2 号试样（老化前、200×）

图 7-31　2 号试样（老化后、200×）

图 7-32　3 号试样（老化前、200×）

图 7-33　3 号试样（老化后、200×）

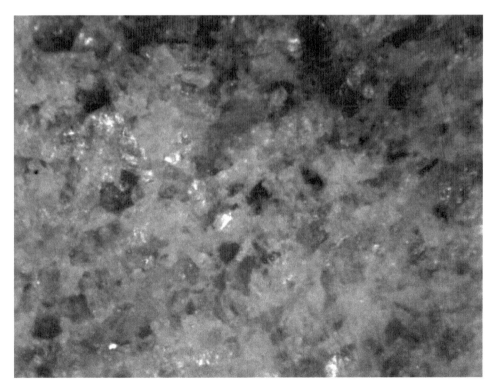

图 7-34　4 号试样（老化前、200×）

图 7-35　4 号试样（老化后、200×）

图 7-36　5 号试样（老化前、200×）

图 7-37　5 号试样（老化后、200×）

图 7-38　6 号试样（老化前、200×）

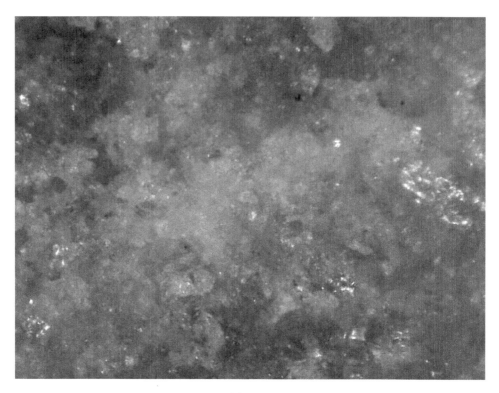

图 7-39　6 号试样（老化后、200×）

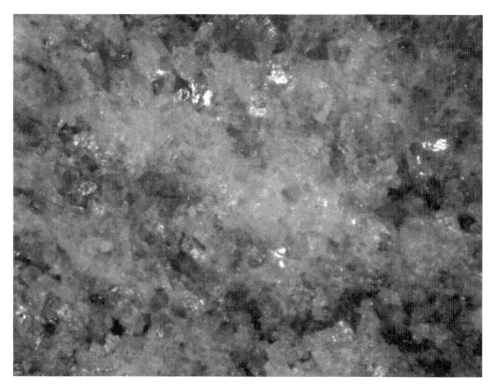

图 7-40　7 号试样（老化前、200×）

图 7-41　7 号试样（老化后、200×）

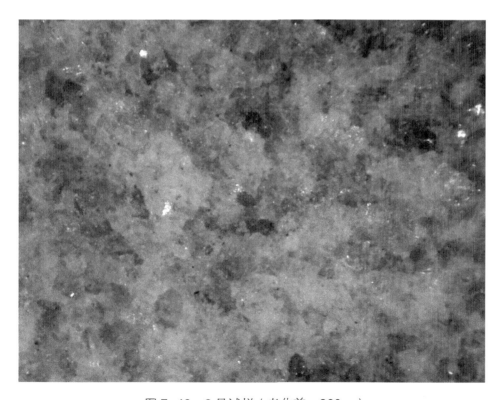

图 7-42　8 号试样（老化前、200×）

图7-43　8号试样（老化后、200×）

图7-44　9号试样（老化前、200×）

图 7-45　9 号试样（老化后、200×）

图 7-46　10 号试样（老化前、200×）

365

图 7-47　10 号试样（老化后、200×）

由图 7-28 至图 7-47 可以观察到，可溶盐实验前后，3 号试样表面形貌有明显差异，其他试样均无明显变化，说明具有良好的耐可溶盐性。

（八）耐酸性

由于很多石质文物长期暴露在自然环境中，外界环境恶化、大气污染、酸雨等因素会侵蚀文物，因此，测定材料的耐酸性是评价封护材料性能的一个重要指标。

实验步骤：按照规定步骤在新鲜未风化的青白石（70mm×70mm×70mm）试样四周涂刷封护材料三遍，然后将封护后的 1 号～9 号和 10 号空白试样放置于装有 0.1mol/L 的硫酸溶液的容器中，浸泡 72h、144h 后，取出，观察试块有无粉化、开裂、剥落、起泡等现象。清洗并烘干，对比浸泡后样品的干燥质量与浸泡前的干燥质量。①

---

① Machill S, Russ K, Estel K, et al. Mobility of iron during weathering of Elbe sandstone by various organic and inorganic acids.CANAS' 95, Colloq[J]. Anal Atomspektrosk, 1995（Pub. 1996）. 595-600.

表 7-24　耐酸性实验前后试样质量变化

编号	浸泡前质量 /kg	浸泡后质量 /kg		质量损失率 /% （144h）
		72h	144h	
1	1.007	1.004	1.002	0.497
2	1.025	1.023	1.024	0.098
3	1.065	1.065	1.064	0.094
4	1.062	1.058	1.058	0.377
5	1.033	1.031	1.029	0.387
6	1.037	1.034	1.035	0.193
7	1.046	1.041	1.041	0.478
8	1.027	1.027	1.027	0
9	1.035	1.035	1.035	0
10	1.065	1.061	1.061	0.376

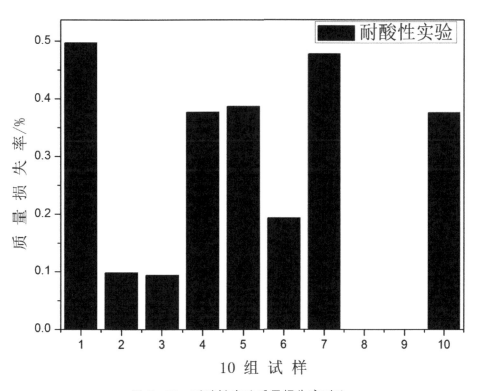

图 7-48　耐酸性实验质量损失率对比

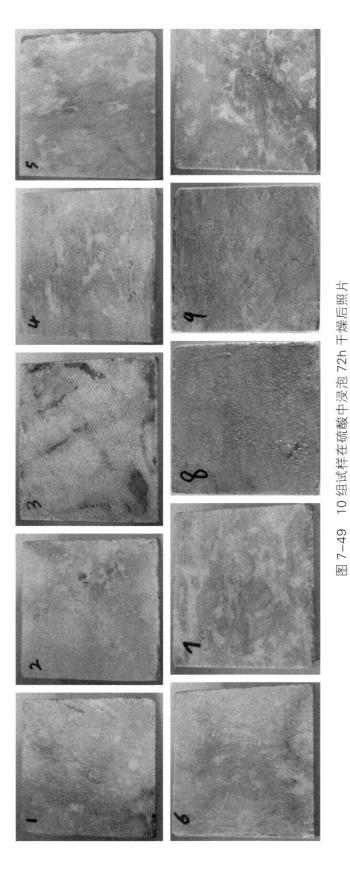

图 7-49　10 组试样在硫酸中浸泡 72h 干燥后照片

由图7-49可以观察到，酸中浸泡72h后，1号～9号试样表面编号完整，10号试样表面编号消失不见，1号～7号和9号试样表面均无粉化、开裂、剥落、起泡等现象，1号试样表面出现小范围的黄变，8号试样表面有起泡，10号试样有粉化现象。由上表和图7-32可见，2号（ZL-Z57）、3号（WACKER BS290）、6号（RS-96）、8号（AZ-EVV）和9号（PLA）试样的质量损失率小于8号空白试样，4号、5号试样质量损失率与空白试样相近，1号和7号试样质量损失率大于空白试样。综上，经封护材料处理过的1号～9号试样，都具有一定的耐酸性，从质量损失和表面外观变化两方面考虑，2号（ZL-Z57）、3号（WACKER BS290）、6号（RS-96）和9号（PLA）封护剂的耐酸性更佳。

（九）耐碱性

耐化学试剂包括耐盐、耐酸和耐碱，上两节已经讨论过封护剂的耐可溶盐和耐酸性能，所以本节考查所选9种封护剂的耐碱性。实验步骤：使用做耐碱性实验，按照规定步骤在新鲜未风化的青白石（100mm×50mm×10mm）试样四周涂刷封护材料，将1号～10号试样置于装有0.1mol/L的氢氧化钠溶液的容器中，浸泡72h后，取出，观察试块有无粉化、开裂、剥落、起泡等现象。[①]

经封护过的9组试样表面均无粉化、开裂、剥落、起泡等现象，都具有良好的耐碱性。

（十）小结

本节共采用耐水性、紫外光照射、可溶盐老化、酸碱老化、透气性和渗透性实验对所选的9种封护材料进行筛选。综上所述，在所试验的时间范围内，封护材料都具有良好的耐水性、耐可溶盐和耐碱性。WACKER BS290封护剂使得试样表面色差变化ΔE＞13.04，颜色变化"很强烈"；从光泽度、接触角和表面颜色变化等方面考虑，ZL-Z53、RS-96和PLA封护剂的耐紫外老化性能相对较好，AZ-EVV石材防护液的耐紫外性较

---

① 乔加亮. 黏合剂结构与低红外发射率涂层光泽度性能研究［D］. 南京：南京航空航天大学，2014.

差；9 种封护剂都有一定的耐酸性，从质量损失和外观变化角度，ZL-Z57、WACKER BS290、RS-96 和 PLA 的耐酸性相对较好；从质量下降率（水汽透过率）角度，PLA 和 AZ-EVV 的透气性相对最好，WS-98 和 RS-96 次之，其余封护剂的透气性相对较差。综合考虑，PLA 封护性能相对最好，RS-96 次之，其余封护剂性能相对较差。

四、封护剂在马口铁上性能评估

（一）马口铁上的涂料制备

将 5.3 节筛选出的封护效果较好的三种封护剂 RS-96、ZL-Z53 和 PLA 材料，及 AZ-EVV 石材防护液四种封护剂，评估其在马口铁上涂层性能，制备方法同前文规定。

制备完成的马口铁片外观如图 7-50 所示，其中用 AZ-EVV 石材防护液涂完之后，马口铁片表面立刻出现锈迹（见上图中的 AZ-EVV（1）），其余 3 种封护剂涂完之后无锈迹出现。所以在 AZ-EVV 材料中添加 3% 缓蚀剂（钨酸钠：十二烷基磺酸钠 =2：1），涂完之后效果如上图中的 AZ-EVV（2）。

（二）测试标准及方法

参照相关国家标准对分别涂覆古建保护剂和 TEOS 加固剂的马口铁片物理和化学性能进行测试和比较，测试内容和测试标准详见前文。

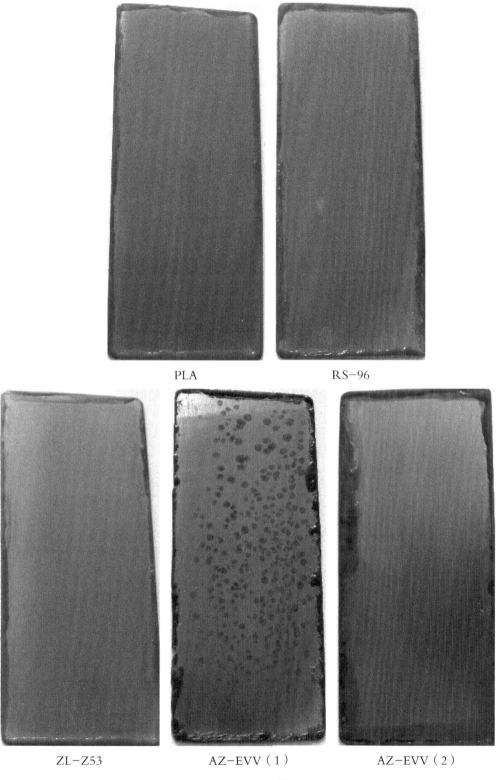

PLA　　　　　　　　　　　RS-96

ZL-Z53　　　　AZ-EVV（1）　　　　AZ-EVV（2）

图 7-50　4 种封护剂在马口铁片上涂覆后照片

（三）测试结果及分析

1. 物理性能分析

表 7-25　涂层附着力及紫外光照射前后接触角

编号	名称	附着力	接触角		
			0h	120h	240h
1	AZ-EVV 石材防护液	1 级	74.00°	33.50°	28.33°
2	PLA	3 级	82.00°	78.33°	77.00°
3	ZL-Z53 文物表面防蚀防水剂	1 级	96.33°	94.50°	84.00°
4	碧林外立面憎水剂 RS-96	1 级	101.33°	95.00°	90.00°

表 7-26　涂层紫外光照射过程中色差和光泽度变化

编号	ΔE 色差值			封护前光泽度 φs/Gu	封护后光泽度 φs/Gu		
	0h	120h	240h		0h	120h	240h
1	7.13	7.43	5.48	122.5	51.5	17.5	6.1
2	4.81	7.42	6.52	125.1	76.8	74.6	74.5
3	5.41	2.23	4.02	130.4	123.04	104.2	101.0
4	5.36	8.05	8.89	122.9	82.4	77.3	75.4

由表 7-25 和表 7-26 可得，PLA 附着力为 3 级，其余三种材料为 1 级；随着紫外光照射时间延长，4 种试样表面接触角均降低，其中 AZ-EVV 试样降低率最大。紫外光照射时间越长，试样表面光泽度越小，试样表面 ΔE 色差变化无明显规律。

2. 化学性能分析

带有涂层的马口铁片浸泡在去离子水、酸、碱和盐溶液中，涂料表面的状况如下：

（1）耐水性

表 7-27　水中浸泡实验现象

名称	24h	48h	72h
PLA	涂层完整，无明显现象	涂层完整，无明显现象	涂层完整，无明显现象
RS-96	涂层完整，无明显现象	涂层完整，无明显现象	涂层完整，无明显现象

续 表

名称	24h	48h	72h
ZL–Z53	表面出现锈迹	涂层被破坏、锈迹加重	生锈处涂层翘起、锈迹进一步加重
AZ–EVV	浸泡位置和界面处均有锈迹产生	锈迹增加	涂层起翘、表面有大量锈迹

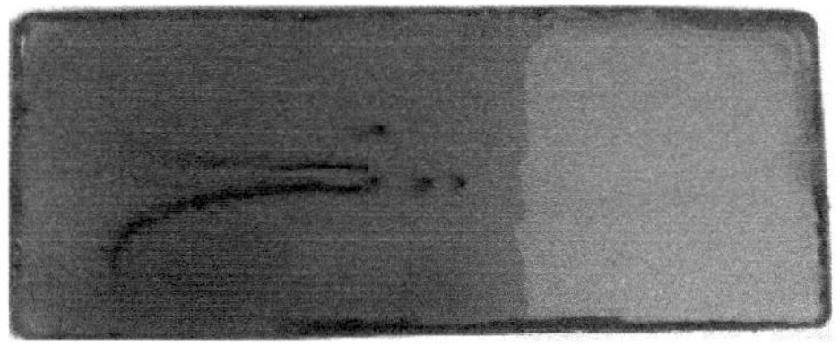

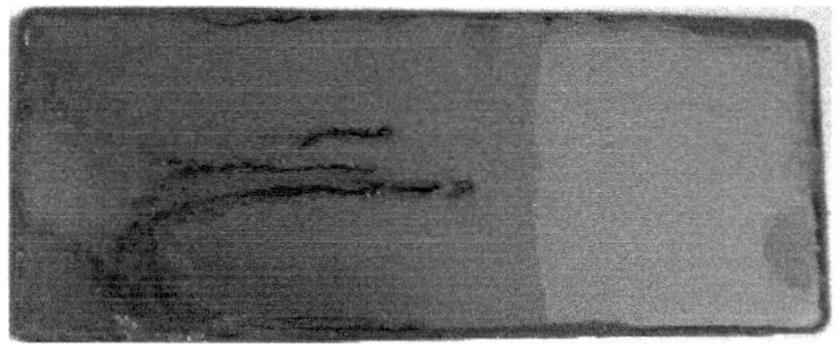

表7–27是各试样在去离子水浸泡72h过程中的表面变化情况，其中经PLA和RS–96封护后的试样在实验过程中表面涂层完整、几乎无锈迹出现。而ZL–Z53和AZ–EVV涂层表面均出现锈迹，随着浸泡时间的增加、锈迹加重、表面涂层起翘破坏。

（2）耐酸性

表 7-28　涂层在 0.05mol/L 稀硫酸中浸泡现象

名称	16h	48h	192h
PLA	表面出现黑色条状痕迹	浸泡界面出现锈迹	涂层遭到破坏，界面有锈迹
RS-96	表面出现大量锈迹	界面明显，表面有大量锈点	界面处有锈迹，边缘涂层破坏

续 表

名称	16h	48h	192h
ZL-Z53	表面出现大量气泡	浸泡界面处有锈迹	界面处锈迹严重，表面有锈点
AZ-EVV	表面有锈迹和鼓泡	表面锈迹加重	涂层起翘破坏

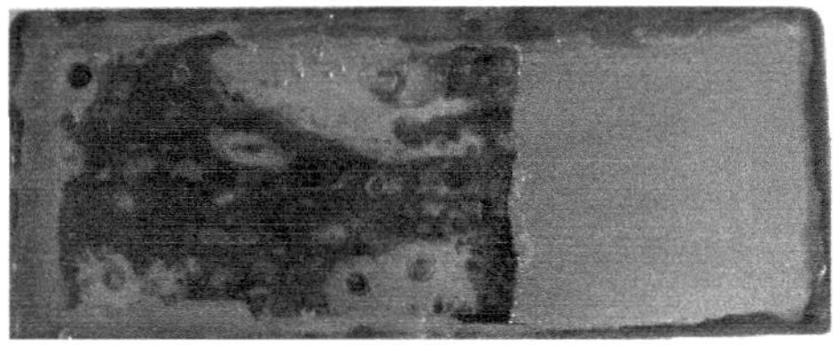

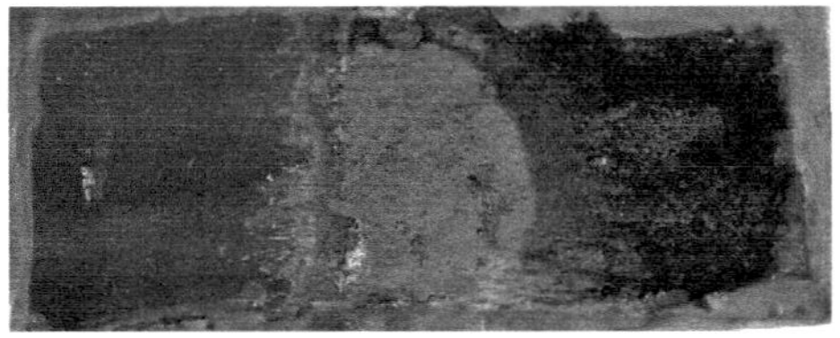

如表 7-28 所示，4 组试样在 0.05mol/L 稀硫酸浸泡 192h 过程中的表面变化情况。各试样表面均有不同程度的变化，在浸泡交界处都产生锈迹。经 192h 浸泡后，4 组试样在浸泡交界处锈迹加重，PLA 和 AZ-EVV 涂层出现破损，RS-96 和 ZL-Z53 涂膜起泡，各试样表面都有明显的改变。

（3）耐碱性

表 7-29　涂层在饱和氢氧化钙溶液中浸泡现象

名称	168h	216h	240h
PLA	涂层完整，无明显现象	边缘处有锈迹产生	锈迹扩大、颜色加深
RS-96	涂层完整，无明显现象	涂层完整，无明显现象	涂层完整，无明显现象

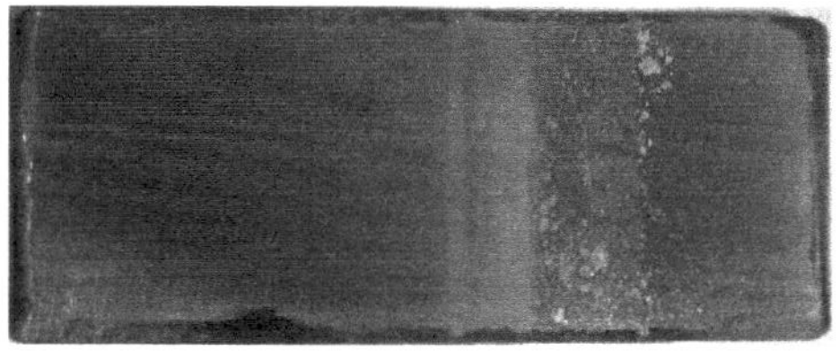

续 表

名称	168h	216h	240h
ZL-Z53	涂层完整，无明显现象	涂层完整，无明显现象	涂层完整，无明显现象
AZ-EVV		出现锈迹	锈迹加重

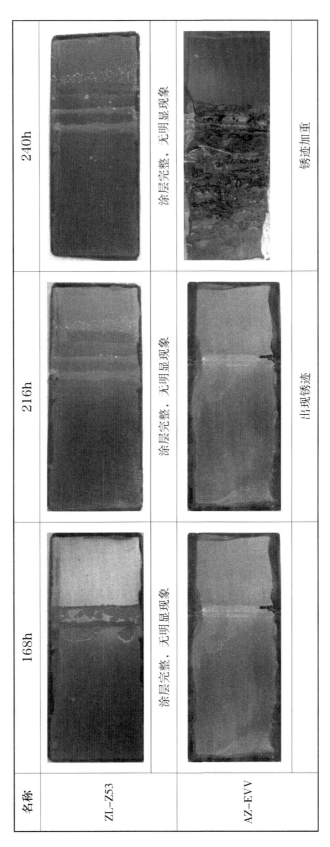

如表7-29所示，4组试样在饱和氢氧化钠溶液浸泡240h过程中的表面变化情况。168h浸泡后，各组试样表面几乎无变化；浸泡216h时，PLA试样边缘出现锈迹，不排除封边不完全，AZ-EVV试样有锈迹出现，并随着时间增加，锈迹加重。

（4）耐盐性

表7-30　涂层在3.5%氯化钠溶液中浸泡现象

名称	16h	48h	192h
PLA	表面有大量绿色物质	界面明显，出现大量锈迹	锈迹加重，涂层破坏
RS-96	出现锈迹	锈迹加重，表面颜色加深	界面不明显，表面颜色加深

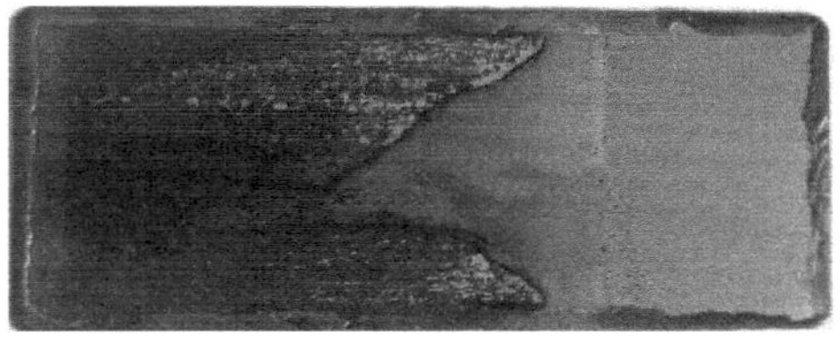

续　表

名称	16h	48h	192h
ZL–Z53	表面出现锈迹	锈迹加重	界面明显，表面颜色加深
AZ–EVV	边缘有锈迹	锈迹加重	表面颜色加深

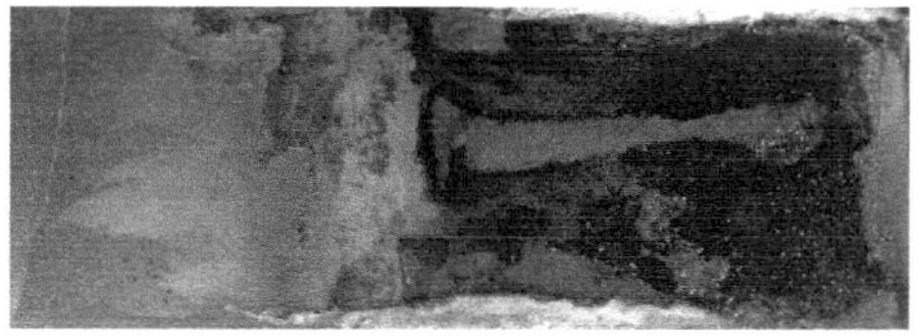

如表 7–30 所示，4 组试样在 3.5% 氯化钠中浸泡 192h 过程中的表面变化情况。浸泡 16h 时，各试样表面均有不同程度的变化，其中 AZ–EVV 最为严重。随着浸泡时间加长，各组试样表面锈迹加重；经 192h 浸泡后，4 组试样表面均发生明显变化。

（5）耐紫外线辐照性能

表 7-31　紫外光照射过程中试样表面变化

名称	0h	120h	240h
PLA	涂层完整，无明显现象	边缘处有锈迹产生	锈迹未扩大，颜色加深
RS-96	涂层完整，无明显现象	涂层完整，无明显现象	涂层完整，无明显现象

381

续 表

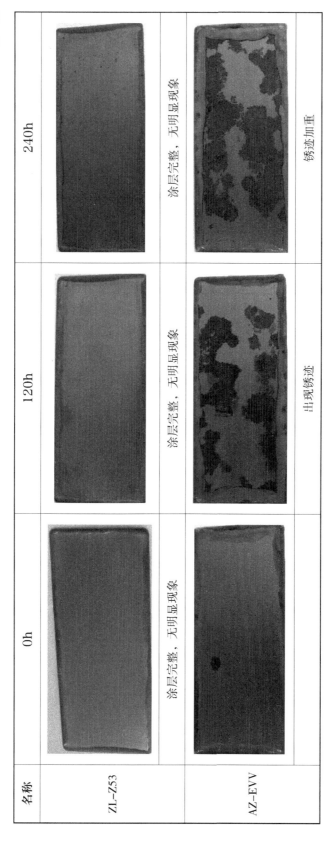

名称	0h	120h	240h
ZL-Z53	涂层完整，无明显现象	涂层完整，无明显现象	涂层完整，无明显现象
AZ-EVV	出现锈迹	出现锈迹	锈迹加重

如表 7-31 所示，4 组试样在紫外光照射 240h 过程中的表面变化情况。照射 120h 时，PLA、RS-96 和 ZL-Z53 试样表面几乎无变化，AZ-EVV 试样表面有轻微锈点出现，ZL-Z53 试样表面有轻微锈点出现，AZ-EVV 表面锈迹加重。综上，PLA 和 RS-96 的耐紫外性能优于 ZL-Z53，AZ-EVV 耐紫外性能最差。240h 时，ZL-Z53 表面锈迹严重。

（四）小结

根据上述相关标准测试并比较马口铁上 PLA、RS-96、ZL-Z53 和 AZ-EVV 四种封护剂涂层的物理和化学性能。其中 PLA 和 RS-96 封护剂的耐水性好，实验过程中表面涂层完整、几乎无锈迹出现，PLA 封护剂附着力较差（3 级）；ZL-Z53 和 AZ-EVV 耐水性差；4 组试样的耐酸性一般（0.05mol/L 稀硫酸），浸泡交界处产生锈迹，涂层出现起泡或破损现象；PLA、RS-96 和 ZL-Z53 三种封护剂的耐碱性较好，AZ-EVV 封护剂耐碱性差，在饱和氢氧化钙溶液中产生锈迹，随着浸泡时间增加，锈迹加重；4 组试样的耐盐性均较差，浸泡较短时间产生明显锈迹；紫外光照射 240h 后，ZL-Z53 表面有轻微锈点，AZ-EVV 表面锈迹严重 PLA 和 RS-96 的耐紫外性能优于 ZL-Z53，AZ-EVV 耐紫外性能最差。综上所述，PLA 封护剂耐化学性相对最好，RS-96 和 ZL-Z53 次之，AZ-EVV 封护剂性能最差。

第八章　石质文物保护材料改性研究

一、概述

聚乳酸（PLA），又名聚丙交酯，是一种环境友好型、生物可降解材料，近年来发展迅速。PLA 的主要原料是乳酸，可从天然材料（如玉米等）中合成得到，原料来源充分且可再生。聚乳酸的生产过程无污染，降低了高分子材料对石油的依赖，也间接减少了污染气体的排放且产品可生物降解，可实现在自然界中的循环，是理想的绿色高分子材料。由聚乳酸制成的产品除生物降解外，生物相容性、光泽度、透明性和耐热性良好，此外还具有一定的耐菌性、阻燃性和抗紫外线性能，因此用途十分广泛。生物医药是聚乳酸最早开展应用的领域，聚乳酸对人体有高度安全性并可被组织吸收，加之其优良的物理机械性能，可制备如一次性输液工具、免拆型手术缝合线、药物缓解包装剂、人造骨折内固定材料、组织修复材料、人造皮肤等，此外还应用于包装、农棚膜材料、纺织纤维、电子零件和汽车配件等。[①]

PLA 是一种环境友好型材料，原料可再生，不同于传统石油基高分子材料。此外，PLA 材料的生物可降解性符合石质文物保护材料要求的"可逆性"，所以近年来一些学者研究了 PLA 在石质文物保护领域的应用。Andrea Pedna 等人[②]将 PLA 与纳米 SiO_2 复配，制备出一种高疏水的封护材料，研究表明 $PLA-SiO_2$ 材料没有改变石材的外观颜

---

① 高伟娜，赵雄燕，孙占英，王鑫，李爽. 聚乳酸复合材料的研究进展[J]. 塑料，2014,（05）：39-41.

② A. Pedna, L. Pinho, P. Frediani, M.J. Mosquera, Obtaining SiO_2-fluorinated PLA bionanocomposites with application as reversible and highly-hydrophobic coatings of buildings[J]. Progress in Organic Coatings, 2016（90）：91-100.

色（涂覆前后色差值 ΔE＜3），可用有机溶剂快速清除。Frediani[1] 的团队对高疏水性氟化 PLA 进行了研究，并在石材上验证了其疏水性。

PLA 材料价格经济，涂覆工艺简单，更使人们看好的是其环境友好性，施工过程中不需要过多担心环境污染问题，并且很可能降低防护工程的经济成本；同时生物可降解 PLA 材料具有良好的可去除性，不会在石质文物表面产生永久性残留，方便人们对石质文物进行二次或多次保护。因此 PLA 材料是一种非常有潜力的石质文物表面防风化材料，但目前，在国内几乎未见过 PLA 材料在石质文物保护方面应用的报道。近年来，纳米材料在石质文物保护方面得到了广泛研究，其中纳米氢氧化钙与钙质大理石具有良好的相容性。所以，本文旨在将有机 PLA 材料与无机纳米 Ca（OH）$_2$ 复配，并且通过测试材料的黏度、稳定性和涂膜的透明性、可去除性等基本性能，耐酸碱、耐可溶盐和耐紫外线等耐久性，以期选出最佳的复配比例组合。

二、PLA 的制备

（一）PLA 的合成步骤

首先如图 8-1 所示，安装好实验装置，然后打开氮气阀向三口瓶中通氮气约 5min，之后取下冷凝管、温度计和氮气管等装置，取出三口烧瓶往里依次加入称量好的丙交酯单体（白色晶体），引发剂 1，4- 丁二醇和催化剂辛酸亚锡，加完药品后，再次固定好实验装置，继续向三口瓶通氮气（持续向三口瓶内通氮气，直到反应结束）并打开冷却水，设定反应温度，开始加热，快速搅拌。当达到指定温度时，开始记录时间，此时为反应初始时间。开始时三口瓶中还是白色的晶体，随着温度升高，逐渐变成透明液体。到达反应指定时间后，关闭电源，将产物自然冷却到 60℃左右，加入一定量的二氯甲烷溶液，搅拌使产物溶解，如果产物不能完全溶解，可借助超声波使其完全溶解。随后用布氏漏斗抽滤，以去除杂质，收集滤液并向滤液中加入一定量正己烷，静置一段时间后，有沉淀析出，得到乳白色黏稠状聚丙交酯。将产物放到洁净干燥的

① G. Giuntoli, M. Frediani, A. Pedna, L. Rosi, P. Frediani, New perspectives for the application of PLA in cultural heritage, in: Polylactic Acid: Synthesis, Properties and Applications[M]. Nova Science Publisher, New York, 2012, 161-189.

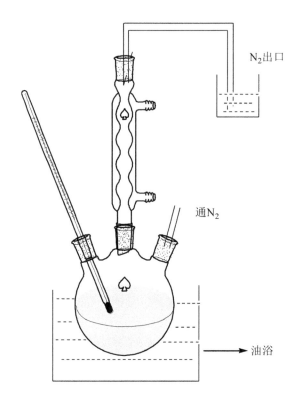

图 8-1　端羟基聚丙交酯（PLA-OH）的合成装置

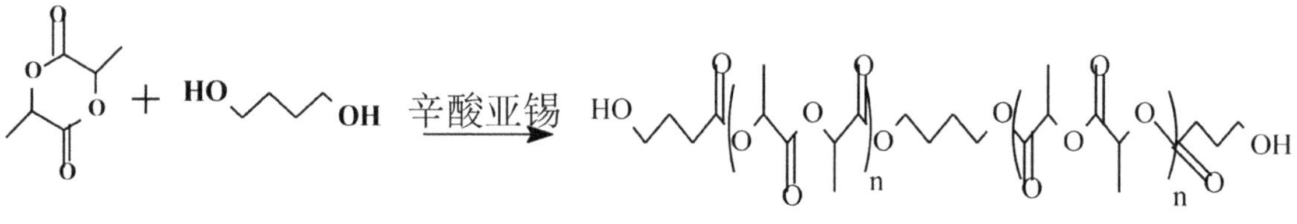

图 8-2　PLA-OH 合成反应式

玻璃皿上，放入真空干燥箱中干燥 24h 后冷却，进行表征或待用。

（二）PLA 的表征

使用 1HNMR 对上文中制备的产物进行表征分析。

仪器：BRUKER 公司的 AVANCE Ⅲ 400MHz NMR 波谱仪，样品在常温下用氘代氯仿溶解配置成 2%-3% 溶液，以 TMS 为零定标，室温下测试。采用 5mm 探头，1H 谱：工作频率为 400.13 MHz，谱宽为 16，预扫延迟为 6.50μs，脉冲宽度为 7.15μs，

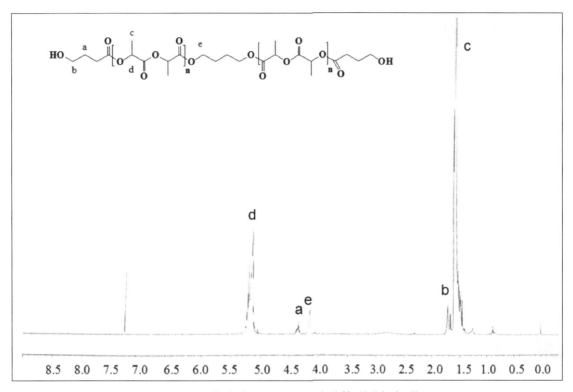

图 8-3　合成端羟基聚丙交酯的核磁共振氢谱

脉冲功率为 -1dB。

图 8-3 是合成产物 PLA-OH 的氢核磁共振氢谱，从图上可见端羟基聚丙交酯中不同位置氢所对应的化学位移特征峰。不同位置的氢对应图上不同的位置，a 位置对应连接两个亚甲基的 -CH$_2$- 特征峰，b 位置对应一端连接亚甲基的 -CH$_2$OH 的羟基共振峰，c 位置对应连接叔炭的 -CH$_3$ 峰，d 位置对应叔炭上的特征峰，最后 e 位置对应一端连接亚甲基一端连接 -OCO- 的仲炭上的特征峰，表明合成了 PLA-OH。

三、PLA 改性及基本性能测试分析

PLA 涂层的附着力较差。本文选择在 PLA 材料中加入纳米 Ca（OH）$_2$，一方面 Ca（OH）$_2$ 与空气中的 CO$_2$ 反应生成 CaCO$_3$，起到一定的加固作用，同时提高 PLA 保护材料在大理石表面的附着力；另一方面大理石的主要成分是 CaMg（CO$_3$）$_2$、CaCO$_3$，加入纳米 Ca（OH）$_2$ 后不会引入新的元素，且纳米 Ca（OH）$_2$ 与大理石具有良好的相容性。不选择纳米 SiO$_2$ 与 PLA 材料复配的原因主要有两点，一纳米 SiO$_2$ 高表面自由能和高

表面粗糙度会增加保护材料本身的疏水性，进一步激发有机封护剂与无机石材之间的亲疏水矛盾；二大理石的主要成分 $CaMg(CO_3)_2$、$CaCO_3$，而纳米 SiO_2 有良好的渗透性，经多次修复后可能会对表层石材的成分产生影响。[1][2]

将实验室制备的 PLA 与二氯甲烷溶剂按 100mg：5mL 的比例配制，取等量 PLA 溶液于四个小烧杯中，分别加入 3%、5%、10% 和 15% 的纳米 $Ca(OH)_2$（以 3% PLA+$Ca(OH)_2$ 为例，表示 $Ca(OH)$：PLA：溶剂等于 3mg：100mg：5mL），封口，在 KQ-100DE 超声波清洗器中超声 30min，使纳米粒子在溶液中均匀分散。

（一）粒度

使用 Winner2000E 微纳激光粒度仪分析上述配制好的 PLA+$Ca(OH)_2$ 溶液粒度大小，每次分析取 1mL 左右，分散液用去离子水，测试结果如下。

表 8-1　不同浓度 PLA+$Ca(OH)_2$ 封护材料的粒度大小

材料	PLA	PLA+3% $Ca(OH)_2$	PLA+5% $Ca(OH)_2$	PLA+10% $Ca(OH)_2$	PLA+15% $Ca(OH)_2$
粒度／微米	1.956	8.950	4.166	2.149	8.577

由上表可知，未添加纳米氢氧化钙的 PLA 原溶液的粒度最小，PLA+$Ca(OH)_2$ 材料的粒度随纳米氢氧化钙含量的增加，呈先减小后增大的趋势。当氢氧化钙含量为 10% 时，其粒度最小，微高于 PLA 原溶液的粒度。

（二）黏度

使用涂 4 杯测定已制备的 PLA 及 4 种 PLA+$Ca(OH)_2$ 溶液的黏度，涂 4 杯适用于黏度在 150s 以下的涂料产品，按照标准 GB/T 1725-1993 的步骤测试，记录液体从开始流动到断开的时间 t，所测的时间代表该材料的黏度，再根据下述公式计算涂料的运

---

[1] 肖亚. 石质文物用纳米氢氧化钙粉体制备及其在云冈石窟的应用 [D]. 哈尔滨：哈尔滨工业大学，2012.

[2] 万勇波. 石质文物防风化有机材料的筛选复合和纳米掺杂 [D]. 哈尔滨：哈尔滨工业大学，2011.

动黏度，测试结果详见表8-2。

$$t=0.154v+11（t＜23s）（9）$$

式中 t——流动时间，s；

　　　v——运动黏度值，mm^2/s

动力黏度与运动黏度的换算：

$$\eta = \nu \cdot P （10）$$

式中　η——试样动力黏度，mPa.s

　　　ν——试样运动黏度，mm^2/s

　　P——与测量运动黏度相同温度下试样的密度（g/cm^3）

表8-2　不同浓度PLA+Ca（OH）$_2$封护材料的黏度

编号	成分	t/s	v/ $mm^2 \cdot s^{-1}$	ρ/（$g \cdot cm^3$）$^{-1}$	η/mPa.s^{-1}
1	PLA	13.10	13.636	1.185	16.159
2	PLA+3% Ca（OH）$_2$	13.25	14.610	1.185	17.313
3	PLA+5% Ca（OH）$_2$	13.55	16.558	1.186	19.638
4	PLA+10% Ca（OH）$_2$	14.35	21.753	1.187	25.821
5	PLA+15% Ca（OH）$_2$	14.65	22.727	1.188	27.000

　　石质文物保护材料的黏度应在合理范围内，对封护剂而言，材料的黏度过大，会导致材料凝聚，不能够在文物表面均匀铺展，而黏度过低则会导致材料渗透到封护层以下使材料起不到表面封护的作用；对加固剂而言，材料的黏度过大，会导致材料凝聚，不易渗透到文物的加固层，材料的黏度越小，越容易短时间内流入粗糙面上的微孔内，扩大加固深度，但加固材料的黏度过低会导致材料起不到加固的作用。[①] 如上表

① 赵强. 石质文物氟硅类封护材料试验研究［D］. 南京：南京航空航天大学，2007.

所示，随着纳米氢氧化钙含量的增加，封护剂的黏度也呈上升趋势，但目前针对石质文物封护材料的黏度指标尚未有统一的标准，所以参照其他筛选指标从中选择一种合适黏度的复配材料。

（三）稳定性

将超声波分散后的 5 组小烧杯放在水平桌面上，静置 30min 后，观察溶液有无分层或纳米颗粒沉积的现象。在规定时间拍照记录 5 组小烧杯内纳米氢氧化钙在溶液中

a.PLA+C0   b.PLA+C3

c.PLA+C5   d.PLA+C10   e.PLA+C15

图 8-4　不同浓度 PLA+Ca（OH）$_2$ 封护剂的稳定性

的分散状况，测试结果如下。

如上图所示，图 8-4a 为 PLA 原液，没有添加纳米颗粒呈现澄清状态；图 8-4b ~ e 四张图分别指添加不同量纳米 Ca（OH）$_2$ 的 PLA 溶液（PLA+C3 表示 PLA+3% Ca（OH）$_2$ 的缩写，以此类推），从上图中可以清晰地看出，溶液同样呈澄清状态，既无分层现象也没有出现纳米颗粒沉积现象，说明纳米氢氧化钙均匀地分散在 PLA 溶液中，在一定的时间内不会出现沉积现象，具有良好的储存稳定性。

（四）透明性

石质文物表面封护材料的基本要求之一是不影响石质文物的外观，修旧如旧。所以封护材料的透明性也是一项筛选指标，若材料的透明性太差，会影响石质文物的原貌，不符合文物保护的要求。使用 UV-1100 型紫外—可见分光光度计测试复合封护剂对可见光的透射率，评价涂膜的透明程度。将经不同质量分数纳米 Ca（OH）$_2$ 改性的 PLA 溶液和未改性的 Ca（OH）$_2$ 溶液涂在石英玻璃上固化，然后进行可见光的透过率测试，具体结果如下。同时观察这 5 组封护材料在马口铁片上涂覆后的照片。

表 8-3　不同浓度 PLA+Ca（OH）$_2$ 封护剂的透明性

编号	成分	波长 / 纳米	透光率 /%
1	PLA	400	98.37
2	PLA+3% Ca（OH）$_2$	400	86.75
3	PLA+5% Ca（OH）$_2$	400	95.11
4	PLA+10% Ca（OH）$_2$	400	94.97
5	PLA+15% Ca（OH）$_2$	400	98.37

大气中的可见光波长在 380 纳米 ~ 780 纳米之间，选择 400 纳米波长测试 PLA+Ca（OH）$_2$ 封护剂对可见光的透过率，检验其透明性。如表 8-3 所示，未添加纳米氢氧化钙的 PLA 涂层具有非常好的透明性，添加纳米 Ca（OH）$_2$ 之后，涂膜对可见光的透光率＞85%。根据文献[1] 可得，涂层透光率在 70% 以上，则具有较好的透光率，不会改

---

① 刘强. 基于生物矿化的石质文物仿生保护［D］. 杭州：浙江大学，2007.

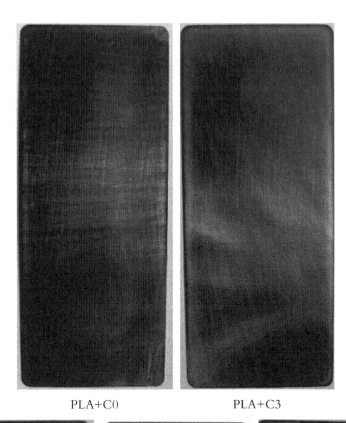

PLA+C0 PLA+C3

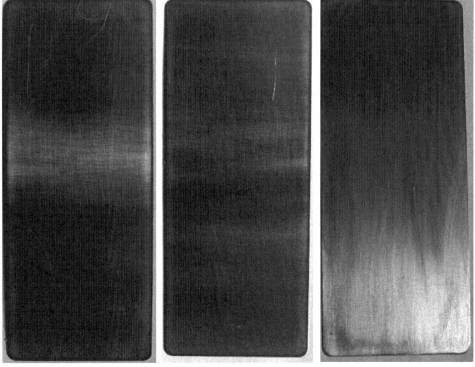

PLA+C5 PLA+C10 PLA+C15

图 8-5　PLA+Ca（OH）$_2$涂料在马口铁片上的透明性实验结果

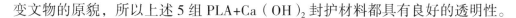

变文物的原貌，所以上述 5 组 PLA+Ca（OH）₂ 封护材料都具有良好的透明性。

图 8-5 中自左向右依次表示为纳米氢氧化钙含量 0%、3%、5%、10% 和 15% 的 PLA 封护剂涂层在马口铁片上的照片。从图 8-5 中可以观察到 PLA+Ca（OH）₂ 封护涂层基本呈透明状态，能够清楚地看到马口铁片基材，且肉眼看不出有明显的外观变化。与透光率测试结果相互印证，说明 PLA+Ca（OH）₂ 封护剂固化后呈透明状态，不会影响石质文物本身的外观外貌。

（五）涂敷性能及可去除性

《世界文化遗产公约实施指南》有一项保护可逆性原则，要求一切保护材料及保护措施都应当是可逆的。《中国文物古迹保护准则》同样对文物修复过程可逆性提出了要求。[①] 具体可理解为修复后的文物一旦需要更换修复材料或不需要原修复材料时，可简单或设法除去，并使文物能恢复到修复处理前的状态，以便为将来使用更先进的保护技术和更好的材料留下足够的空间，所以封护材料的可去除性是评价材料应用性的一项重要指标。使用 Anyty V500IR/UV 便携式数码显微镜，放大 200 倍，观察并记录封护剂涂层清洗前后照片。

图 8-6 至图 8-10 表示用 PLA+Ca（OH）₂ 封护剂清洗前后的显微照片，使用二氯甲烷作清洗剂，在完成附着力实验后的马口铁片上进行清洗实验，以便清晰地观察涂膜破坏界限，为可去除性实验提供对照。以图 8-6 为例，左图表示清洗前，上部分区域涂膜完整，下部分因附着力画圈实验涂层被破坏，使用蘸有二氯甲烷的棉球轻轻擦拭，重复 3 次，待清洗剂挥发后继续观察，右图表示清洗后微观形貌，可以看出左图中的涂层分界线已消失不见，上部分区域露出一些马口铁片本身的划痕，说明 PLA+Ca（OH）₂ 封护剂已基本被清洗干净，同时也说明此封护剂的可去除性好，可以满足文物保护领域对过程可逆性的要求。

此次封护剂的封护方式均使用毛刷涂刷的方式。从图 8-6 和图 8-10 可以看出，PLA +Ca（OH）₂ 封护剂涂层完整、致密，没有毛刷留下的涂刷痕迹，且封护剂在涂刷过程中可以快速铺展。所以 PLA+Ca（OH）₂ 封护剂的涂覆性能好。

---

① 吕舟.《中国文物古迹保护准则》的修订与中国文化遗产保护的发展［J］. 中国文化遗产，2015,（02）：4-24.

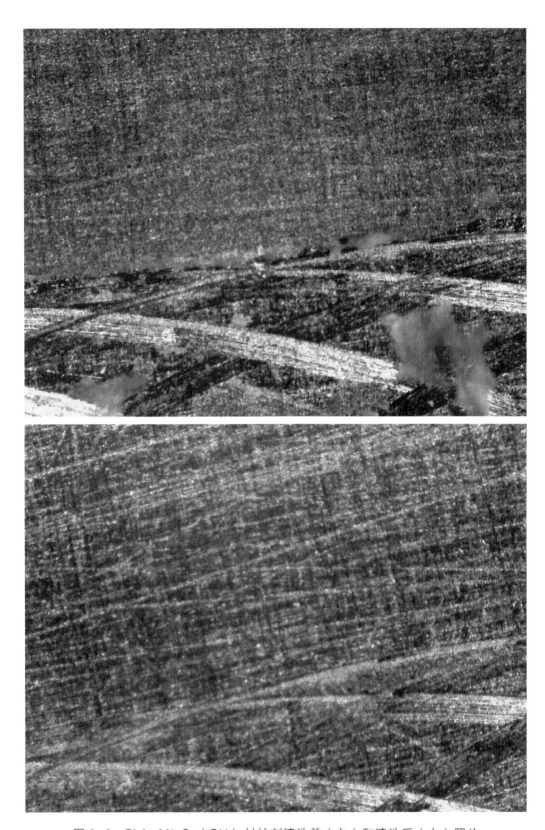

图 8-6　PLA+0% Ca（OH）$_2$ 封护剂清洗前（左）和清洗后（右）照片

图 8-7　PLA+3% Ca（OH）$_2$ 封护剂清洗前（左）和清洗后（右）照片

图 8-8　PLA+5% Ca（OH）$_2$ 封护剂清洗前（左）和清洗后（右）照片

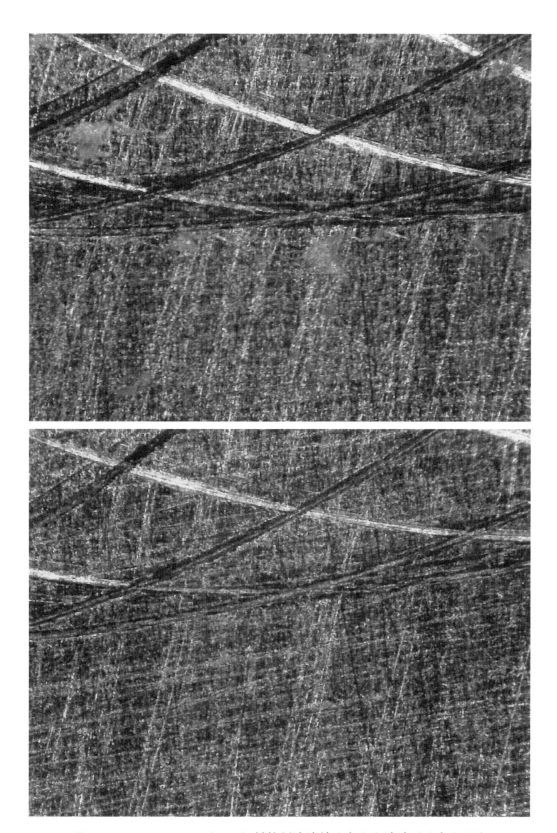

图 8-9　PLA+10% Ca（OH）$_2$ 封护剂清洗前（左）和清洗后（右）照片

图 8-10　PLA+15% Ca（OH）$_2$ 封护剂清洗前（左）和清洗后（右）照片

（六）抗紫外线性能

用于石质文物表面的封护材料应具有无色、透明等特点，而大量石质文物在露天环境下保存和展示，受到长时间太阳光照射，太阳光中的紫外线具有破坏作用，尤其对有机高分子封护膜具有降解作用，从而使封护膜失去对石质文物的保护作用，因此封护材料的耐紫外光老化性能也是一项重要的考查指标。将 5 组封护剂封护好的青白石试样放入 UV40 荧光紫外老化试验箱中持续照射，300h 后取出试样进行测试。使用 JZ-300 通用色差计和 XGP 便携式镜向光泽度计测试老化前后试样表面的色差和光泽度，色差值与视觉效果之间的关系，漆膜光泽度分级详见前文。

表 8-4　紫外光照射前（0h）后（300h）样品色差和光泽度变化

编号	成分	ΔE 色差值		封护前光泽度 φs/Gu	封护后光泽度 φs/Gu	
		0h	300h		0h	300h
1	PLA	0.63	1.26	1.9	2.1	1.8
2	PLA+3% Ca（OH）$_2$	2.64	2.80	1.9	2.6	1.7
3	PLA+5% Ca（OH）$_2$	3.07	2.30	1.9	2.2	1.8
4	PLA+10% Ca（OH）$_2$	2.96	1.34	1.9	2.2	1.8
5	PLA+15% Ca（OH）$_2$	2.89	1.72	1.9	2.1	1.8

表 8-4 为 5 组试样紫外光照射 300h 前后其色差和光泽度变化，其中 ΔE 色差值计算方法详见前文。由上表可以看出，紫外光老化试验之前，经 PLA 封护剂处理的试样颜色变化等级"轻微"，经添加纳米氢氧化钙的 PLA+Ca（OH）$_2$ 复配封护剂处理后的试样颜色变化"明显"，而紫外光照射 300h 后，PLA、PLA+10% Ca（OH）$_2$ 和 PLA+15% Ca（OH）$_2$ 封护试样颜色变化"轻微"，PLA+3% Ca（OH）$_2$ 和 PLA+5% Ca（OH）$_2$ 颜色变化"明显"。封护前 5 组试样光泽度都是 1.9Gu，略大于 1.86，介于无光、亚光之间；封护完成后，5 组试样表面光泽度均升高，介于无光、亚光之间。紫外老化 300h 后，均处于无光状态。综上，从表面色差和光泽度两方面考虑，实验过程中试样表面光泽度变化较小；经 PLA+Ca（OH）$_2$ 封护剂涂刷后或紫外老化后的试样表面 ΔE 色差值基

图 8-11　PLA+0% Ca（OH）₂ 封护剂涂前（左）、涂后（中）和紫外光照射 300h（右）照片

图 8-12　PLA+3% Ca（OH）₂ 封护剂涂前（左）、涂后（中）和紫外光照射 300h（右）照片

图 8-13　PLA+5% Ca（OH）$_2$ 封护剂涂前（左）、涂后（中）和紫外光照射 300h（右）照片

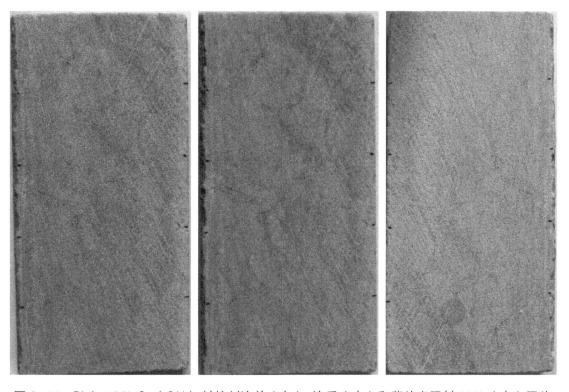

图 8-14　PLA+10% Ca（OH）$_2$ 封护剂涂前（左）、涂后（中）和紫外光照射 300h（右）照片

图 8-15　PLA+15% Ca（OH）₂ 封护剂涂前（左）、涂后（中）和紫外光照射 300h（右）照片

本＜3，没有改变文物的原貌。①

由图 8-11 至图 8-15 可见，紫外老化 300h 后，试样表面没有黄变或涂层起翘、破坏、脱落等现象；以图 8-11 为例，图中三张照片自左向右依次表示试样封护前、封护后和紫外光老化 300h 后，将封护后和紫外老化 300h 后试样照片与封护前试样照片对比，并无明显肉眼可视变化。同理观察图 8-12 至图 8-15，均无明显肉眼可见变化。综上，结合紫外老化前后试样表面色差、光泽度和宏观照片，可得 PLA+Ca（OH）₂ 系列封护剂都具有良好的耐紫外性能。

（七）小结

本章介绍了 PLA 封护剂的制备及表征，对 PLA 封护剂的纳米改性进行主要剖析，并对经纳米 Ca（OH）₂ 改性后的 PLA+Ca（OH）₂ 复配封护剂的粒度、黏度、稳定性、

---

① Y. Ocak, A. Sofuoglu, F. Tihminlioglu, H. Böke, Protection of marble surfaces by using biodegradable polymers as coating agent, Progress in Organic Coatings［J］, 66（2009）213-220.

透明性、涂敷性能和可去除性等基本性能及抗紫外线耐久性进行了测试。结果表明不同浓度的 PLA+Ca（OH）$_2$ 封护剂都具有良好的稳定性和透明性，可以均匀涂刷在基材上并通过二氯甲烷等溶剂快速去除，同时还具有良好的耐紫外线性能。综上所述，经纳米 Ca（OH）$_2$ 改性的 PLA+Ca（OH）$_2$ 封护剂符合石质文物对封护剂的基本性能要求，具体测试结果见表 8-5。

表 8-5　PLA+Ca（OH）$_2$ 复合封护剂的基本性能测试结果

编号	成分	粒度 /微米	黏度 /mm^2·s^{-1}	稳定性	透明性	涂敷性能	可去除性	抗紫外线性能
1	PLA	1.956	13.636	储存稳定性好，长时间静置后溶液均匀透明，无分层现象	透明	涂敷性能好，五种不同比例 的 PLA-Ca（OH）$_2$ 材料都能够均匀地涂覆在马口铁片和大理石基材上，没有明显的涂刷痕迹	可去除性好	结合紫外老化前后试样表面色差、光泽度和宏观照片，可 得 PLA+Ca（OH）$_2$ 系列封护剂都具有良好的耐紫外性能
2	PLA+3% Ca（OH）$_2$	8.950	14.610		透明			
3	PLA+5% Ca（OH）$_2$	4.166	16.558		透明			
4	PLA+10% Ca（OH）$_2$	2.149	21.753		透明			
5	PLA+15% Ca（OH）$_2$	8.577	25.649		透明			

第九章 保护材料封护、加固机理初步探究

将前文一系列指标筛选实验中，筛选出的综合性能相对较好的 PLA 封护材料和古建保护剂、TEOS 加固材料，再加上前文中改性的 PLA+Ca（OH）$_2$ 封护材料，对这四种保护材料的封护效果或加固效果进行评价，同时对其封护或加固机理进行探究。

一、保护材料加固机理研究

（一）实验仪器型号

SEM-EDS：日立公司 Hitachi S-3600N 型扫描电子显微镜，Genesis 2000XMS 型能谱仪；

拉曼光谱仪（RS）：法国 JY 公司制造的 HORIBA 型拉曼光谱仪，及 Olympus BX-41 显微镜进行观测，显微镜的放大倍数为 50 倍。激光器波长 532 纳米、638 纳米和 785 纳米。

（二）引言

古建保护剂主要成分为水玻璃，水玻璃是碱金属钠或钾的硅酸盐，其化学式为 Me$_2$O·nSiO$_2$，式中 Me 代表碱金属，n 则一般称为水玻璃的模数。作为一种气硬性材料，水玻璃在空气中能与二氧化碳反应生成硅胶，也可与土壤中的钙、镁离子等反应生成相应的硅酸盐，产生加固、胶结作用。水玻璃类硅酸盐材料广泛用于建筑工程中的地基灌浆加固，在用于文物保护时，一般要对水玻璃进行一些改性，以提高其适用性，如李最雄等就采用 PS（模数为 3.8 ~ 4.0 的硅酸钾）作为土遗址的加固保护材料。

PS 已经在西北地区得到推广使用。加固材料与粘土的相互作用是一种复杂的物理—化学胶结作用，其可能的胶结加固机理如下。[1][2][3]

PS 与混合的固化剂之间，产生特殊的化学反应（胶化反应），可用化学反应式表示：

$$K_2O \cdot nSiO_2 + CaSiF_6 + H_2O \rightarrow nSiO_2 + Ca(OH)_2 + K_2SiF_6$$

即用 PS 加固时，出现析出硅胶的现象。同时，用 $CaSiF_6$ 做固化剂时，有化学性质非常稳定的 CaF_2 和 SiO_2 生成，这样大大增强了交联骨架的稳定性。在碱性环境中，土体中的活性 SiO_2 和活性 Al_2O_3 与上述反应中生成的结合，渐渐形成以硅酸钙和铝酸钙为主的稳定化合物。硅酸钙和铝酸钙都具有良好的胶凝作用，由于其结构比较致密，水分不易浸入，使得加固处理后的土遗址具有足够的水稳定性。

严邵军等[4]人通过加固过程波速变化及加固前后岩石微观结构变化研究了 PS 对克孜尔山岩的加固效果，结果表明随着 PS 溶液逐渐凝固，波速升高，PS 在砂岩颗粒与颗粒之间起着胶结作用，增强了砂岩的抗压强度。

TEOS 加固材料中的硅酸酯类材料分子量较低，渗透能力好，在文物保护领域应用广泛。用正硅酸乙酯加固材料处理石质文物时，硅氧烷链的一端通过羟基—烷氧基或羟基—羟基反应与无机物颗粒的表面相连，另一端与邻近的无机物颗粒相连，通过烷氧基的水解，相邻颗粒间以硅氧烷链联结在一起使脆弱、松散的石头得以加固和增强。正硅酸乙酯不仅能与石材表面的羟基发生反应产生增强、加固效果，而且能对石质文物中的孔隙适度填充[5]。

---

① 杨富巍. 无机胶凝材料在不可移动文物保护中的应用［M］. 2011：22–31.

② 吴朱敏. 改性水玻璃固化黄土研究［D］. 兰州：兰州大学，2013.

③ 张金风，闫晗，佘希寿等. 硅酸钾和正硅酸乙酯在土遗址加固中作用的研究［J］. 湖北工业大学学报，2011，（05）：15–18.

④ 严绍军，叶梦杰，陈鸿亮等. PS对克孜尔砂岩的加固效果研究［J］. 长江科学院院报，2015,（12）：55–59.

⑤ 刘斌. 石质文物保护用有机硅材料的制备及应用研究［D］. 兰州：兰州理工大学，2011.

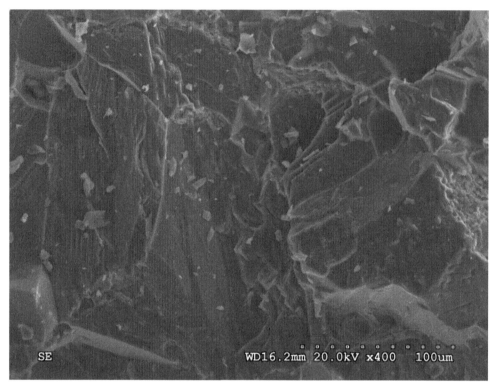

图 9-1　新鲜青白石微观形貌照片（400×）

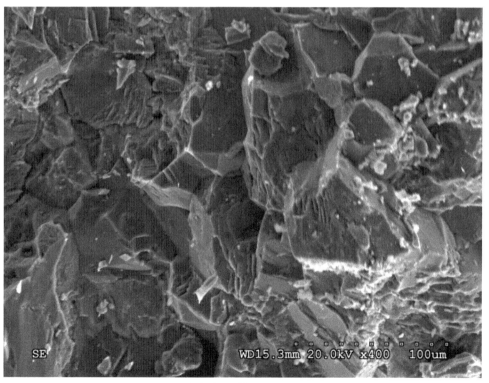

图 9-2　风化青白石微观形貌照片（400×）

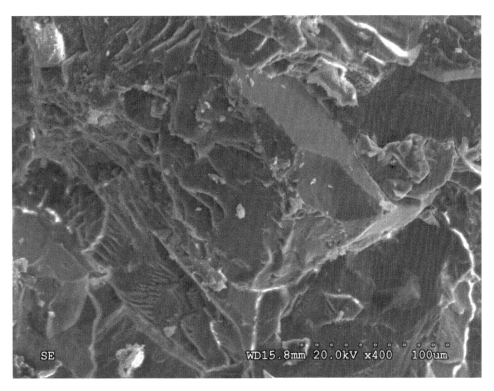

图 9-3　古建保护剂加固青白石微观形貌图（400×）

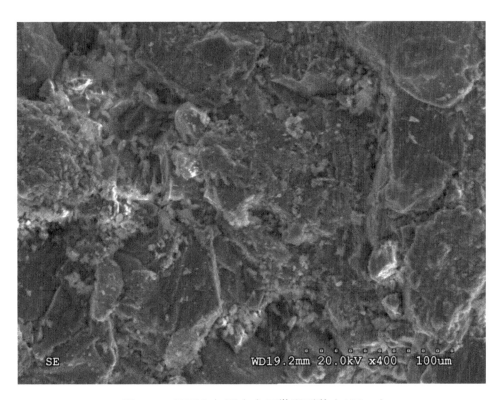

图 9-4　TEOS 加固青白石微观形貌（400×）

（三）SEM-EDS 分析 [①]

图 9-1 至图 9-4 分别表示新鲜青白石、风化青白石、古建保护剂加固后青白石和 TEOS 加固后青白石试样的扫描电镜微观形貌照片，从图 9-3 可以看出，古建保护剂加固后的岩石颗粒间连接增强，并在一定程度上在颗粒表面成膜，表面趋于平滑。加固后的青白石断面与风化青白石相比，细小分散的小颗粒数量减少，颗粒间的黏结明显增加，胶结物质增多，胶结物质在砂岩颗粒表面形成片状或网状结构，增强岩石颗粒间的连接。因此认为古建保护剂加固过程对青白石的微观结构改变不大，只是增强了颗粒间的连接，并在一定程度上在颗粒表面有加固材料形成的膜，颗粒表面趋向于光滑，且部分孔隙被填充，形成一种致密的网状结构，使其密实度发生变化。观察图 9-4，测试位置为 TEOS 加固后试样的断面，从图中可以明显看出青白石颗粒表面覆盖着一层胶黏物质，岩石颗粒的棱角变得圆润而新鲜岩石和风化后青白石颗粒都比较锋利。岩石颗粒表面新增许多细小颗粒状物质，孔隙数量和孔隙尺寸有所减小。

表 9-1　新鲜、风化及加固后青白石元素含量对比

名称	含量 /Wt%						
	C	O	Mg	Si	Ca	Al	K
新鲜青白石	15.67	32.79	16.94	0.11	34.48	–	
风化青白石	17.02	32.90	17.26	0.27	32.56	–	
古建保护剂加固（断面）	21.20	36.26	14.74	0.69	26.43	0.22	0.40
TEOS 加固（断面）	21.14	34.02	15.57	1.08	27.36	0.50	0.18

古建保护剂的主要成分是水玻璃即硅酸钾（K_2SiO_3），TEOS（正硅酸乙酯）的化学式为 $Si(OC_2H_5)_4$。从上表可得，经古建保护剂或 TEOS 加固后的试样 Si 元素含量上升，说明加固剂已渗入到试样内部。

---

① 孙秀娟. 石质文物加固材料性能及其加固机理研究［D］. 兰州：兰州理工大学，2013.

（四）拉曼光谱分析

图 9-5 和图 9-6 分别表示经古建保护剂和 TEOS 加固后对应试样的拉曼谱图，由文献[1]可得 1374cm^{-1} 位置表示 –O–Si–O– 的谱峰，1102cm^{-1} 和 303cm^{-1} 表示 CaMg（CO）$_3$ 的谱峰。而图 9-6 的检测结果与空白试样相同，没有检测到加固剂的存在，可能是 CaMg（CO）$_3$ 的峰太强，将 TEOS 的特征峰值掩盖了。综上，说明经古建保护剂加固后的试样中确实有硅氧键的存在，但未检测出硅酸钾与石材可能的结合产物，而 TEOS 加固试样没检测出加固剂成分，可能古建保护剂及 TEOS 加固剂都是通过次价键力（范德华力和氢键）与石材结合。

（五）小结

综合 SEM-EDS 和拉曼光谱的测试结果可知，未发现古建保护剂和 TEOS 两种加固剂与青白石颗粒的结合产物，故初步认为这两种加固剂的加固机理如下。加固材料通过毛细作用渗透到青白石内部，待稀释剂挥发后在青白石内部固化，填充在颗粒之间或附着在岩石颗粒的表面，形成网状结构，对岩石颗粒起着支撑和固定的作用；岩石颗粒间胶结物质增加，加固材料与无机矿物颗粒紧密结合，使得岩石的孔隙大小和数量明显减少，改善了青白石的密实度。因此，这两种加固材料的加固作用可能是通过增强青白石颗粒间的连接，增加试块的密实度完成的，处于主导地位的作用是以次价键力（范德华力和氢键）的物理吸附作用。

二、保护材料封护机理研究

（一）SEM-EDS 分析

如图 9-7 所示，经 PLA 封护剂封护后的风化青白石表面 a 和断面 b 扫描电镜照片 a 图在 400 倍视野下可看到青白石表面颗粒间有大量的胶黏物质存在，经封护处理

---

[1] 俞淑梅，吕林女. 拉曼光谱用于水化硅酸钙聚合状态的探索性研究［J］. 建材世界，2011,（02）：6-8.

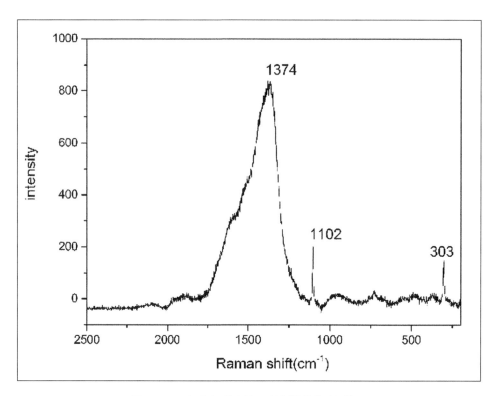

图 9-5　古建保护剂加固试样的拉曼谱图

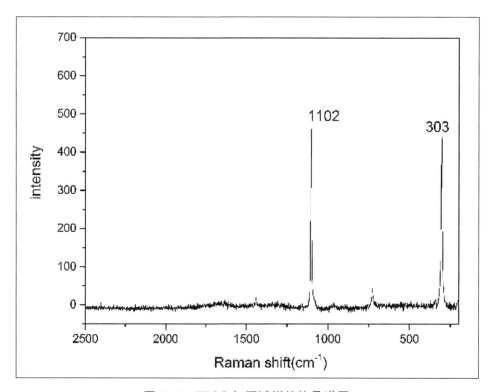

图 9-6　TEOS 加固试样的拉曼谱图

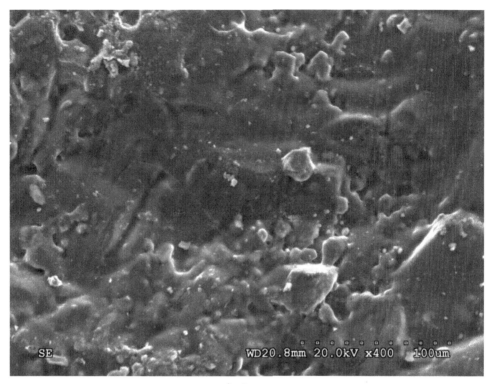

a. 表面 400×

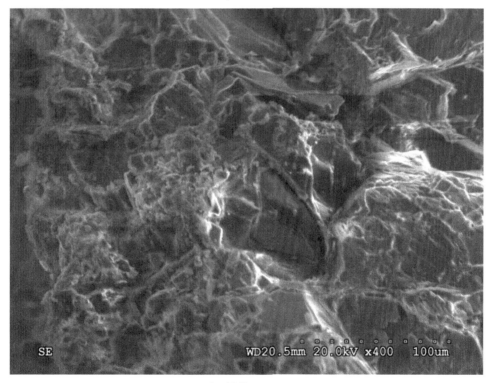

b. 断面 400×

图 9-7　PLA 封护后风化青白石的表面和断面扫描电镜图

后在试样上形成了一层断断续续的树脂膜，使风化试样表面一些即将脱落的小颗粒重新黏结在一起，提高了试样表面抗风化能力。但由于它的不连续还保留了原先空白试样的孔洞，保证了试样能够使水蒸气得以"呼吸"，有一定的透气性。b 图为尺寸 100mm×50mm×10mm 风化青白石经 PLA 封护后的断面扫描电镜照片，如上图所示，a 图和 b 图差别十分显著，从 b 图中可以清晰地看到青白石的风化痕迹，没有 a 图中明显的胶结物的存在，所以 PLA 封护材料渗透深度较浅，满足对封护材料的要求。

表 9-2　新鲜、风化及 PLA 封护青白石的元素含量对比

名称	含量 /Wt%					
	C	O	Mg	Si	Ca	Al
新鲜青白石	15.67	32.79	16.94	0.11	34.48	—
风化青白石	17.02	32.90	17.26	0.27	32.56	—
PLA 封护（表面）	57.06	26.49	5.01	0.77	10.30	0.36
PLA 封护（断面）	25.22	35.41	15.21	0.12	23.76	0.28

青白石的主要成分是 $CaMg(CO)_3$，如上表所示，风化青白石与新鲜青白石相比，Ca 元素含量略降，C 元素和 Mg 元素含量略升，其他元素含量变化不大。PLA（聚丙交酯）的分子式为 $(C_3H_4O_2)_n$，所以用 PLA 封护试样表面 C 元素含量骤升，Mg 元素和 Ca 元素含量大幅度下降，PLA 试样断面 EDS 分析选取距表面 100 微米处，主要元素含量介于风化青白石空白样与 PLA 试样表面之间，更倾向于风化空白样。上述测试结果与 SEM 照片相互印证，PLA 封护剂作用机理可能是依靠物理黏结力与青白石颗粒黏结在一起。

上图中 c 和 d 分别表示用 $PLA+15\%Ca(OH)_2$ 复合封护材料封护青白石后 SEM 放大 2500 倍和 5000 倍的微观形貌照片，可见纳米氢氧化钙在 PLA 膜中分布均匀，d 图可以看出纳米氢氧化钙颗粒有轻微团聚现象，粒径在 100 纳米～800 纳米之间。

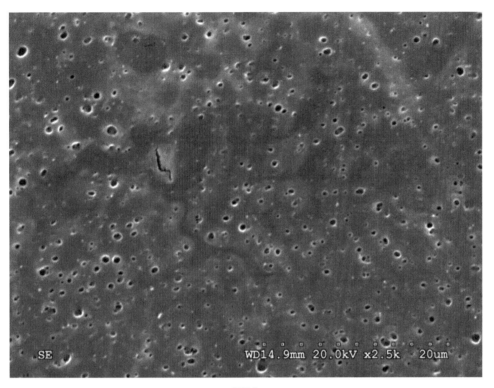

c.2500×

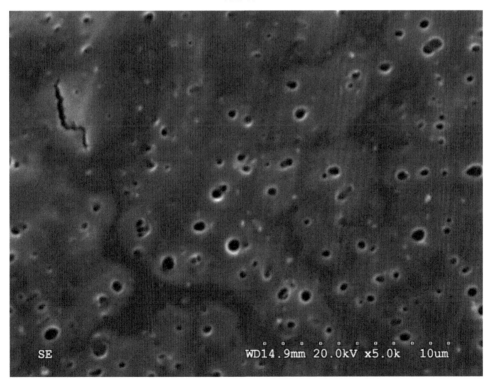

d.5000×

图 9-8 PLA+Ca（OH）$_2$ 封护材料的微观形貌

（二）拉曼光谱分析

图9-9为空白试样的拉曼谱图，经核对1099cm^{-1}和303cm^{-1}位置是CaMg（CO）$_3$的拉曼特征峰，CaMg（CO）$_3$为青白石的主要成分。上图中的PLA和PLA+Ca（OH）$_2$试样分别取自经封护剂封护后的青白石表层，所以在图9-10和图9-11中都检测出了CaMg（CO）$_3$的存在，图9-10中864cm^{-1}是PLA的特征峰，[①] 而PLA+Ca（OH）$_2$试样并未检测到PLA的特征峰，可能是CaMg（CO）$_3$的峰太强，将PLA的特征峰值掩盖了。综上，说明经PLA封护剂封护后的石材表面确实有PLA封护剂的存在，但未检测出PLA与石材可能的结合产物，所以PLA及PLA+Ca（OH）$_2$封护剂可能都是通过次价键力（范德华力和氢键）与石材结合的。

（三）小结

综合上述SEM-EDS和拉曼光谱测试结果，未发现PLA与青白石颗粒发生化学反应的依据，所以初步认为PLA封护材料的封护机理如下。PLA作为一种高分子封护材料应用在石质文物上，主要是由于其在一定浓度下能渗入多孔石质文物中并能形成网状结构。这种网状结构除了本身具有一定的强度外，还起着网络固化的作用。溶剂挥发后封护材料已渗入石质文物的内层，并以薄膜的形成存在，适度聚合后与内表面及矿物粒子之间连接。所以，聚合物除了成膜黏结作用外，还起到填充孔隙、支撑作用，使石质文物得以加固并长期保存。另外封护材料先于水及污物填充于石质文物孔隙中，阻止了水及污物的进入，同时还保留了一定的透气性，且通过封护材料在石质文物表面形成了一层保护层，阻止外界不良因素的风化作用，减缓了石质文物的进一步风化。[②]

---

① 聂凤明，朱锐钿，张鹏等. PLA/PCL共混物的红外光谱和拉曼光谱分析［J］. 合成树脂及塑料，2015，（01）：59-62.

② 朱正柱. 纳米改性石质文物封护材料的研究［D］. 南京：南京航空航天大学，2008.

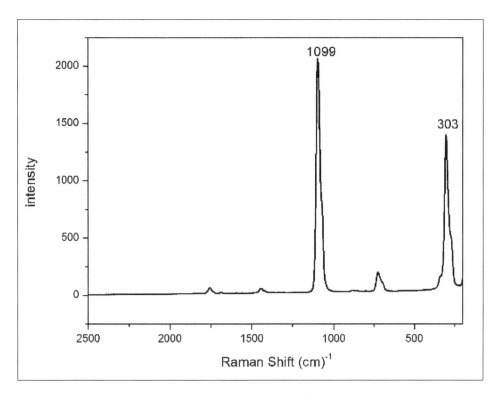

图 9-9　空白试样拉曼谱图

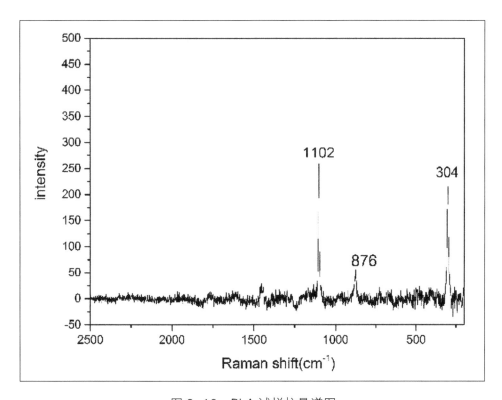

图 9-10　PLA 试样拉曼谱图

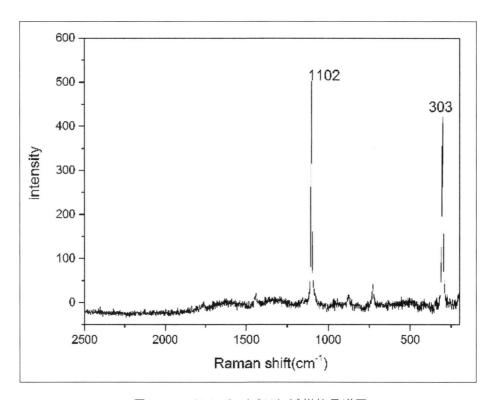

图 9-11　PLA+Ca（OH）₂ 试样拉曼谱图

第十章 石质文物现场示范修复

一、实验内容

（一）现状调查

1. 文物本体材质

表 10-1 文物本体材质表

序号	实验对象	材质
W1-2	托御碑	青白石
W1-3	托御碑	汉白玉
W2-2	托御碑	青白石
W2-4	托御碑	青白石
W2-5	托御碑	青白石
W6-1	托御碑	汉白玉
WJC	经幢	汉白玉

2. 病害类型

根据《石质文物病害分类与图示》（WW/T 0002-2007），石质文物表面风化分成表面粉化剥落、表面泛盐、表层片状剥落、鳞片状起翘与剥落、表面溶蚀、孔洞状风化等六类。在石质文物风化病害描述中除了上述六类病害，还应包括风化病害表层需要处理的病害，如表面生物病害、表面污染与变色等。

（二）保护流程

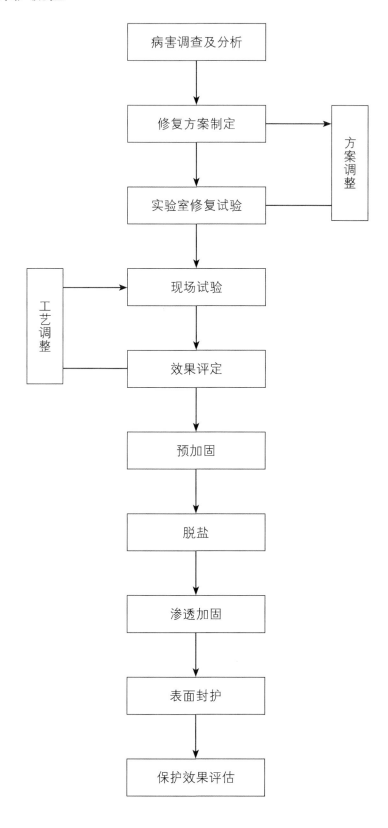

二、实验对象

地点：昌平文物石刻园

图 10-1　石刻园照片

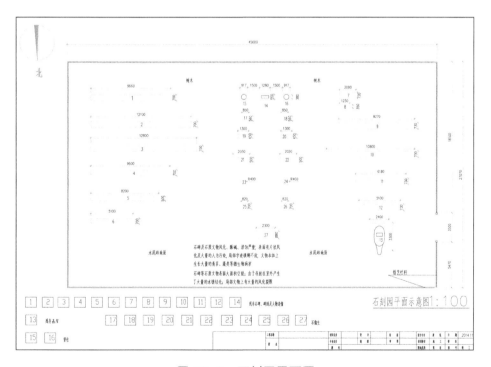

图 10-2　石刻园平面图

石刻园介绍：包含汉白玉、青白石、青砂岩等材质制作的赑屃托御碑、石像生、石五供、经幢等。

实验点选择：青白石、汉白玉材质赑屃托御碑及汉白玉材质经幢。

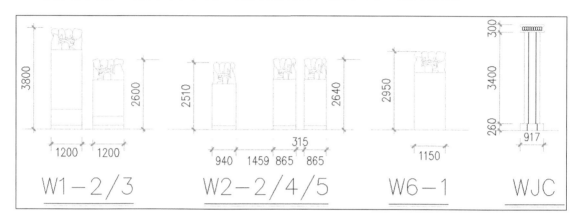

表 10-2　实验工程量表

序号	实验对象	汉白玉 /m²	青白石 /m²	照片
W1-2	托御碑	—	12.77	

序号	实验对象	汉白玉/m²	青白石/m²	照片
W1-3	托御碑	8.74	—	
W2-2	托御碑	—	6.61	

序号	实验对象	汉白玉 /m²	青白石 /m²	照片
W2-4	托御碑	—	6.36	
W2-5	托御碑	—	5.95	

续 表

序号	实验对象	汉白玉 /m²	青白石 /m²	照片
W6-1	托御碑	9.50	—	
WJC	经幢	11.81	—	
合计		30.05	31.68	

423

三、保护修复材料的筛选

根据筛选的保护材料进行现场实验，研究各保护剂的性能和保护效果。具体保护剂如下：

（一）渗透加固材料

A. TEOS

B. 古建保护剂（主要成分为水玻璃）

（二）封护材料

A. RS-96

B. ZL-Z53

C. 改性 PLA

四、保护材料封护机理研究

（一）热成像确定风化范围

随着石质文物风化程度加重，其孔隙率加大、劣化深度加深，石材中的含水率亦增加，与周围石材表面温度分布产生差异较大，通过红外热成像照片颜色深浅（颜色越绿或深，含水率越高，风化程度亦然），来辨别石材风化程度。

表 10-3　红外热成像图片表

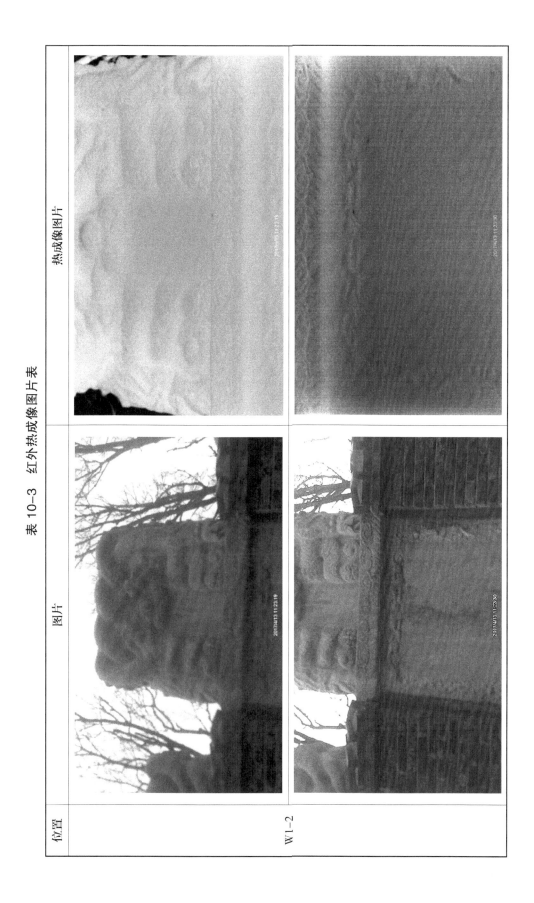

位置	图片	热成像图片
W1-2		

续 表

位置	图片	热成像图片

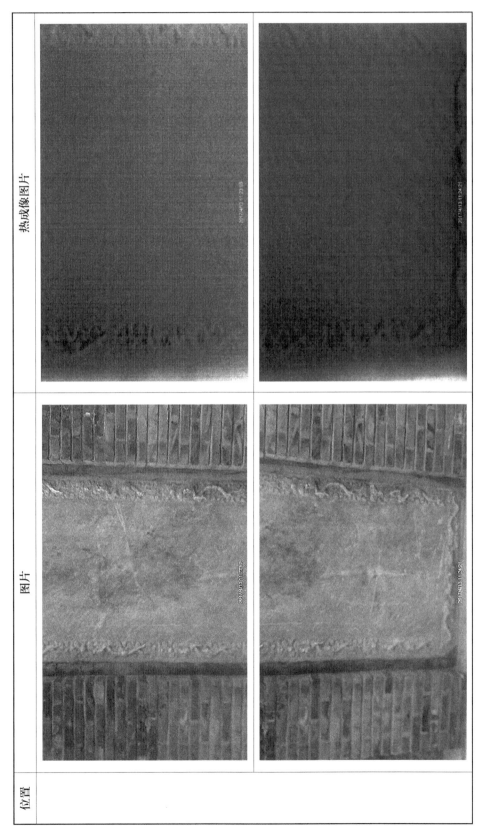

续 表

位置	图片	热成像图片
W1-3	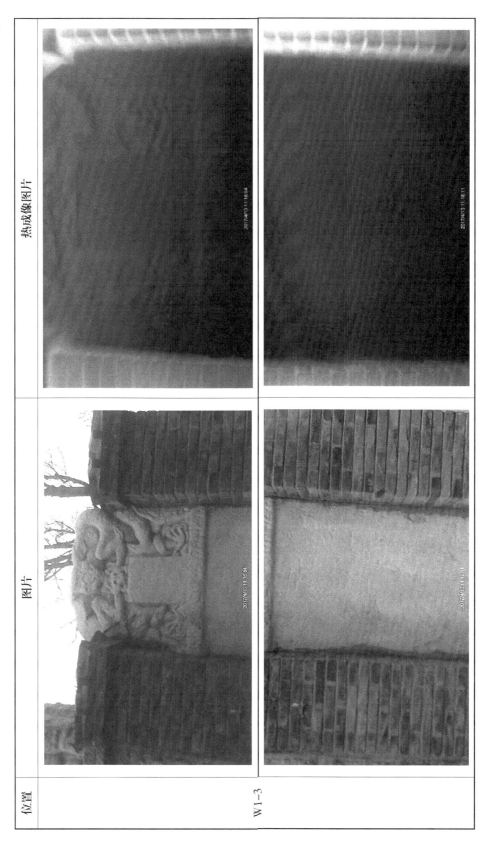	

续 表

位置	图片 	热成像图片
W2-2		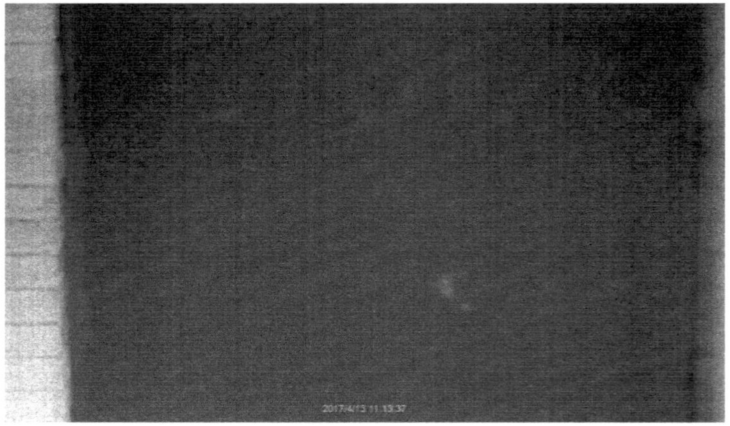

续表

位置	图片	热成像图片

W2—4		

续 表

位置	图片	热成像图片

W6-1		

续　表

位置	图片	热成像图片

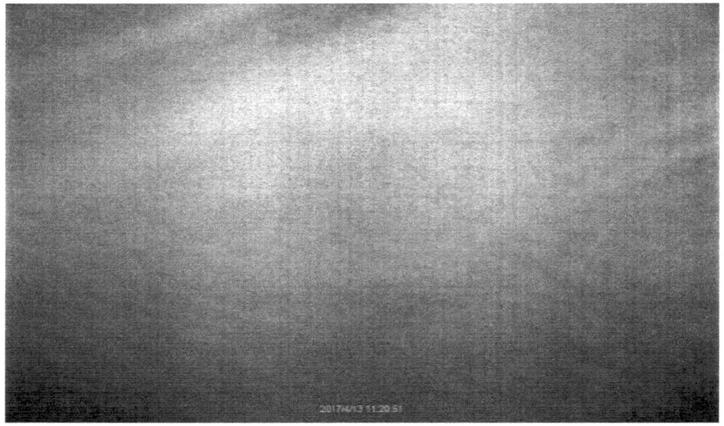

续 表

位置	图片	热成像图片
XJC		

（二）病害勘察

根据《石质文物病害分类与图示》（WW/T 0002-2007），石质文物表面风化分成表面粉化剥落、表面泛盐、表层片状剥落、鳞片状起翘与剥落、表面溶蚀、孔洞状风化等六类。在石质文物风化病害描述中除了上述六类病害，还应包括风化病害表层需要处理的病害，如表面生物病害、表面污染与变色等，具体列表如下。

表 10-4　文物病害统计表

病害部位	表面粉化剥落 cm²	表面泛盐 cm²	表层片状剥落 cm²	鳞片状起翘与剥落 cm²	表面溶蚀 cm²	孔洞状风化 cm²	表面生物病害 cm²	表面污染与变色 cm²
W1–2	—	1.22	—	—	1.56	—	3.46	4.85
W1–3	0.58	2.48	—	—	3.36	0.38	0.56	1.08
W2–2	0.42	2.24	—	—	2.64	—	—	—
W2–4	0.56	2.18	—	—	3.22	—	—	—
W2–5	—	—	—	—	1.14	—	—	3.64
W6–1	1.26	2.84	—	—	2.2	—	—	1.42
WJC	2.66	—	1.68	—	4.64	—	—	0.64
总计	5.48	10.96	1.68	0.00	18.76	0.38	4.02	11.63

（三）取样实验室分析

1. 文物本体

（1）形貌观察

扫描电镜 SEM 是用细聚焦的电子束轰击样品表面，通过电子与样品相互作用产生的二次电子、背散射电子等对样品表面或断口形貌进行观察和分析。对新鲜的石材进行 SEM 扫描观察其形貌特征，现在扫描电镜 SEM 都与能谱（EDS）组合，可以进行成分分析。

在石刻园选三个位置取样，选择样品表面风化层，进行 SEM 扫描，观察表面形貌，并结合 EDS 进行成分分析。

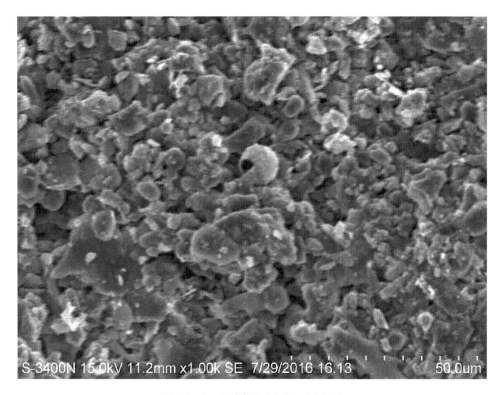

图 10-3　石刻园 C3（×1000）

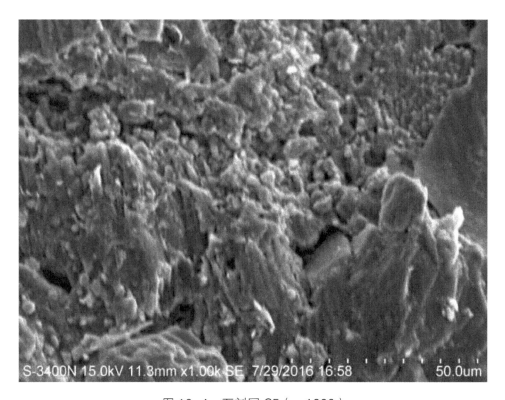

图 10-4　石刻园 C5（×1000）

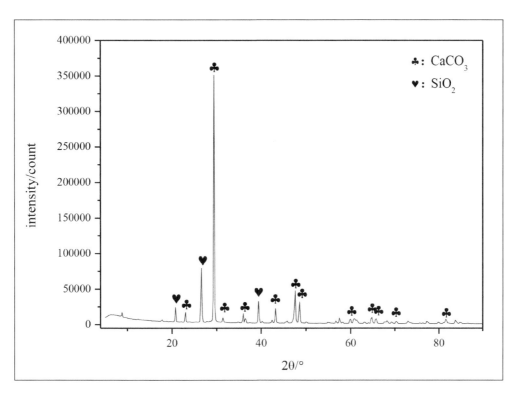

图 10-5　石刻园西侧经幢（汉白玉）C5

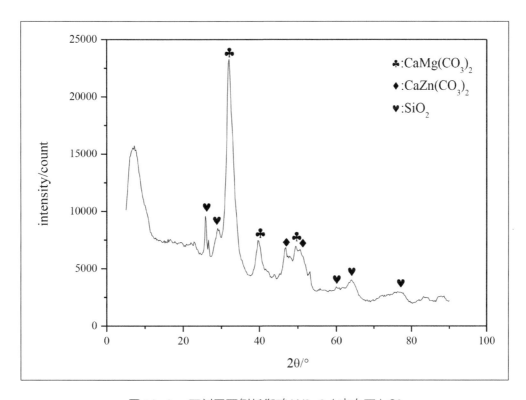

图 10-6　石刻园西侧托御碑 W2-2（青白石）C3

表 10-5 石材样品的 EDS 结果

所属殿座	取样位置	C	O	Mg	Al	Si	K	Ca
石刻园	托御碑 W2-2	17.26	49.48	1.85	7.44	20.71	3.25	
	经幢 WJC	26.10	44.74		5.22	11.63	1.70	10.62

2. X 射线衍射

矿物成分及含量是利用 X- 射线衍射仪进行测试的。通过对材料进行 X 射线衍射，分析其衍射图谱，获得材料的成分、材料内部原子或分子的结构或形态等信息的研究手段。对新鲜样品和风化剥落样品刚玉研钵盆中碾磨，所用的仪器为 2500VB2+PC 射线衍射仪，实验条件：Cu 靶，1°-1°-0.3，0.02°/步长，8°/分钟，40KV，60mA。对新鲜石材和风化后的石材进行 X 射线衍射分析，并获得石材的矿物成分及含量。

表 10-6 北京各地区石材样品中的矿物种类

所属地区	具体位置	矿物种类
石刻园	石刻园西侧经幢	$CaCO_3$、SiO_2
	石刻园西侧托御碑 W2-2	$CaMg(CO_3)_2$、$CaZn(CO_3)_2$、SiO_2

由上表中结果表明构件的主要矿物成分为 $CaMg(CO_3)_2$，以及少量的 $CaZn(CO_3)_2$，确定岩石种类为大理岩类的汉白玉或青白石。

3. 偏光显微镜测试（标红）

采用偏光显微镜对石质构件中的矿物颗粒形貌进行检测，使用型号为：MP41 的偏光显微镜照射北京不同地区所取的汉白玉或青白石，并选取新鲜石材作为对照。

由石材样品的偏光显微镜的照石刻源片来看，作为对比的新鲜石材的颗粒的长度比较大，长度在 100 微米~250 微米范围内，颗粒大小均匀且形状规则，颗粒表面光滑。相比之下，风化石材样品，颗粒大小不均，长度在 50 微米~150 微米之间，形状不规则，并且颗粒表面粗糙。

图 10-7 新鲜石材（汉白玉）×100

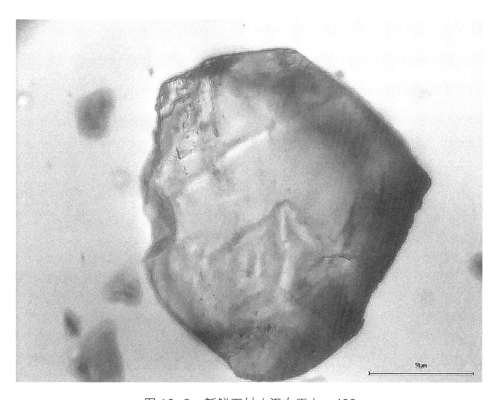

图 10-8 新鲜石材（汉白玉）×400

437

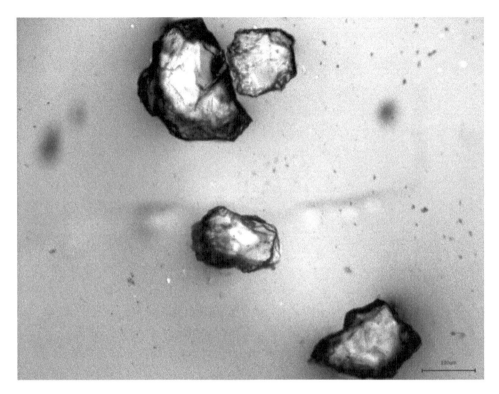

图 10-9　新鲜石材（青白石）×100

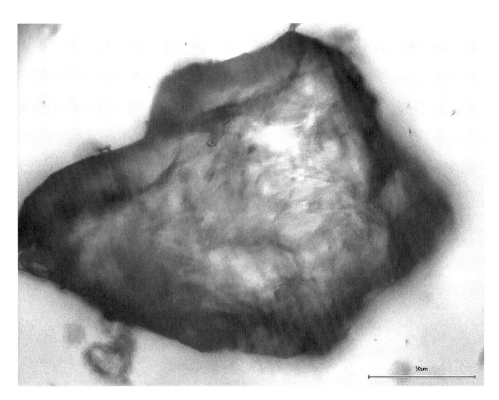

图 10-10　新鲜石材（青白石）×400

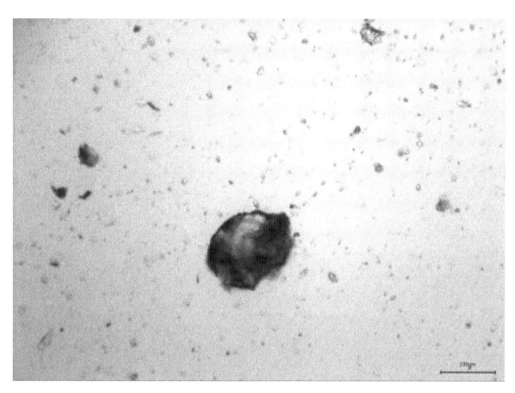

图 10-11　石刻园（青白石）×100

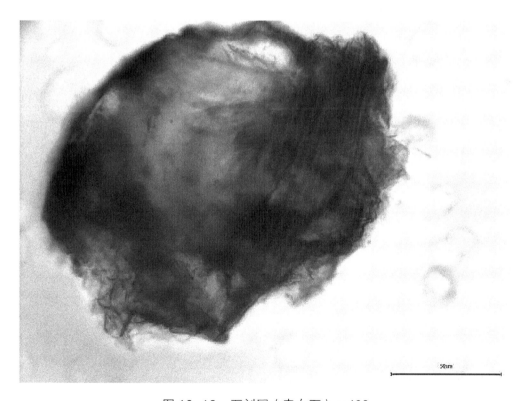

图 10-12　石刻园（青白石）×400

风化产物

12 号样品为粉末状颗粒，无法制作剖面，其颗粒的偏光照片如下：

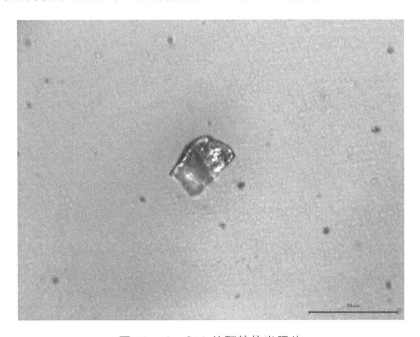

图 10-13　S12 的颗粒偏光照片

样品颗粒呈方形，粒径在 35 微米左右。拉曼光谱鉴定其成分主要为方解石（$CaCO_3$），此外还有少量石膏，拉曼光谱如下：

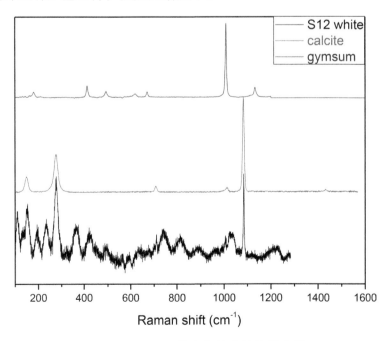

图 10-14　S12 的白色结壳的拉曼光谱

黑色污染物

参照黑色结壳

图 10-15 棕褐色结壳

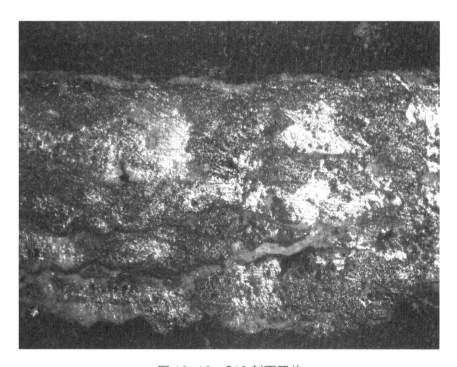

图 10-16 S10 剖面照片

由剖面照片可以看出上层为黑色，较薄；内层为白色，很厚。各层物质的颗粒偏光照片如图：

黑色 X600

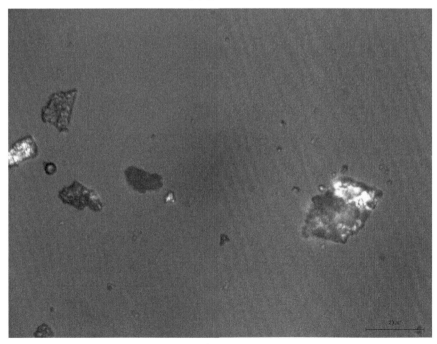

白色 X600

图 10-17 S10 颗粒偏光照片

可以看出，黑色物质颗粒很小，呈椭圆形，白色物质呈方形。为确定成分进行了拉曼光谱测试，结果如下：

由拉曼光谱可以看出，白色物质的拉曼光谱峰与方解石（$CaCO_3$）的完全吻合，因此可以确定 10 号样品白色物质为碳酸钙。黑色物质的拉曼光谱如下：

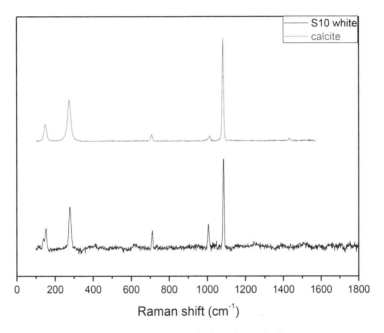

图 10-18　S10 白色层拉曼光谱

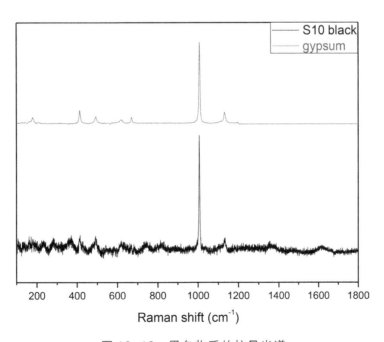

图 10-19　黑色物质的拉曼光谱

可以看出，黑色物质测得的拉曼光谱峰与石膏的相一致，可以肯定黑色物质中含有石膏，但显色成分未检测出。为进一步检测黑色物质成分，进行了红外光谱测试，如下图：

其主要谱峰 $3526cm^{-1}$、$3396cm^{-1}$、$1686cm^{-1}$、$1620cm^{-1}$、$1101cm^{-1}$、$672cm^{-1}$、$591cm^{-1}$ 与石膏的红外谱峰一致，对比图如下：

匹配度为 90%，因此可以确定其主要成分为石膏。石膏长时间暴露于空气中易吸

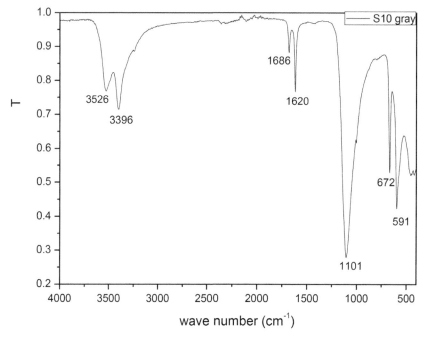

图 10-20　S10 灰色外壳红外光谱图

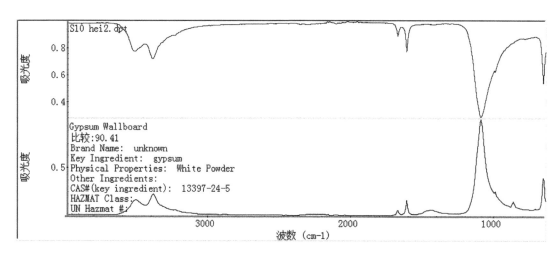

图 10-21　S12 黑色层与石膏的红外光谱对比

收空气中的灰尘发生变色，这也是常见的石膏一般都显现灰色或黄色的原因，但由于灰尘或其他杂质含量太少，拉曼和红外光谱都无法检测到。

（四）实验方案

1.试验点选择：青白石4处、汉白玉3处，其中青白石对象为4块托御碑，汉白玉为2块托御碑及1个经幢，在每个实验对象（托御碑或经幢）选择9处20cm×20cm试验区进行正交试验。

2.清洗：针对石刻园表面病害类型，采取以下清洗方法：物理清洗、化学清洗。

3.脱盐：采用敷贴法对石材表面进行脱盐。

4.渗透加固：以修复方法及时间间隔为变量，修复方法分别为喷涂法、敷贴法、滴渗法，时间间隔分别，选择9处。

5.封护：以修复方法及时间间隔为变量，将每块选择9处20cm×20cm试验区，修复方法分别为喷（刷）涂法，时间间隔分别，选择3处或6处。

（五）预加固

1.预加固处理
（1）表观判断：现场用软毛刷或硬毛刷扫动石质文物表面，未有粉末产生；用手指轻轻触动，感觉石材表面较硬，抬手后手指未沾有粉末。

（2）指数指标：

表 10-7　石质文物当前强度及硬度

名称	强度	硬度	材质
W1-2 托御碑	54，55，58，54，57，60，58，57，52	520，538，560，554，542，534，555，566，570	青白石
W1-3 托御碑	49，48，52，50，54，50，48，49，51	579，600，581，585，594 561，572，570，584	汉白玉
W2-2 托御碑	49，50，51，52，51，48，48，49，50	494，515，510，497，512，551，524，490，523	青白石
W2-4 托御碑	48，48，46，46，47，48，47，47，45	585，583，570，578，580，580，568，570，568	青白石

名称	强度	硬度	材质
W2-5 托御碑	48，47，50，49，51，50，51，49，48	548，556，568，558，561，555，562，549，552	青白石
W6-1 托御碑	47，47，48，46，49，49，47，47，48	518，526，533，526，534，543，552，536，548	汉白玉
WJC 经幢	41，40，41，43，42，43，40，42，41	483，475，513，549，524，490，478，504，513	汉白玉

通过上表中数据可以看出，除了 WJC 经幢表面强度和硬度明显低于新鲜石材健康值，其他数石质文物均略低于新鲜石材，但从指数指标及表观判断（手指触动无松动、感觉较硬、抬起后无粉粒胶带），故不需进行预加固处理。

（六）表面清洗

1. 清洗原因

石刻园托御碑及经幢表面存在积尘、水锈结壳、棕色结壳等表面污染病害，污染物的存在一方面影响表观，另一方面影响后续工艺实验的准确性，因此需采取多种措施来去除。

2. 清洗方法

（1）水洗清洗法：采用去离子水与软（硬）毛刷、竹刀等相结合，去除石质文物表面积尘等。

（2）水蒸气清洗法：采用蒸汽清洗机，加热去离子水，形成蒸汽，去除石质文物表面生物病害、表面污染与变色中的水锈结壳、墨迹等。

（3）超声波清洗法：采用超声波清洗机消除清洗对象，同时喷头喷出去离子水将残留物冲洗干净，主要清洗对象为表面污染与变色中的水锈结壳等。

（4）化学清洗法：

根据取样实验室分析可知，黑色结壳主要成分含有石膏（$CaSO_4 \cdot xH_2O$），因此采用弱碱性的碳酸氢铵（NH_4HCO_3）溶液来清洗黑色结壳。

采用含有碳酸氢铵的敷贴载体的敷贴法，去除石质文物表面因污染形成的变色及结壳等。

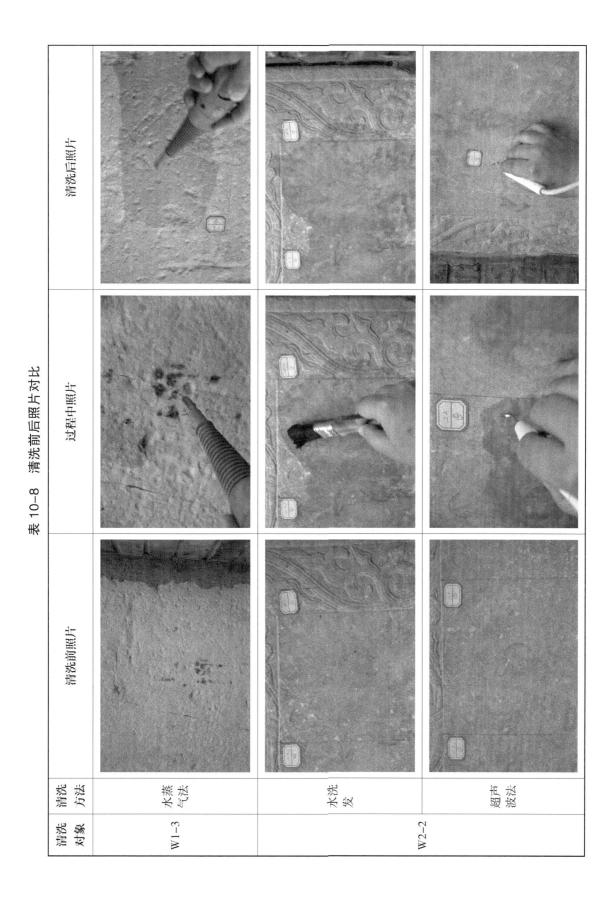

表 10-8　清洗前后照片对比

清洗对象	清洗方法	清洗前照片	过程中照片	清洗后照片
W1-3	水蒸气法			
W2-2	水洗发			
	超声波法			

续 表

清洗对象	清洗方法	清洗前照片	过程中照片	清洗后照片
W6-1	化学清洗（敷贴法）			

（七）清洗前后指标对比

表 10-9 清洗前后指标对比

清洗对象	名称	强度	里氏硬度	波速 m/s	吸水率 kg/（m²·h^{1/2}）	色差△E
W1-3	清洗前	48	574	5116	8.2	81.1，−3.1，7.1
	清洗后	48	572	5109	8.4	76.4，−1.2，6.2
	变化率	0	−2，0%	−7，0%	0.2，2%↑	5.1
W2-2	清洗前	50	551	5466	6.3	75.1，−1.3，1.8
	清洗后	50	548	5409	6.4	71.1，−1.1，1.5
	变化率	0，0%	−3，−1%	−57，−1%	0.1，2%↑	4.0
W6-1	清洗前	48	528	5086	9.6	91.3，−1.9，4.8
	清洗后	48	522	5069	9.8	82.2，−1.1，4.4
	变化率	0，0%	−6，−1%	−17，0%	0.2，2%↑	9.1

通过表格可以看出，石质文物污染区域清洗前后表面色差变化明显，尤其是 W1-3 和 W6-1 有较大色差，其他表面各项指标基本无变化。

（八）表面脱盐

1. 脱盐原因

随着水分的蒸发和浸入，可溶盐发生迁移，在岩体表面聚积并析出时，对岩体表面结构造成破坏，导致岩体表面粉花或片状剥落。

2. 脱盐方法

（1）用去离子水清洗待脱盐石质文物表面并晾干。

（2）将载体、纸浆、去离子水按合适比例混合。

（3）将上述混合物搅拌均匀后形成脱盐剂。

（4）用电导率仪测量脱盐剂的电导率。

（5）用抹子将脱盐剂均匀涂覆在待脱盐的石质文物表面，厚度为 4mm ~ 6mm。

（6）将保鲜膜贴于脱盐剂表面，四周用胶带封贴，最后用钢针在保鲜膜表面均匀扎孔，孔径 2mm 左右，间距 30mm 左右。

（7）待脱盐剂充分干燥后，用竹刀、镊子等工具揭下；

（8）称量一定重量揭取下的脱盐剂，加入适量去离子水，配置成同第（2）步相同比例的混合物；

（9）用电导率仪测量上述混合物的电导率；

（10）比较（4）、（9）两次电导率数值，重复以上操作，直到脱盐率达到目标值为止。

（11）表面清理去除残留，场地清理，完成脱盐。

表 10-10　清洗过程照片

名称	过程中照片	过程中指标测量
小试		
大面积脱盐		

3. 脱盐前后指标对比

（1）电导率变化

表 10-11 牌坊拖延过程中电导率变化

清洗对象	名称	第一次/（μs/cm）	第二次/（μs/cm）	第三次/（μs/cm）	第四次/（μs/cm）	第五次/（μs/cm）
牌坊脱盐区	脱盐剂	36	36	36	36	36
	脱盐后	168	116	75	55	38
	变化率	367%	222%	108%	53%	6%

由上表可以看出，随着脱盐次数增加，电导率开始时较大，然后显著减小，说明石质文物表面可溶盐含量逐渐降低，脱盐效果明显。

（2）其他指标变化

表 10-12 其他指标变化

试验区	名称	强度	里氏硬度	波速 m/s	吸水率 kg/（$m^2 \cdot h^{1/2}$）	色差△E
W2-4	脱盐前	48	582	5596	6.3	77.8，-1.1，2.0
	脱盐后	48	580	5585	6.4	77.7，-0.9，2.0
	变化率	0，0%	-2，0%	-11，0%	0.1，2%↑	0.2

通过表格可以看出，石质文物表面脱盐前后，各项指标基本无变化。

（九）渗透加固

1. 加固过程

选择表面风化较严重的两块托御碑（青白石 W2-2 背阴、W2-4 背阴、汉白玉 W1-3 碑阳、W6-1 碑阳）分别进行渗透加固，具体操作如下：

（1）用去离子水清洗托御碑表面浮沉。

（2）待托御碑表面充分干燥后，配置加固剂，两种加固剂配法分别为：古建保护剂：水 =1：5，TEOS：乙醇 =1：1。

（3）选用喷涂法、滴渗法、敷贴法，选择不同的时间参数进行加固，具体如下：

①喷涂法：每个实验区均喷涂 2 遍，每遍间隔按时间 30min、60min、90min 的 3 个时间参数进行 3 个试验区实验，对应试验区编号为：1、2、3。

表 10-13　喷涂法加固试验

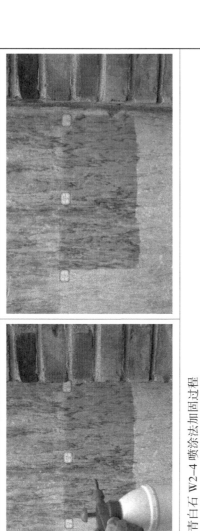

青白石 W2-4 喷涂法加固过程

汉白玉 W1-3 喷涂法加固过程

②滴渗法：每个实验区滴渗 2 遍，每遍间隔按时间 30min、60min、90min 的 3 个时间参数进行 3 个试验区实验，对应试验区编号为：4、5、6。

表 10-14　滴渗法加固试验

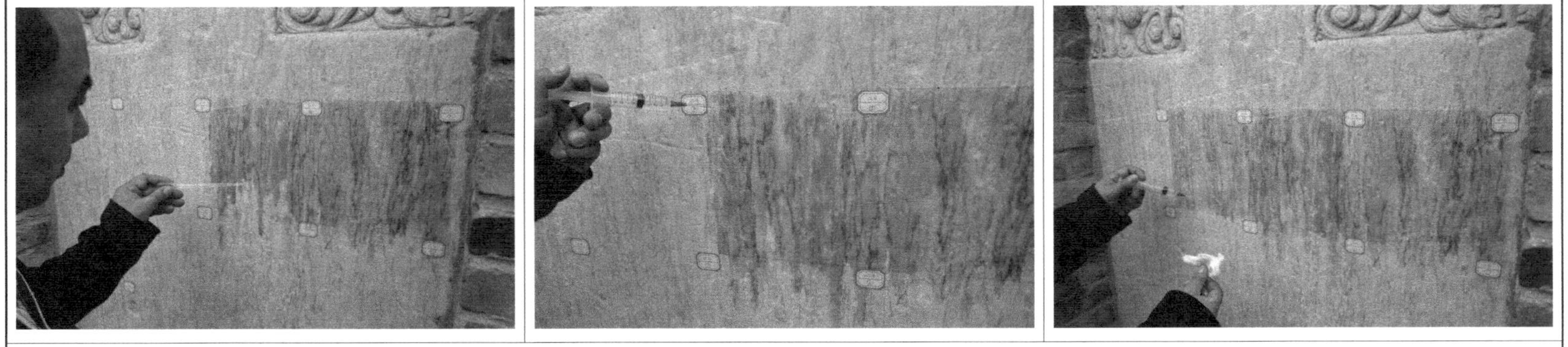

青白石 W2-4 滴渗法加固过程

汉白玉 W1-3 滴渗法加固过程

③敷贴法：控制输液速度，将50mL溶液按照30min、60min、90min的3个时间参数进行3个试验区实验，对应试验区区

编号为：7、8、9。

表10-15　敷贴法加固试验

青白石W2-4服帖法加固过程

④保护养护，分别在实施后3天以及7天进行各指标测量。

2.加固前后指标对比

（1）TEOS用于W2-4背阴、W1-3碑阳实验。

表 10-16 W2-4背阴渗透加固前后各指标对比表

试验区	名称	强度	里氏硬度	波速 m/s	吸水率 kg/（m²·h^(1/2)）	色差△E
1	加固前	48	585	5455	1.5	77.8，-0.9，3.7
	加固后 3d	52	608	5684	1.3	76.6，-1.2，3.1
	加固后 7d	53	610	5762	1.2	76.2，-1.4，2.9
	3d 变化	4，8%↑	23，4%↑	229，4%↑	-0.2；-13%↓	1.4
	7d 变化	1，2%↑	2，0%↑	78，1%↑	-0.1；-8%↓	0.5
2	加固前	48	582	5362	1.6	77.0，-1.4，6.2
	加固后 3d	54	618	5590	1.4	76.3，-1.1，6.8
	加固后 7d	55	622	5613	1.3	77.1，-1.3，6.5
	3d 变化	3，6%↑	18，3%↑	228，4%↑	-0.2；-13%↓	0.7
	7d 变化	1，2%↑	4，1%↑	23，0%↑	-0.1；-7%↓	0.4
3	加固前	46	570	5466	1.9	79.4，-1.2，3.2
	加固后 3d	49	609	5648	1.6	78.2，-1.4，2.7
	加固后 7d	50	612	5690	1.5	77.7，-1.6，2.9
	3d 变化	3，7%↑	28，5%↑	182，3%↑	-0.3；-16%↓	1.3
	7d 变化	1，2%↑	3，0%↑	42，1%↑	-0.1；-6%↓	0.5
4	加固前	47	578	5344	1.4	79.4，-1.2，3.2
	加固后 3d	50	615	5560	1.2	78.0，1.8，8.7
	加固后 7d	51	622	5626	1.2	77.9，-1.6，2.7
	3d 变化	3，6%↑	27，5%↑	216，4%↑	-0.2；-14%↓	1.3
	7d 变化	1，2%↑	7，1%↑	66，1%↑	0；0%↓	0.4
5	加固前	47	580	5465	1.3	75.0，-1.3，2.2
	加固后 3d	50	615	5588	1.1	74.2，-1.6，2.0
	加固后 7d	51	622	5590	1.1	74，-1.6，1.9
	3d 变化	3，6%↑	35，6%↑	123，2%↑	-0.2；-15%↓	0.9
	7d 变化	1，2%↑	7，1%↑	2，0%↑	-0；-0%↓	0.2

试验区	名称	强度	里氏硬度	波速 m/s	吸水率 kg/$(m^2 \cdot h^{1/2})$	色差 △E
6	加固前	48	580	5585	1.8	77.8，−0.9，2.0
	加固后 3d	52	598	5780	1.5	76.6，−1.1，1.7
	加固后 7d	53	603	5825	1.3	76.4，−1.0，1.6
	3d 变化	4，8%↑	18，3%↑	195，3%↑	−0.3；−17%↓	1.3
	7d 变化	1，2%↑	5，1%↑	45，1%↑	−0.2；13%↓	0.2
7	加固前	46	568	5341	1.1	81.4，−1.1，4.1
	加固后 3d	48	609	5590	1.0	79.8，−1.3，4.0
	加固后 7d	49	622	5600	1.0	79.2，−1.4，3.8
	3d 变化	2，4%↑	41，7%↑	249，5%	−0.1；−9%↓	1.6
	7d 变化	1，2%↑	13，2%↑	10，0%	0；0%↓	0.6
8	加固前	46	570	5536	1.2	78.1，−1.5，1.0
	加固后 3d	49	598	5699	1.0	77.2，−1.7，0.8
	加固后 7d	49	610	5720	0.9	77.0，−1.8，0.7
	3d 变化	3，7%↑	28，5%↑	163，3%↑	−0.2；−17%↓	0.9
	7d 变化	0，0%↑	12，2%↑	21，0%↑	−0.1；−10%↓	0.2
9	加固前	45	567	5546	1.7	76.5，−1.3，1.3
	加固后 3d	48	608	5780	1.5	75.2，−1.4，1.2
	加固后 7d	49	610	5900	1.4	75.0，−1.5，1.1
	3d 变化	3，7%↑	41，7%↑	234，4%↑	−0.2；−12%↓	1.3
	7d 变化	1，2%↑	2，0%↑	120，2%↑	−0.1；−7%↓	0.2

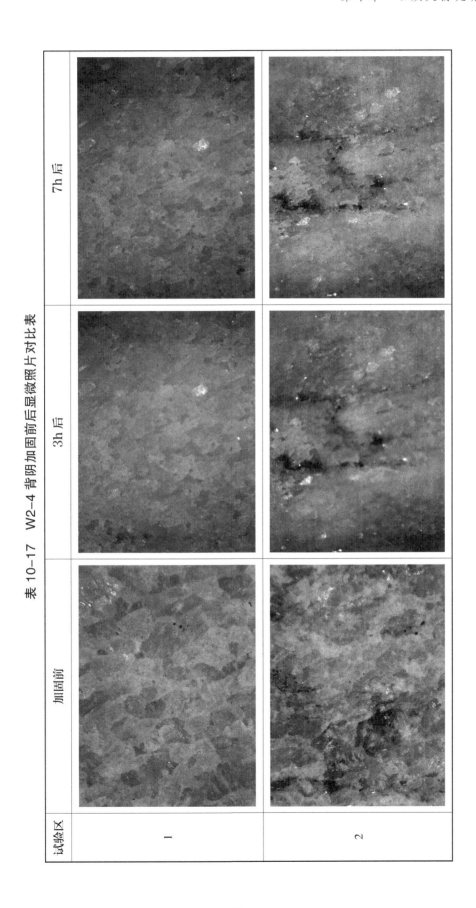

表 10-17　W2-4 背阴加固前后显微照片对比表

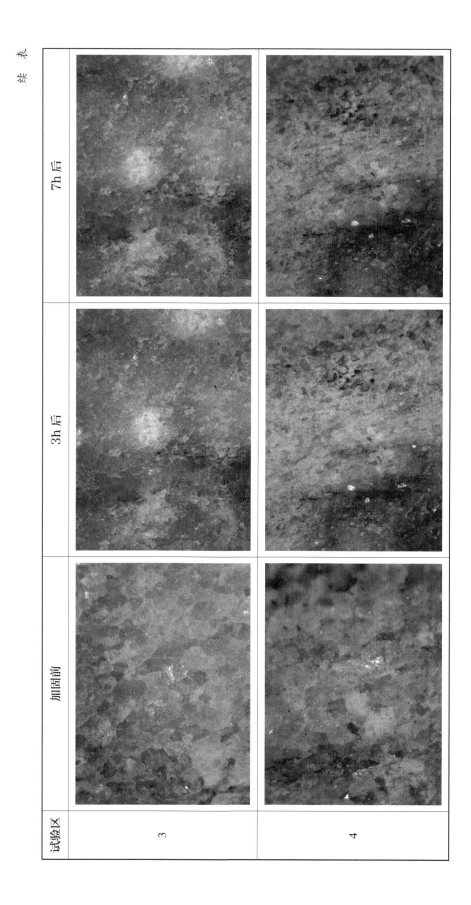

续 表

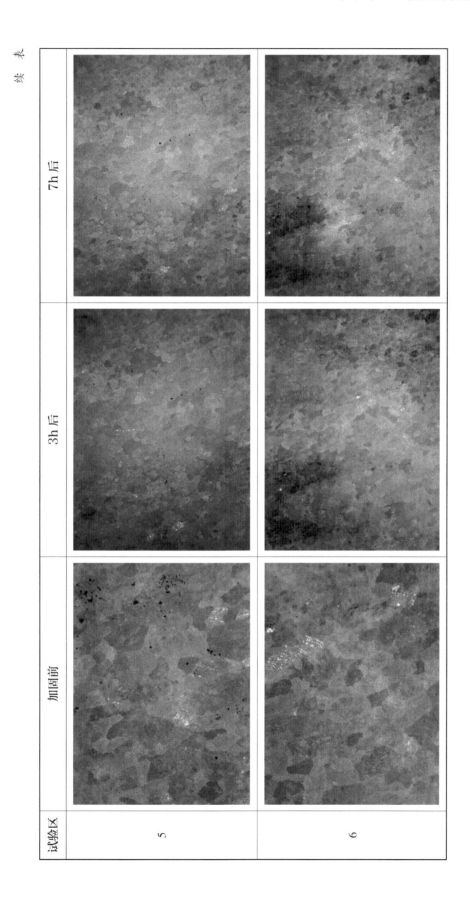

试验区	加固前	3h后	7h后
5			
6			

续表

试验区	加固前	3h后	7h后
7	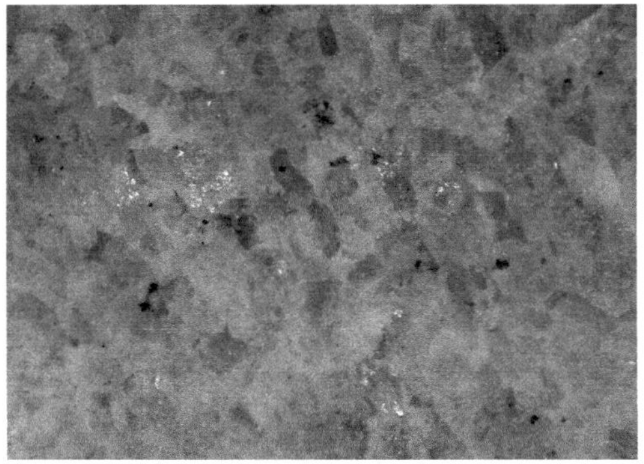	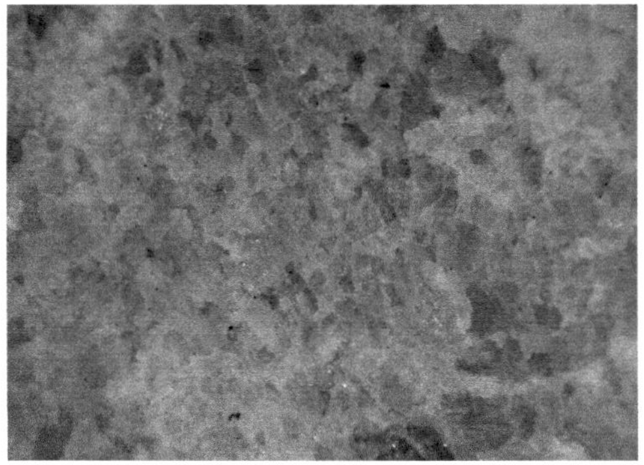	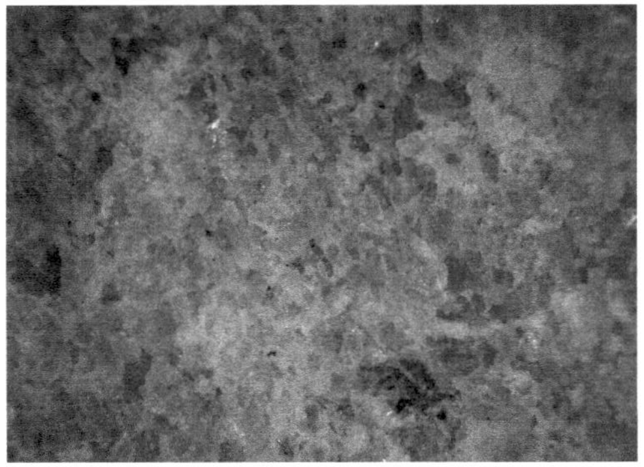
8		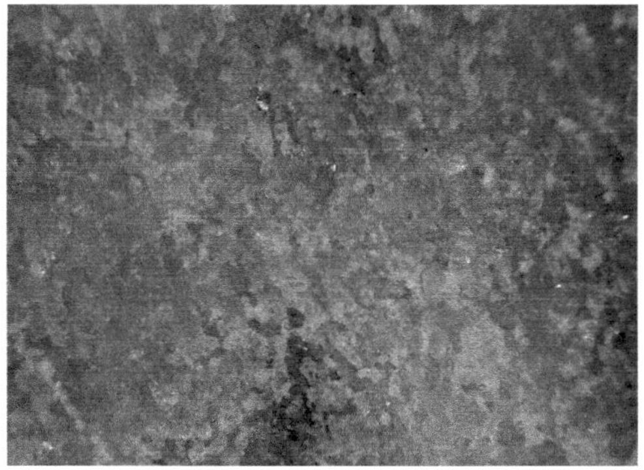	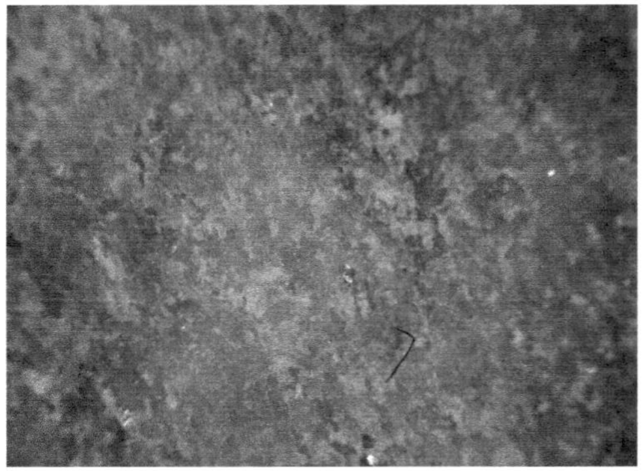

续　表

试验区	加固前	3h后	7h后
9			

从上表中可以看出，用 TEOS 加固青白石，得到如下结论：

（1）加固后 3 天测得的强度、硬度和波速等指标较加固前增加幅度较大，加固后 7 天测得的指标较加固后 3 天测得指标增加幅度较小，说明渗透加固剂在实施 3 天内已稳定。

（2）对比加固后强度、硬度和波速等指标，采用敷贴法渗透加固后的指标较喷涂法、滴渗法渗透加固后的指标有显著的提高。

（3）经加固后石材表面吸水率降低，固化稳定后吸水率基本不变。

（4）除个别值外，色差值基本在 0.2～1.5 范围内变化，色差值较小，感觉轻微，同时通过表 XXX 显微照片加固前后对比可以看出，颜色变化较小。

表 10-18　W1-3 碑阳渗透加固前后各指标对比表

试验区	名称	强度	里氏硬度	波速 m/s	吸水率 kg/（m²·h^{1/2}）	色差△E
1	加固前	48	579	5155	1.7	78.0，−0.6，6.7
	加固后 3d	51	596	5184	1.6	74.6，−1.0，6.2
	加固后 7d	52	608	5200	1.6	74.2，−1.1，6.0
	3d 变化	3；6%↑	17；3%↑	29；1%↑	−0.1；−6%↓	3.5
	7d 变化	1；2%↑	12；2%↑	16；0%↑	−0；−0%↓	0.5
2	加固前	47	600	5125	1.3	80.1，−1.0，6.5
	加固后 3d	49	608	5180	1.1	75.6，−1.2，5.3
	加固后 7d	51	611	5204	1.1	75.1，−1.4，5.1
	3d 变化	2；4%↑	8；1%↑	55；1%↑	−0.2，−15%↓	4.7
	7d 变化	1；2%↑	3；0%↑	24；0%↑	−0，−0%↓	0.6
3	加固前	46	581	5142	1.8	81.8，−1.0，6.3
	加固后 3d	49	608	5200	1.6	75.6，−1.1，5.7
	加固后 7d	51	612	5213	1.5	75.4，−1.3，5.4
	3d 变化	3；7%↑	27；5%↑	58；1%↑	−0.2，−11%↓	6.2
	7d 变化	2；4%↑	4；1%↑	13；0%↑	−0.1，−6%↓	0.4
4	加固前	48	574	5116	1.8	81.1，−1.1，7.1
	加固后 3d	50	597	5244	1.6	76.2，−1.2，6.1
	加固后 7d	50	601	5250	1.5	76.1，−1.3，6.0
	3d 变化	2；4%↑	23；4%↑	128；3%↑	−0.2，−11%↓	5
	7d 变化	0；0%↑	4；1%↑	6；0%↑	−0.1，−6%↓	0.2
5	加固前	47	588	5144	1.6	79.8，−1.0，8.3
	加固后 3d	50	612	5260	1.5	74.8，−1.1，6.1
	加固后 7d	51	616	5266	1.5	74.3，−1.4，6.0
	3d 变化	3；6%↑	24；4%↑	116；2%↑	−0.1，−6%↓	5.5
	7d 变化	1；2%↑	4；1%↑	6；0%↑	−0，−0%↓	0.6
6	加固前	48	561	5065	9	82.6，−1.3，8.9
	加固后 3d	53	598	5188	8.2	75.2，−1.5，6.8
	加固后 7d	53	603	5190	7.9	74.6，−1.5，6.7

试验区	名称	强度	里氏硬度	波速 m/s	吸水率 kg/（m² · h^{1/2}）	色差△E
	3d 变化	5；10%↑	37；7%↑	123；2%↑	−0.8，−9%↓	7.7
	7d 变化	0；0%↑	5；1%↑	2；0%↑	−0.3，−4%↓	0.6
7	加固前	50	580	5185	1.5	83.9，−0.6，7.6
	加固后 3d	54	620	5280	1.3	75.4，−1.1，6.5
	加固后 7d	53	628	5299	1.2	75.1，−1.3，6.1
	3d 变化	4；8%↑	40；7%↑	95；2%↑	−0.2，−13%↓	8.6
	7d 变化	−1；2%↑	8；1%↑	19；0%↑	−0.1，−8%↓	0.5
8	加固前	49	570	5141	1.7	74.3，−0.2，9.4
	加固后 3d	54	610	5290	1.5	74.1，−1.1，6.8
	加固后 7d	54	618	5300	1.4	74.0，−1.3，6.5
	3d 变化	5；10%↑	40；7%↑	149；3%↑	−0.2，−12%↓	2.8
	7d 变化	0；0%↑	8；1%↑	10；0%↑	−0.1，−7%↓	0.4
9	加固前	45	578	5136	1.3	79.8，−0.7，11.9
	加固后 3d	48	607	5299	1.1	75.7，−1.0，7.0
	加固后 7d	48	610	5320	1.1	75.2，−1.3，6.7
	3d 变化	3；7%↑	29；5%↑	163；3%↑	−0.2，−15%↓	6.4
	7d 变化	0；0%↑	3；0%↑	21；0%↑	−0，−0%↓	0.7

表 10-19 W1-3 碑阳加固前后显微照片对比表

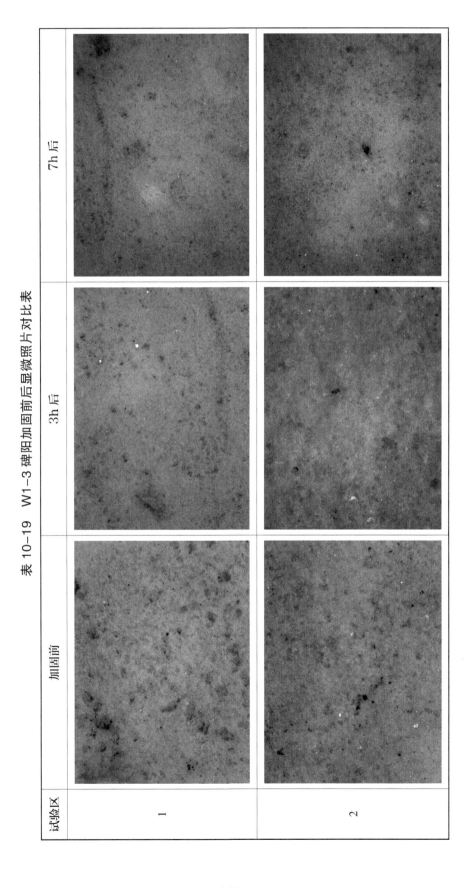

试验区	加固前	3h后	7h后
1			
2			

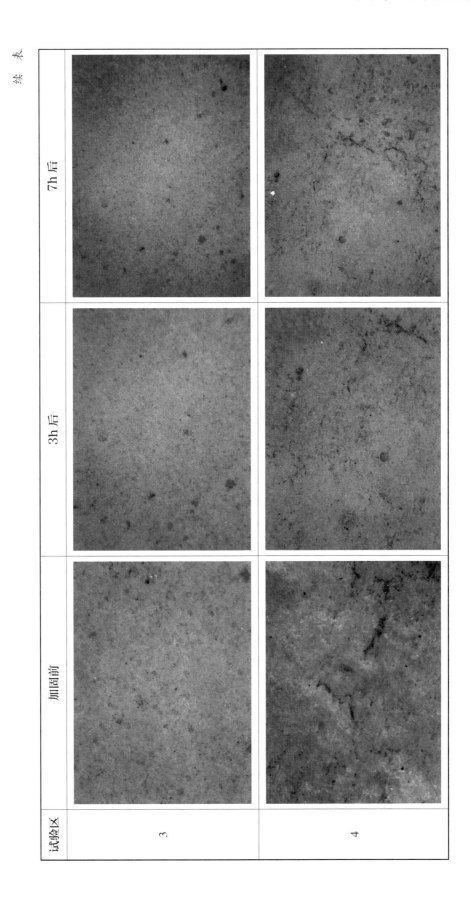

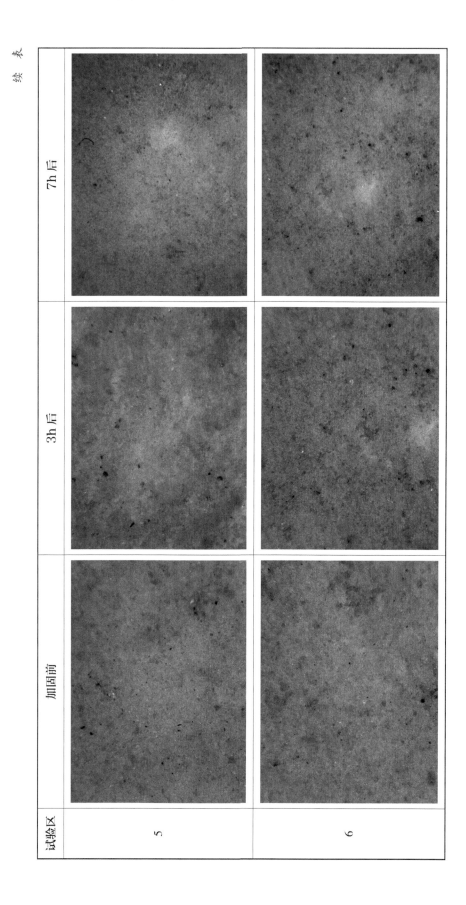

续 表

试验区	加固前	3h后	7h后
5			
6			

续 表

试验区	加固前	3h 后	7h 后
7			
8			

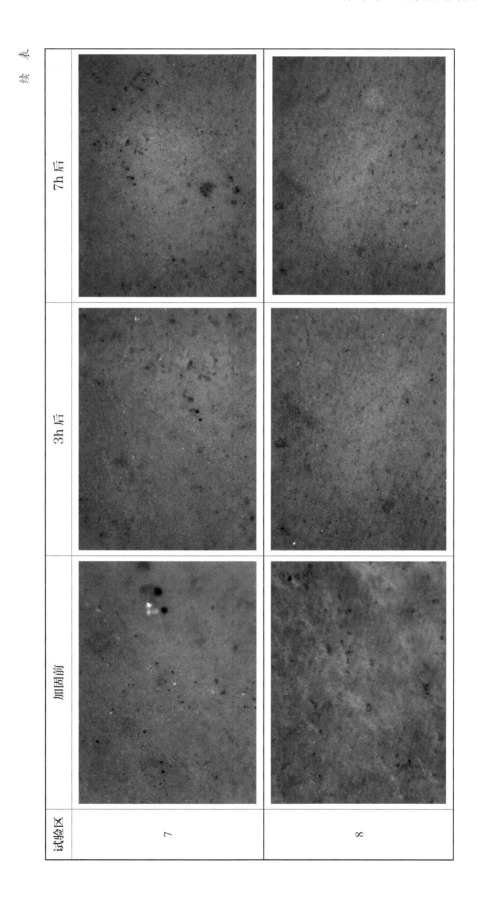

续 表

试验区	加固前	3h后	7h后
9	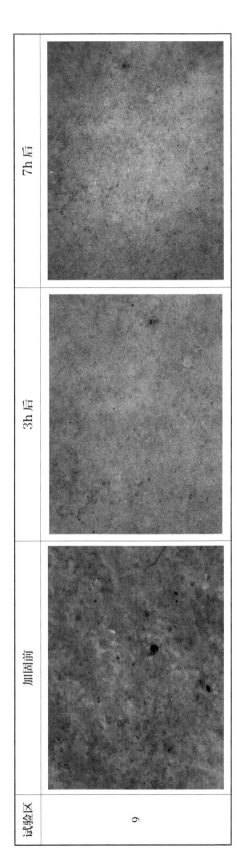		

从上表中可以看出，用 TEOS 加固汉白玉，得出如下结论：

（1）加固后前 3 天强度、硬度及波速增加幅度较大。

（2）加固后吸水率降低，固化后吸水率基本不变。

（3）在加固汉白玉 W1-3 碑阴时除实验区 8 色差值为 2.8，其他色差值基本在 3.5 ~ 8.6 范围内变化，较大色差，感觉很明显。

（4）综上所述，TEOS 较适合于青白石加固。

（5）古建保护剂用于 W2-2 背阴、W6-1 碑阴实验。

表 10-20　青白石 W2-2 背阴渗透加固前后各指标对比表

试验区	名称	强度	里氏硬度	波速 m/s	毛细吸水系数 kg/ $(m^2 \cdot h^{1/2})$	色差△E
1	加固前	47	585	5455	1.9	78.0，−0.6，6.7
	加固后 3d	50	608	5684	1.6	74.6，−1.0，6.2
	加固后 7d	51	610	5762	1.6	74.2，−1.1，6.0
	3d 变化	3，6%↑	23，4%↑	229，4%↑	−0.3；−16%↓	3.5
	7d 变化	1，2%↑	2，0%↑	78，1%↑	−0；−0%↓	0.5
2	加固前	45	582	5362	1.3	80.1，−1.0，6.5
	加固后 3d	48	618	5590	1.2	75.6，−1.2，5.3
	加固后 7d	49	622	5613	1.2	75.1，−1.4，5.1
	3d 变化	3，7%↑	18，3%↑	228，4%↑	−0.1；−8%↓	4.7
	7d 变化	1，2%↑	4，1%↑	23，0%↑	−0；−0%↓	0.6
3	加固前	46	570	5466	1.8	81.8，−1.0，6.3
	加固后 3d	49	609	5648	1.6	75.6，−1.1，5.7
	加固后 7d	50	612	5690	1.5	75.4，−1.3，5.4
	3d 变化	3，7%↑	28，5%↑	182，3%↑	−0.2；−11%↓	6.2
	7d 变化	1，2%↑	3，0%↑	42，1%↑	−0.1；−6%↓	0.4
4	加固前	47	578	5344	1.4	81.1，−1.1，7.1
	加固后 3d	50	615	5560	1.2	76.2，−1.2，6.1
	加固后 7d	51	622	5626	1.1	76.1，−1.3，6.0
	3d 变化	3，6%↑	27，5%↑	216，4%↑	−0.2；−14%↓	5
	7d 变化	1，2%↑	7，1%↑	66，1%↑	−0.1；8%↓	0.2
5	加固前	48	580	5465	1.0	79.8，−1.0，8.3
	加固后 3d	52	615	5588	0.8	74.8，−1.1，6.1
	加固后 7d	53	622	5590	0.8	74.3，−1.4，6.0
	3d 变化	4，8%↑	35，6%↑	123，2%↑	−0.2；−20%↓	5.5
	7d 变化	1，2%↑	7，1%↑	2，0%↑	−0；−0%↓	0.6
6	加固前	48	580	5585	1.3	82.6，−1.3，8.9
	加固后 3d	52	598	5780	1.2	75.2，−1.5，6.8
	加固后 7d	53	603	5825	1.2	74.6，−1.5，6.7

试验区	名称	强度	里氏硬度	波速 m/s	毛细吸水系数 kg/ $(m^2 \cdot h^{1/2})$	色差△E
	3d 变化	4, 8%↑	18, 3%↑	195, 3%↑	−0.1; −8%↓	7.7
	7d 变化	1, 2%↑	5, 1%↑	45, 1%↑	−0; −0%↓	0.6
7	加固前	46	568	5341	1.7	83.9, −0.6, 7.6
	加固后 3d	48	609	5590	1.5	75.4, −1.1, 6.5
	加固后 7d	49	622	5600	1.4	75.1, −1.3, 6.1
	3d 变化	2, 4%↑	41, 7%↑	249, 5%	−0.2; −12%↓	8.6
	7d 变化	1, 2%↑	13, 2%↑	10, 0%	−0.1; −7%↓	0.5
8	加固前	46	570	5536	0.9	74.3, −0.2, 9.4
	加固后 3d	49	598	5699	0.7	74.1, −1.1, 6.8
	加固后 7d	49	610	5720	0.6	74.0, −1.3, 6.5
	3d 变化	3, 7%↑	28, 5%↑	163, 3%↑	−0.2; −22%↓	2.6
	7d 变化	0, 0%↑	12, 2%↑	21, 0%↑	−0.1; −14%↓	0.4
9	加固前	48	567	5546	1.1	79.8, −0.7, 11.9
	加固后 3d	54	608	5780	0.9	75.7, −1.0, 7.0
	加固后 7d	55	610	5900	0.8	75.2, −1.3, 6.7
	3d 变化	3, 6%↑	41, 7%↑	234, 4%↑	−0.2; −18%↓	6.4
	7d 变化	1, 2%↑	2, 0%↑	120, 2%↑	−0.1; −11%↓	0.7

表 10-21　汉白玉 W6-1 碑阳渗透加固前后各指标对比表

试验区	名称	强度	里氏硬度	波速 m/s	毛细吸水系数 kg/ $(m^2 \cdot h^{1/2})$	色差△E
1	加固前	46	579	5155	9.1	77.8, −0.9, 3.7
	加固后 3d	49	596	5184	7.5	76.6, −1.2, 3.1
	加固后 7d	51	608	5200	7.2	76.2, −1.4, 2.9
	3d 变化	3; 7%↑	17; 3%↑	29; 1%↑	−1.6; −18%↓	1.4
	7d 变化	2; 4%↑	12; 2%↑	16; 0%↑	−0.3; −4%↓	0.5
2	加固前	47	600	5125	7.7	77.0, −1.4, 6.2

试验区	名称	强度	里氏硬度	波速 m/s	毛细吸水系数 kg/ $(m^2 \cdot h^{1/2})$	色差 $\triangle E$
	加固后 3d	49	608	5180	7	76.3，−1.1，6.8
	加固后 7d	51	611	5204	6.9	77.1，−1.3，6.5
	3d 变化	2；4%↑	8；1%↑	55；1%↑	−0.7，−9%↓	0.7
	7d 变化	1；2%↑	3；0%↑	24；0%↑	−0.1，−01%↓	0.4
3	加固前	48	581	5142	8.6	79.4，−1.2，3.2
	加固后 3d	52	608	5200	7.9	78.2，−1.4，2.7
	加固后 7d	53	612	5213	7.7	77.7，−1.6，2.9
	3d 变化	4，8%↑	27；5%↑	58；1%↑	−0.7，−8%↓	1.3
	7d 变化	1，2%↑	4；1%↑	13；0%↑	−0.2，−3%↓	0.5
4	加固前	48	574	5116	8.2	79.4，−1.2，3.2
	加固后 3d	50	597	5244	7.5	78.0，1.8，8.7
	加固后 7d	50	601	5250	7.4	77.9，−1.6，2.7
	3d 变化	2；4%↑	23；4%↑	128；3%↑	−0.7，−9%↓	1.3
	7d 变化	0；0%↑	4；1%↑	6；0%↑	−0.1，−1%↓	0.4
5	加固前	47	588	5144	7.6	75.0，−1.3，2.2
	加固后 3d	50	612	5260	6.8	74.2，−1.6，2.0
	加固后 7d	51	616	5266	6.5	74，−1.6，1.9
	3d 变化	3；6%↑	24；4%↑	116；2%↑	−0.8，−11%↓	0.9
	7d 变化	1；2%↑	4；1%↑	6；0%↑	−0.3，−4%↓	0.2
6	加固前	48	561	5065	9	77.8，−0.9，2.0
	加固后 3d	53	598	5188	8.2	76.6，−1.1，1.7
	加固后 7d	53	603	5190	7.9	76.4，−1.0，1.6
	3d 变化	5；10%↑	37；7%↑	123；2%↑	−0.8，−9%↓	1.3
	7d 变化	0；0%↑	5；1%↑	2；0%↑	−0.3，−4%↓	0.2
7	加固前	50	580	5185	8.5	81.4，−1.1，4.1
	加固后 3d	54	620	5280	7.4	79.8，−1.3，4.0
	加固后 7d	53	628	5299	7.1	79.2，−1.4，3.8

试验区	名称	强度	里氏硬度	波速 m/s	毛细吸水系数 kg/ $(m^2 \cdot h^{1/2})$	色差 △ E
	3d 变化	4；8% ↑	40；7% ↑	95；2% ↑	−1.1，−13% ↓	1.6
	7d 变化	−1；2% ↑	8；1% ↑	19；0% ↑	−0.3，−4% ↓	0.6
8	加固前	49	570	5141	7.6	78.1，−1.5，1.0
	加固后 3d	54	610	5290	6.4	77.2，−1.7，0.8
	加固后 7d	54	618	5300	6.3	77.0，−1.8，0.7
	3d 变化	5；10% ↑	40；7% ↑	149；3% ↑	−1.2，−16% ↓	0.9
	7d 变化	0；0% ↑	8；1% ↑	10；0% ↑	−0.1，−2% ↓	0.2
9	加固前	45	578	5136	8.3	76.5，−1.3，1.3
	加固后 3d	48	607	5299	6.9	75.2，−1.4，1.2
	加固后 7d	48	610	5320	6.6	75.0，−1.5，1.1
	3d 变化	3；7% ↑	29；5% ↑	163；3% ↑	−1.4，−17% ↓	1.3
	7d 变化	0；0% ↑	3；0% ↑	21；0% ↑	−0.3，−4% ↓	0.2

从上表中可以看出，用古建保护剂加固青白石和汉白玉，得出如下结论：

（1）加固后 3 天测得的强度、硬度和波速等指标较加固前增加幅度较大，加固后 7 天测得的指标较加固后 3 天测得指标增加幅度较小，说明渗透加固剂在实施 3 天内已稳定。

（2）对比加固后强度、硬度和波速等指标，采用敷贴法渗透加固后的指标较喷涂法、滴渗法渗透加固后的指标有显著的提高。

（2）加固前后毛细吸水系数 ω 均在 0.5 ～ 2 之间变化（属于厌水性），加固后吸水率降低，固化后吸水率基本不变。

（3）在加固青白石 W2-2 碑阳时除实验区 8 色差值为 2.6，其他色差值基本在 3.5 ～ 8.6 范围内变化，较大色差，感觉很明显。

（4）综上所述，古建保护剂较适合于汉白玉加固。

3. 结论

（1）采用喷涂法和滴渗法各 2 遍加固的时间间隔对加固效果基本无影响。

（2）采用 TEOS、古建保护剂分别对青白石、汉白玉托御碑进行加固，采用敷贴法较喷涂法、滴渗法效果较好，强度提高率高、色差变化率小。

（3）从视觉、色差、显微照片等方面对比，TEOS 加固剂较适合于青白石加固，对于汉白玉加固色差较大，宜谨慎使用，同样古建保护剂较适合于青白石的加固。

（九）表面封护

1. 封护过程

选择表面风化较严重的两块托御碑（汉白玉 W6-1）分别进行封护实验，具体操作如下：

（1）用去离子水清洗托御碑浮沉。

（2）待托御碑表面充分干燥后，分别配置 3 种封护剂，其中封护剂 1：ZL-Z53：乙醇 =1：4，封护剂 2：RS-96：乙醇 =1：1，封护剂 3：PLA：乙醇 =1：4。

表 10-22　配制封护剂

配制封护剂

（3）选用喷（刷）涂法和敷贴法，选择不同的时间参数进行加固，具体如下：

①喷涂法：每个实验区均喷涂 2 遍，每遍间隔按时间 30min、60min、90min 的 3 个时间参数进行 3 个实验区实验。

表 10–23 喷涂法封护实验

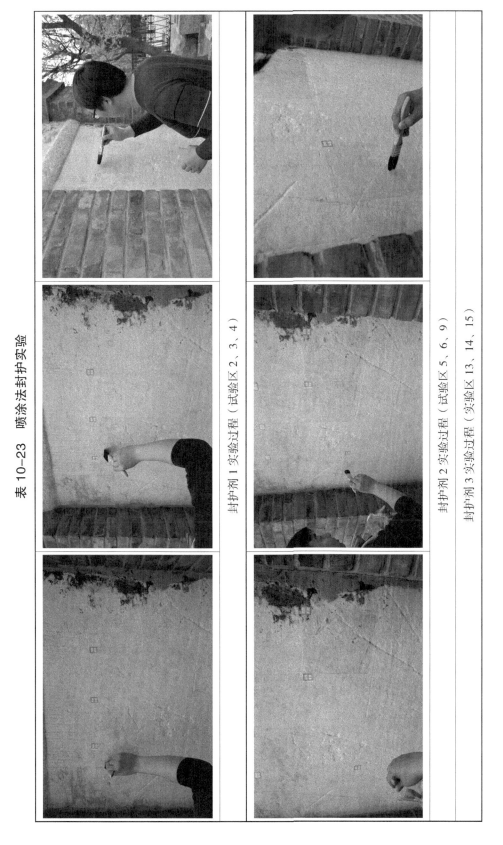

封护剂 1 实验过程（试验区 2、3、4）

封护剂 2 实验过程（试验区 5、6、9）

封护剂 3 实验过程（实验区 13、14、15）

②敷贴法：每个实验区均喷涂 2 遍，每遍间隔按时间 30min、60min、90min 的 3 个时间参数进行 3 个实验区实验。

表 10-24　敷贴法封护试验

封护剂 1、2、3 实验过程（试验区 7、8、16）

③保护养护，分别在实施后 3 天以及 7 天进行各指标测量。

表 10-25 封护实验过程中指标测量

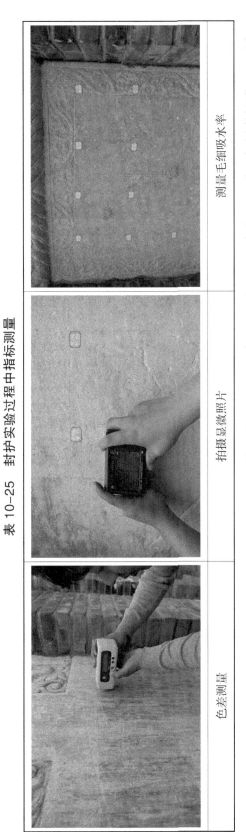

| 色差测量 | 拍摄显微照片 | 测量毛细吸水率 |

注：封护前，将色度计放在各实验区对应的位置上，用铅笔在沿着色度计圆头画圈，以保证封护前、封护后每次测量的位置都在同样的位置上。同理，在使用数码显微镜时也按照上述方法进行拍摄。

2. 汉白玉封护实验

（1）实验对象及实验区划分：W1-2 托御碑碑阳，在石碑表面较平整区域标记16处 200mm×200mm 的方格，按下表分别编号为：1、2……16，其中留 1 和 12 区作为对比空白区。

表 10-26　试验区划分及分别

4	3	2	
8	7	6	5
			9
16	15	14	13

（2）封护后实验指标变化

表 10-27　3d 后各指标变化

试剂	实验区	封护前		3d 后		变化率	
		毛细吸水率	色度	毛细吸水率	色度	毛细吸水率	色差
ZL-Z53	2	1.4	83.4，−0.1，5.9	0.3	82.4，−2.3，4.7	1.1↓	2.7
	3	1.6	72.7，0.1，5.9	0.3	82.3，−1.9，5.0	1.3↓	9.8
	4	1.4	78.9，0.2，5.3	0.3	82.7，−2.2，4.0	1.1↓	4.7
	7	1.2	83.8，0.4，7.7	0.5	83.6，−1.8，5.6	0.7↓	3.0
RS-96	5	1.3	78.7，0.2，5.0	0.9	83.2，−1.1，6.8	0.4↓	5.0
	6	1.2	83.4，−0.3，4.8	0.8	83.1，−2.3，4.4	0.4↓	2.1
	8	1.5	82.1，0.0，4.9	1.1	82.7，−2.2，4.2	0.4↓	2.4
	9	1.6	84.3，−0.3，3.5	1.1	82.5，−2.0，4.9	0.5↓	2.8
PLA	13	1.4	82.2，0.4，6.3	0.5	82.1，0.4，5.9	0.9↓	0.4
	14	1.2	82.7，0.3，5.8	0.4	83.1，0.4，6.1	0.8↓	0.5
	15	1.5	81.9，0.4，6.6	0.6	82.2，0.4，6.2	0.9↓	0.5
	16	1.6	82.3，0.5，6.4	0.5	82.6，0.5，6.4	1.1↓	0.3

表 10-28　7d 后各指标变化

试剂	实验区	3d 后		7d 后		变化率	
		毛细吸水率	色度	毛细吸水率	色度	毛细吸水率	色差
ZL-Z53	2	0.3	82.4，−2.3，4.7	0.3	82.6，−2.4，4.5	0.0↓	0.3
	3	0.3	82.3，−1.9，5.0	0.2	82.5，−2.1，4.7	0.1↓	0.4
	4	0.3	82.7，−2.2，4.0	0.3	82.8，−2.4，3.9	0.0↓	0.2
	7	0.5	83.6，−1.8，5.6	0.3	83.7，−1.8，5.2	0.2↓	0.4
RS-96	5	0.9	83.2，−1.1，6.8	0.7	83.4，−1.2，6.3	0.2↓	0.5
	6	0.8	83.1，−2.3，4.4	0.6	83.3，−2.5，4.2	0.2↓	0.3
	8	1.1	82.7，−2.2，4.2	0.7	82.9，−2.3，3.8	0.4↓	0.5
	9	1.1	82.5，−2.0，4.9	0.8	82.6，−2.1，4.6	0.3↓	0.3
PLA	13	0.5	82.1，0.4，5.9	0.4	82.4，0.5，5.9	0.1↓	0.3
	14	0.4	83.1，0.4，6.1	0.4	83.4，0.4，5.9	0.0↓	0.4
	15	0.6	82.2，0.4，6.2	0.4	82.4，0.5，5.9	0.2↓	0.4
	16	0.5	82.6，0.5，6.4	0.3	82.9，0.5，6.3	0.2↓	0.3

（3）显微照片

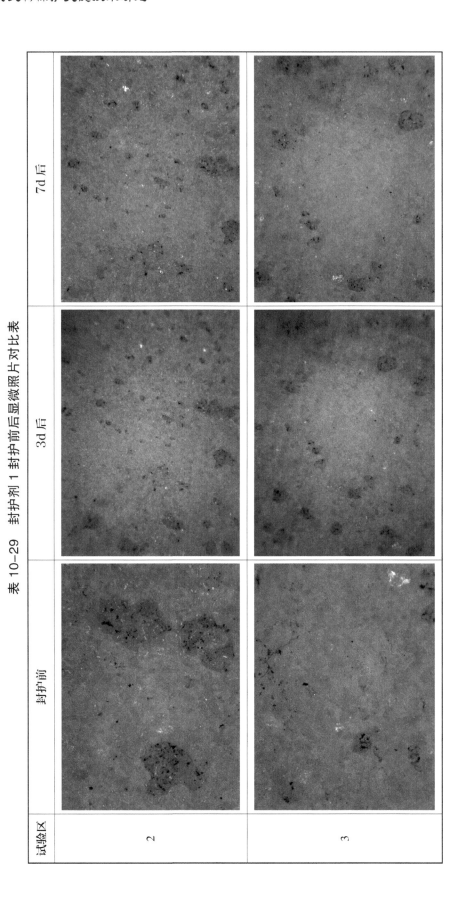

表 10-29　封护剂 1 封护前后显微照片对比表

试验区	封护前	3d 后	7d 后
2			
3			

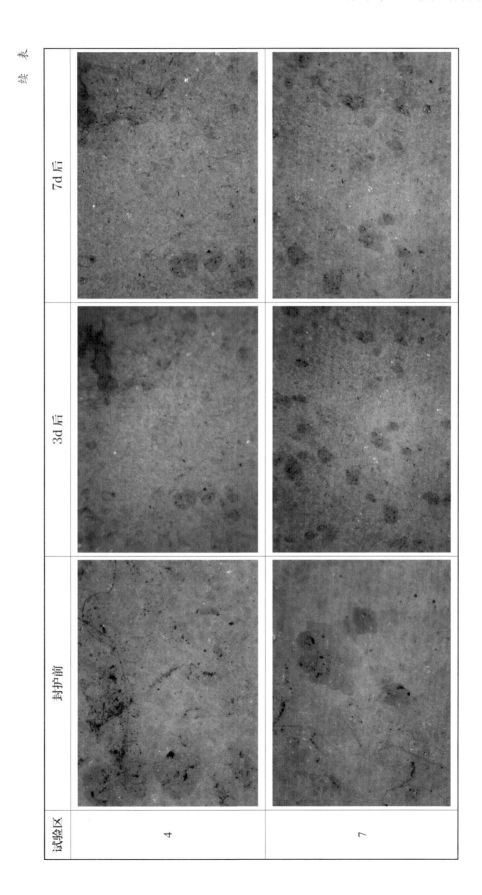

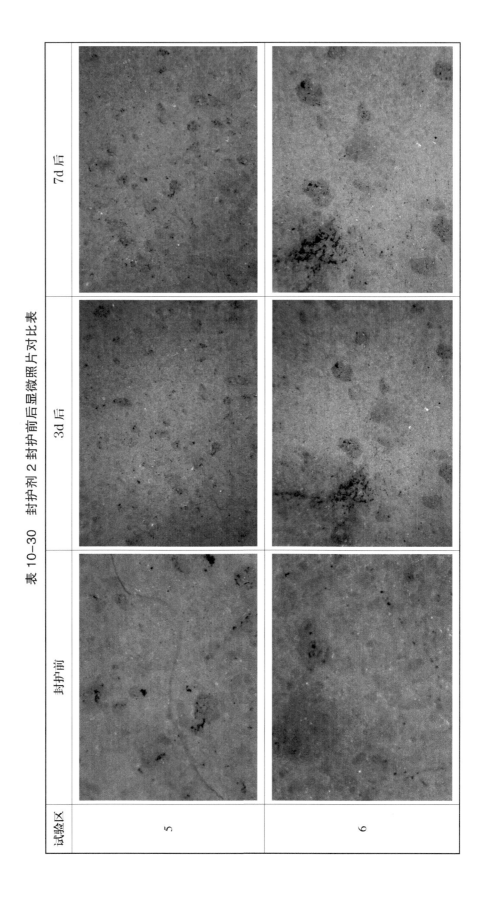

表 10-30 封护剂 2 封护前后显微照片对比表

试验区	封护前	3d 后	7d 后
5			
6			

续 表

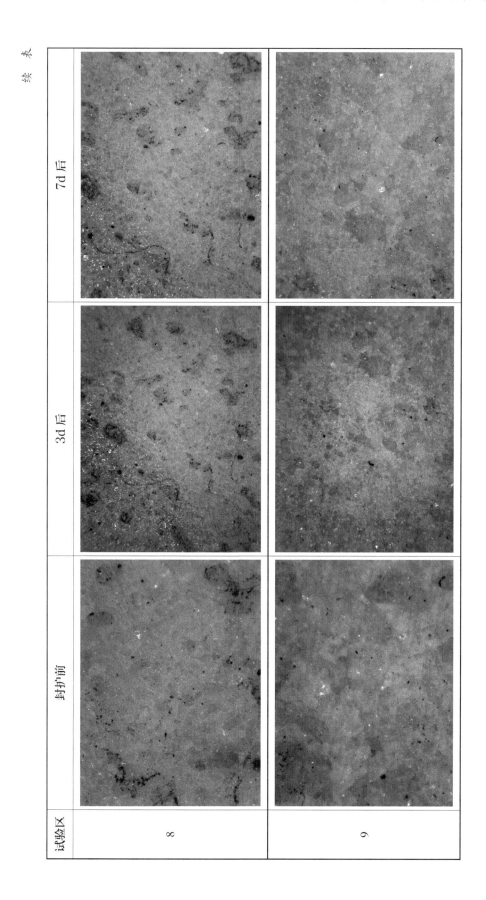

试验区	封护前	3d后	7d后
8			
9			

从上表中可以看出，用3种封护剂封护汉白玉，得出如下结论：

（1）加固后3天测得毛细吸水率较封护前降低幅度较大，加固后7天测得的指标较加固后3天测得指标变化幅度较小，说明封护剂在实施3天内已稳定；然而用RS-96封护汉白玉时，发现3天后、7天后测得毛细吸水率降低幅度不大，最终测的值大于0.5（属于厌水性），说明RS-96封护效果不好。

（2）前后2遍间隔对最终的封护效果影响不大。

（3）采用ZL-53封护时，色差变化较大，感觉很明显。

（4）综上所述，比较ZL-53、RS-96封护效果，PLA封护效果较好，封护后各指标满足封护要求。

3. 青白石封护实验

（1）实验对象及实验区划分：W1-2托御碑碑阳，在石碑表面较平整区域标记16处200mm×200mm的方格，按下表分别编号为：1、2……16，其中留1和12区作为对比空白区。

表 10-31　试验区划分及分别

4	3	2	1
8	7	6	5
12	11	10	9
16	15	14	13

（2）封护后实验指标变化

表 10-32　3d 后各指标变化

试剂	实验区	封护前		3d 后		变化率	
		毛细吸水系数	色差	毛细吸水系数	色差	△毛细吸水系数	△色差
ZL-Z53	1	2.0	67.7，+0.2，7.8	0.6	65.6，−0.3，7.6	1.4↓	2.2
	2	1.2	62.8，−0.2，4.1	0.5	61.4，−0.3，3.6	0.8↓	1.5
	3	1.1	62.3，−0.9，2.4	0.4	60.2，−1.4，1.7	0.7↓	2.3
	4	1.9	55.1，−0.3，6.1	0.5	53.1，−0.7，5.2	1.4↓	2.2

试剂	实验区	封护前		3d 后		变化率	
		毛细吸水系数	色差	毛细吸水系数	色差	△毛细吸水系数	△色差
RS-96	5	1.8	62.4，−0.2，2.6	1.1	61.8，−0.4，2.5	0.7↓	0.6
	6	2.0	68.2，−0.6，3.4	1.0	67.1，−0.8，3.2	1.0↓	1.1
	7	1.6	72.4，−0.7，2.7	0.9	71.2，−0.9，2.4	0.7↓	1.3
	8	1.9	69.9，+0.1，5.9	0.8	68.6，−0.4，5.6	1.1↓	1.4
PLA	10	1.8	65.4，−0.5，4.9	0.4	65.6，−0.8，4.6	1.4↓	0.5
	11	1.9	66.2，−0.4，5.2	0.5	66.3，−0.7，5.1	1.4↓	0.3
	12	2.0	65.8，−0.5，5.6	0.4	66.1，−0.6，5.3	1.6↓	0.4
	13	1.8	66.3，−0.2，4.7	0.3	66.5，−0.4，4.3	1.5↓	0.5

表 10-33 7d 后各指标变化

试剂	实验区	封护前		3d 后		变化率	
		毛细吸水系数	色差	毛细吸水系数	色差	△毛细吸水系数	△色差
ZL-Z53	2	0.3	65.6，−0.3，7.6	0.1	65.3，−0.2，7.5	0.2↓	0.3
	3	0.4	61.4，−0.3，3.6	0.3	61.3，−0.3，3.3	0.1↓	0.3
	4	0.4	60.2，−1.4，1.7	0.2	60.1，−1.2，1.8	0.2↓	0.2
	7	0.5	53.1，−0.7，5.2	0.3	53.1，−0.8，5.1	0.2↓	0.1
RS-96	5	1.1	61.8，−0.4，2.5	0.9	61.6，−0.4，2.4	0.2↓	0.2
	6	1.0	67.1，−0.8，3.2	0.7	67.0，−1.0，3.1	0.3↓	0.2
	8	0.9	71.2，−0.9，2.4	0.6	71.1，−1.1，2.2	0.3↓	0.3
	9	0.8	68.6，−0.4，5.6	0.6	68.5，−0.6，5.6	0.2↓	0.2
PLA	13	0.4	65.6，−0.8，4.6	0.4	65.6，−0.8，4.4	0.0	0.2
	14	0.5	66.3，−0.7，5.1	0.4	66.4，−0.7，5.1	0.1↓	0.1
	15	0.4	66.1，−0.6，5.3	0.3	66.1，−0.7，5.3	0.1↓	0.1
	16	0.3	66.5，−0.4，4.3	0.3	66.6，−0.4，4.1	0.0	0.2

从表 XXX、表 XXX 中可以看出，用 3 种封护剂封护青白石，得出如下结论：

（1）加固后 3 天测得毛细吸水率较封护前降低幅度较大，加固后 7 天测得的指标较加固后 3 天测得指标变化幅度较小，说明封护剂在实施 3 天内已稳定；然而用

RS-96 封护汉白玉时，发现 3 天后、7 天后测得毛细吸水率降低幅度不大，最终测的值大于 0.5（属于厌水性），说明 RS-96 封护效果不好。

（2）前后 2 遍间隔对最终的封护效果影响不大。

（3）采用 ZL-53 封护时，色差变化较大，感觉很明显。

（4）综上所述，比较 ZL-53、RS-96 封护效果，PLA 封护效果较好。

五、实验总结

（一）清洗

（1）清洗要满足实验要求，满足后续实验对实验对象的要求。

（2）清洗过程中不能伤害文物本体。

（3）针对病害成分，不同病害类型，采用不同清洗方法。

（二）脱盐

（1）原则上封护石质文物表面均应进行脱盐处理。

（2）严格控制脱盐过程中电导率指标。

（三）渗透加固

（1）因色差产生较大，TEOS 适用于青白石表面渗透加固，不适于汉白玉表面加固。

（2）同样，古建保护剂较适合用于汉白玉加固。

（四）封护

试验中选择 RS-96、ZL-Z53、PLA 三种封护剂，通过对四种封护剂的封护效果指标进行评价，PLA 较适合于汉白玉、青白石的封护。

六、现场扩大实验

按照以上实验过程，既清洗、脱盐、渗透加固或封护，用筛选后的试剂对整个驮御碑等石质文物进行保护实施，具体实施后效果如下：

表 10-34 现场扩大实验前后对比

区域	实验试剂	实验前照片	试验后照片
W2-1 碑阳	TEOS		
W1-3 背阴	古建保护剂		

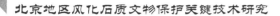

区域	实验试剂	实验前照片	试验后照片
W2-3 碑阳			
M2-2	PLA		
M3-3			

第十一章　保护效果评估

一、视觉评估

色度测定

1. 检测目的：采集文物表面色度数据，根据不同色度参数，可以评价风化及污染等病害对文物材质造成的外观变色效果。

2. 检测原理：通过 CIE 三刺激原理，将标准光源照射到物体表面，传感器接收到反射光信息后传到微计算机中进行计算分析，同时按色空间标准显示出数字颜色数据。

3. 检测仪器：通用色差计

4. 检测步骤：

（1）将仪器开启并等待仪器自校准。

（2）选择需要的表色模式。

（3）将仪器测量孔紧密贴合被测物体后，按下触发键进行检测。

（4）记录数据。

二、无损检测技术手段评估

（一）回弹测定

1. 检测目的：回弹强度测定用于测定砖石质文物构件表层强度，通过与同材质未风化样品回弹强度数值进行对比，来判断砖石质构件表层风化状况。

2. 检测原理：用能量弹簧驱动弹击锤，通过弹击作用于石样体产生瞬时弹性变形恢复力，使弹击锤回弹并带动指针移动指示回弹值。

3. 检测仪器：小能量回弹仪。

4. 检测步骤：

（1）根据所测表面的角度来设定捶击面的参数。

（2）手持回弹仪，将回弹体中轴线垂直于试体表面，双手用力下压，使弹击锤伸出。

（3）匀速下压弹击锤至底部，对石质表面进行回弹测定，弹击时保持回弹仪顶部紧贴测试表面，此步骤根据设定的参数反复数次，回弹点要在所要测得表面强度的位置均匀分布。测试次数根据需要进行调整，测试点越多，回弹值越精确。

（4）数据处理：将所测量出的回弹值取平均值，再将其带入回弹强度对照表进行查找回弹强度值。

（二）超声波测定

1. 检测目的：检测石质文物表层声波传播性能，通过对比同材质未风化样品的数据，可以判断风化作用对石质文物表层材质密实度改变的影响程度。

2. 检测原理：利用超声波穿过相同石质由于风化造成的不同疏密差异所引起的波速的变化，来评价石质体风化程度以、风化状况及保护效果。

3. 检测仪器：超声波检测仪。

4. 检测步骤：

（1）根据文物材质的形态以及检测条件选择声波检测触发探头。

（2）根据先前预定的点位耦和触发探头以及发射探头。

（3）探头稳定后，测定探头间距离，修改软件参数，选择并校正合适的发射能量及各项触发参数。

（4）进行检测，收集数据，记录波形。

自由表面渗水率测定

1. 检测目的：反映同种石质文物不同层次风化程度，以及风化作用对石质文物表层造成的孔隙变化。

2. 检测原理：在相同文物材质中，由于风化造成文物材质孔隙形态和尺寸不同，在一定时间内，相同测试条件下会产生不同的自由表面渗水率，根据不同点位及新鲜材质渗透速率的不同，评价砖石质文物体风化程度以及风化状况。

3. 检测仪器：卡斯通管

4. 检测步骤：

（1）选取相对平整的表面作为检测点。

（2）将卡斯特瓶耦合在文物表面上，并加入蒸馏水作为渗透剂。

（3）每隔一定时间记录渗透量。

含水率测定

1. 检测目的：与未风化标准材质含水率进行对比，评价文物材质在自然状态下的含水率；同时，可结合其他检测项目，评价不同含水率条件下文物强度、外观等的差异。

2. 检测原理：利用高周波原理（电磁波感应原理），即该仪器内有一个固有频率，被测物水分不同，通过传感器传进机内的频率就不同，二频率比较之差，经过频率电流转换器转换成数字显示。

3. 检测仪器：水分测定仪

4. 检测步骤：

（1）手持仪表，探头勿与被测物接触，按下 ON 按钮，根据文物材质，选择合适档位。

（2）档位选好后，液晶屏上显示在 00.0 ± 0.5 以内。如不在此范围内，应缓慢调节调零旋钮（ZERO），使数字显示在 00.0 ± 0.5 以内即可。

（3）手持仪表，将探头轻轻压在被测物表面，待数字稳定后显示的数字为被测物的水分值。

三、保护效果评估的意义

质量控制指标及意义

为保证工程施工中各工艺的施工质量和工程完成后最终达到的保护效果，特制定质量控制。

表 11-1　质量控制指标及意义

		效果评估指标设定意义。
1	回弹强度检测	保护前后文物材质表层压强，判断增强效果。
2	超声波波速	评估保护前后表层密实度的改变，判定表层通道的完整性以及二次保护的可能性。
3	自由表面渗水率	判定保护前后文物材质表面防水性能的改变。
4	表面含水率结合自由表面渗水率	判断保护前后文物材质表面防水性能的改变
5	单位面积消耗量	判定材料的渗透深度以及表层载荷量。
6	色差检测	外观的改变，以判定保护前后颜色改变程度。
7	划痕强度检测	保护前后文物材质表面强度，判断增强效果。
8	光泽检测	外观的改变，以判定保护后是否产生炫光现象。

四、保护效果评估

（一）质量控制

1. 清洗

（1）划痕：清洗后，石质文物风化表面划痕宽度比清洗前大 10% ~ 30%。

（2）回弹：清洗后，石质文物风化表面回弹值与清洗前改变不大。

（3）超声波：清洗后超声波波速小于原始数据采集所得超声波波速。

（4）自由表面渗水率：清洗后自由表面渗水率应略大于清洗前。

（5）色度：清洗后测得明度值应比原始数据采集所得明度值大。

2. 表层加固

（1）色差值：加固前后色差△E 变化应小于 6。

（2）自由表面渗水率：由于加固材料的表面加固涂刷，加固后的自由表面渗水率应比清洗后的自由表面渗水率略有减小。

（3）超声波：加固后超声波的波速要比清洗后的超声波波速略有提高。

（4）回弹强度：加固材料的涂刷，会使文物的表层强度有明显的增加，因此，加固后的平均回弹值应比清洗后的平均回弹值有所增加，一般增加 10% ~ 25%。

（5）划痕宽度：加固后的划痕宽度平均值要比清洗后的划痕宽度平均值小，但变化量一般不宜大于 30%。

3. 表面防水和封护

（1）色差值：表面防水与封护后明度值应比加固后明度值略大，但△E 的变化量应小于 3。

（2）自由表面渗水率：由于表面防水与封护材料的涂刷，自由表面渗水率应比加固后的自由表面渗水率明显减小。

（3）超声波：表面防水与封护材料涂刷后，超声波的波速比加固后略有提高。

（4）回弹强度：表面防水与封护材料的涂刷，不会使砖石文物的表层强度有明显的增加，因此，表面防水与封护后的平均回弹值应该与加固后的平均回弹值相近。

（5）划痕宽度：表面防水与封护后的划痕宽度平均值与加固后的划痕宽度平均值相差不大。

（6）表面含水率：表面防护后，石质文物构件的表面含水率小于防护前。

附 录

附录一 模拟"酸雨喷淋"和"盐+冻融"老化过程中物理性能测试数据

表附录 1-1 大理岩在"盐+冻融"老化不同循环后后物理性能

老化不同循环	编号	质量损失率（%）	表观密度（g/cm³）	吸水率（%）		开孔孔隙率（%）
				自由吸水率	饱和吸水率	
	H1-1	—	2.8891	0.1894	—	—
	H1-2	—	2.9179	—	—	—
	H1-3	—	2.9674	—	—	—
	H1-4	—	2.8652	0.1883	—	—
未风化	H1-5	—	2.9190	0.1901	—	—
	H1-6	—	2.8508	—	0.1919	0.1919
	H1-7	—	2.8473	—	0.2863	0.2863
	H1-8	—	2.79984	—	—	—
	H1-9	—	2.8708	—	0.1907	0.1907

编号	质量增加率（%）	表观密度（g/cm³）	吸水率（%）		开孔孔隙率（%）
			自由吸水率	饱和吸水率	
Q1-1	—	2.8869	0.0000	—	—
Q1-2	—	2.8476	0.0981	—	—
Q1-3	—	2.9025	—	—	—
Q1-4	—	2.8641	—	—	—
Q1-5	—	2.8600	0.0984	—	—
Q1-6	—	2.8947	—	0.1878	0.1878
Q1-7	—	2.8603	—	—	—
Q1-8	—	2.8746	—	0.1931	0.1931
Q1-9	—	2.9048	—	0.1951	0.1951

续 表

老化不同循环	编号	质量损失率(%)	表观密度(g/cm³)	吸水率(%) 自由吸水率	吸水率(%) 饱和吸水率	开孔孔隙率(%)	编号	质量增加率(%)	表观密度(g/cm³)	吸水率(%) 自由吸水率	吸水率(%) 饱和吸水率	开孔孔隙率(%)
	平均值	—	2.8820	0.1893	0.2230	0.2230	平均值	—	2.8778	0.0978	0.1920	0.1920
	H1-1	0.0947	2.8864	0.1896	—	—	Q1-1	0.0990	2.8869	0.0000	—	—
	H1-2	0.0000	2.9179	—	—	—	Q1-2	0.0000	2.8476	0.1963	—	—
	H1-3	0.0976	2.9645	—	—	—	Q1-3	0.0000	2.9025	—	—	—
	H1-4	0.0000	2.8652	0.1883	—	—	Q1-4	0.0000	2.8641	—	—	—
10个循环	H1-5	0.0951	2.9162	0.1903	—	—	Q1-5	0.0984	2.8600	0.0983	—	—
	H1-6	0.0000	2.8508	—	0.0960	0.0960	Q1-6	0.0000	2.8947	—	0.1878	0.1878
	H1-7	0.0954	2.8446	—	0.2865	0.2865	Q1-7	0.0943	2.8603	—	—	—
	H1-8	0.0000	2.7984	—	—	—	Q1-8	0.0000	2.8746	—	0.1931	0.1931
	H1-9	0.0953	2.8681	—	0.1908	0.1908	Q1-9	0.0000	2.9048	—	0.1951	0.1951
	平均值	0.0531	2.8791	0.1894	0.2387	0.2387	平均值	0.0324	2.8782	0.0982	0.1921	0.1921
	H1-1	0.2841	2.8809	0.2849	—	—	Q1-1	0.0000	2.8869	0.0990	—	—
	H1-2	0.0964	2.9151	—	—	—	Q1-2	0.0981	2.8504	—	—	—
	H1-3	0.1951	2.9617	—	—	—	Q1-3	0.0000	2.9025	—	—	—
20个循环	H1-4	0.1883	2.8598	0.2830	—	—	Q1-4	0.0969	2.8669	—	—	—
	H1-5	0.1901	2.9135	0.2857	—	—	Q1-5	0.0000	2.8600	0.0984	—	—
	H1-6	0.1919	2.8454	—	—	—	Q1-6	0.0000	2.8947	—	—	—
	H1-7	0.1908	2.8419	—	—	—	Q1-7	0.0000	2.8603	—	—	—

续 表

老化不同循环	编号	质量损失率(%)	表观密度(g/cm³)	吸水率(%)		开孔孔隙率(%)
				自由吸水率	饱和吸水率	
	H1-8	0.1889	2.7931	—	—	—
	H1-9	0.1907	2.8654	—	—	—
	平均值	0.1907	2.8752	0.2845	0.3822	0.3822
30个循环	H1-1	0.3788	2.8782	0.4753	—	—
	H1-2	0.0964	2.9151	—	—	—
	H1-3	0.1951	2.9617	—	—	—
	H1-4	0.1883	2.8598	—	—	—
	H1-5	0.2852	2.9107	0.2830	—	—
	H1-6	0.1919	2.8454	—	0.3846	—
	H1-7	0.0954	2.8446	—	0.3820	—
	H1-8	0.2833	2.7905	—	—	—
	H1-9	0.2860	2.8626	0.3813	0.4780	—
	平均值	0.2223	2.8743	0.3322	0.3833	0.3833

编号	质量增加率(%)	表观密度(g/cm³)	吸水率(%)		开孔孔隙率(%)
			自由吸水率	饱和吸水率	
Q1-8	0.0000	2.8746	—	—	—
Q1-9	0.0000	2.9048	—	—	—
平均值	0.0217	2.8779	0.0985	0.1920	0.1920
Q1-1	0.0000	2.8869	0.2970	—	—
Q1-2	0.0000	2.8476	0.2944	—	—
Q1-3	0.0977	2.9053	—	—	—
Q1-4	0.0969	2.8669	—	—	—
Q1-5	0.0984	2.8628	0.1967	—	—
Q1-6	0.0000	2.8947	—	0.3756	—
Q1-7	0.0943	2.8630	—	—	—
Q1-8	0.0965	2.8774	—	0.1929	—
Q1-9	0.0000	2.9048	—	0.1951	—
平均值	0.0538	2.8788	0.2455	0.2545	0.2545

注："—"表示样品没有进行该项测试，下同。

附 录

表附录 1-2　大理岩不同 pH "酸雨喷淋" 模拟实验未风化大理岩的物理性能

老化不同循环	编号	表观密度 (g/cm³)	吸水率 (%)		开孔孔隙率 (%)
			自由吸水率	饱和吸水率	
pH=1	H2-1	2.8222	—	—	—
	H2-2	2.8929	0.1905	—	—
	H2-3	2.8426	0.1925	—	—
	H2-4	2.8756	—	—	—
	H2-5	2.8424	0.1912	—	—
	H2-6	2.8120	—	0.1932	0.1932
	H2-7	2.7842	—	—	—
	H2-8	2.8946	—	0.0965	0.0965
	H2-9	2.8429	—	0.2887	0.2887
	平均值	2.8465	0.1914	0.2409	0.2409
pH=2	H3-1	2.9003	—	—	—
	H3-2	2.8397	0.1914	—	—
	H3-3	2.8500	0.0953	—	—
	H3-4	2.9376	—	—	—
	H3-5	2.8512	0.0953	—	—
	H3-6	2.8665	—	0.3052	0.3052
	H3-7	2.8663	—	—	—
	H3-8	2.8313	—	0.1015	0.1015

编号	表观密度 (g/cm³)	吸水率 (%)		开孔孔隙率 (%)
		自由吸水率	饱和吸水率	
Q2-1	2.9051	—	—	—
Q2-2	2.8896	—	—	—
Q2-3	2.8523	0.1892	—	—
Q2-4	2.8592	0.1874	—	—
Q2-5	2.8587	0.1874	—	—
Q2-6	2.8448	—	0.1965	0.1965
Q2-7	2.8812	—	—	—
Q2-8	2.8631	—	0.0962	0.0962
Q2-9	2.8912	—	0.1961	0.1961
平均值	2.8717	0.1880	0.1963	0.1963
Q3-1	2.8696	0.0947	—	—
Q3-2	2.8742	—	—	—
Q3-3	2.8914	0.1880	—	—
Q3-4	2.8985	—	—	—
Q3-5	2.8914	0.1880	—	—
Q3-6	2.9466	—	0.2037	0.2037
Q3-7	2.9266	—	0.2991	0.2991
Q3-8	2.9048	—	—	—

续　表

老化不同循环	编号	表观密度（g/cm³）	吸水率（%）		开孔孔隙率（%）	编号	表观密度（g/cm³）	吸水率（%）		开孔孔隙率（%）
			自由吸水率	饱和吸水率				自由吸水率	饱和吸水率	
	H3-9	2.8453	—	0.2079	0.2079	Q3-9	2.8619	—	0.1873	0.1873
	平均值	2.8664	0.1434	0.2049	0.2049	平均值	2.8964	0.1569	0.1955	0.1955
pH=3	H4-1	2.8754	0.2915	—	—	Q4-1	2.8935	—	—	—
	H4-2	2.9201	0.1942	—	—	Q4-2	2.8560	0.0951	—	—
	H4-3	2.9541	—	—	—	Q4-3	2.9141	0.0959	—	—
	H4-4	2.7917	—	—	—	Q4-4	2.8819	0.0956	—	—
	H4-5	2.8588	0.0978	—	—	Q4-5	2.8772	—	—	—
	H4-6	2.8288	—	0.3006	0.3006	Q4-6	2.9027	—	—	—
	H4-7	2.8537	—	0.2979	0.2979	Q4-7	2.8344	—	0.2058	0.2058
	H4-8	2.9031	—	0.1953	0.1953	Q4-8	2.9318	—	0.1990	0.1990
	H4-9	2.8847	—	—	—	Q4-9	2.8807	—	0.4990	0.4990
	平均值	2.8729	0.1945	0.2646	0.2646	平均值	2.8835	0.0955	0.2024	0.2024
pH=4	H5-1	2.7351	0.2820	—	—	Q5-1	2.8337	0.1918	—	—
	H5-2	2.8329	—	—	—	Q5-2	2.8654	0.0962	—	—
	H5-3	2.8324	0.0946	—	—	Q5-3	2.8430	—	—	—
	H5-4	2.9088	—	—	—	Q5-4	2.8851	—	—	—
	H5-5	2.8909	0.1907	—	—	Q5-5	2.9063	0.1923	—	—
	H5-6	2.7798	—	—	—	Q5-6	2.8461	—	0.1936	0.1936

续　表

老化不同循环	编号	表观密度 (g/cm³)	吸水率 (%) 自由吸水率	吸水率 (%) 饱和吸水率	开孔孔隙率 (%)
	H5-7	2.8307	—	0.3049	0.3049
	H5-8	2.7702	—	0.2747	0.2747
	H5-9	2.7882	—	0.1976	0.1976
	平均值	2.8189	0.1891	0.2362	0.2362
	Q5-7	2.8941	—	—	—
	Q5-8	2.8521	—	0.2918	0.2918
	Q5-9	2.7316	—	0.1990	0.1990
	平均值	2.8551	0.1601	0.1963	0.1963

表附录 1-3　不同 pH "酸雨喷淋" 模拟实验 5 个老化循环后的物理性能

老化不同循环	编号	质量损失率 (%)	表观密度 (g/cm³)	吸水率 (%) 自由吸水率	吸水率 (%) 饱和吸水率	开孔孔隙率 (%)
pH=1	H2-1	0.5581	2.8064	—	—	—
	H2-2	0.4762	2.8792	0.1914	—	—
	H2-3	0.4812	2.8289	0.0967	—	—
	H2-4	0.5831	2.8588	—	—	—
	H2-5	0.4780	2.8289	0.1921	—	—
	H2-6	0.6763	2.7930	—	0.1946	0.1946
	H2-7	0.3992	2.7731	—	—	—
	H2-8	0.3861	2.8834	—	0.1938	0.1938
	H2-9	0.4812	2.8292	—	0.1934	0.1934
	平均值	0.5022	2.8312	0.1918	0.1939	0.1939
	Q2-1	0.5693	2.8886	—	—	—
	Q2-2	0.3868	2.8784	—	—	—
	Q2-3	0.3784	2.8415	0.1899	—	—
	Q2-4	0.4686	2.8458	0.2825	—	—
	Q2-5	0.3749	2.8480	0.1881	—	—
	Q2-6	0.3929	2.8337	—	0.0986	0.0986
	Q2-7	0.7759	2.8588	—	—	—
	Q2-8	0.2887	2.8548	—	0.1931	0.1931
	Q2-9	0.3922	2.8798	—	0.1969	0.1969
	平均值	0.4475	2.8588	0.1890	0.1950	0.1950

续表

老化不同循环	编号	质量损失率（%）	表观密度（g/cm³）	吸水率（%）自由吸水率	吸水率（%）饱和吸水率	开孔孔隙率（%）
pH=2	H3-1	0.3910	2.8889	—	—	—
	H3-2	0.0957	2.8370	0.1916	—	—
	H3-3	0.1907	2.8446	0.1910	—	—
	H3-4	0.2935	2.9290	—	—	—
	H3-5	0.1907	2.8457	0.1910	—	—
	H3-6	0.2035	2.8606	—	0.2039	0.2039
	H3-7	0.3791	2.8555	—	—	—
	H3-8	0.3046	2.8227	—	0.2037	0.2037
	H3-9	0.1040	2.8424	—	0.2081	0.2081
	平均值	0.2392	2.8585	0.1912	0.2052	0.2052
pH=3	H4-1	0.0972	2.8727	0.2918	—	—
	H4-2	0.1942	2.9144	0.2918	—	—
	H4-3	0.1866	2.9486	—	—	—
	H4-4	0.0960	2.7890	—	—	—
	H4-5	0.0978	2.8560	0.1957	—	—
	H4-6	0.0000	2.8288	—	0.3006	0.3006
	H4-7	0.0993	2.8509	—	0.3976	0.3976
	H4-8	0.0000	2.9031	—	0.1953	0.1953

编号	质量损失率（%）	表观密度（g/cm³）	吸水率（%）自由吸水率	吸水率（%）饱和吸水率	开孔孔隙率（%）
Q3-1	0.3788	2.8588	0.1901	—	—
Q3-2	0.3835	2.8632	—	—	—
Q3-3	0.1880	2.8859	0.1883	—	—
Q3-4	0.1901	2.8929	—	—	—
Q3-5	0.1880	2.8859	0.1883	—	—
Q3-6	0.3055	2.9376	—	0.2043	0.3064
Q3-7	0.1994	2.9208	—	0.2997	0.2997
Q3-8	0.1951	2.8991	—	—	—
Q3-9	0.1873	2.8566	—	0.2814	0.2814
平均值	0.2462	2.8890	0.1889	0.2429	0.2429
Q4-1	0.1932	2.8879	—	—	—
Q4-2	0.0951	2.8533	0.0952	—	—
Q4-3	0.0959	2.9113	0.2879	—	—
Q4-4	0.0000	2.8819	0.0956	—	—
Q4-5	0.0000	2.8772	—	—	—
Q4-6	0.1019	2.8998	—	—	—
Q4-7	0.1029	2.8315	—	0.2060	0.2060
Q4-8	0.0000	2.9318	—	0.0995	0.0995

续 表

老化不同循环	编号	质量损失率（%）	表观密度（g/cm³）	吸水率（%）		开孔孔隙率（%）
				自由吸水率	饱和吸水率	
	H4-9	0.0000	2.8847	—	—	—
	平均值	0.0857	2.8720	0.2598	0.2598	0.2978
pH=4	H5-1	0.0000	2.7351	0.2820	—	—
	H5-2	0.0973	2.8301	—	—	—
	H5-3	0.0946	2.8298	0.2841	—	—
	H5-4	0.0000	2.9088	—	—	—
	H5-5	0.0000	2.8909	0.1907	—	—
	H5-6	0.0933	2.7772	—	—	—
	H5-7	0.0000	2.8307	—	0.2033	0.2033
	H5-8	0.0000	2.7702	—	0.2747	0.2747
	H5-9	0.0000	2.7882	—	0.1976	0.1976
	平均值	0.0317	2.8179	0.2522	0.2390	0.2390

续 表

编号	质量损失率（%）	表观密度（g/cm³）	吸水率（%）		开孔孔隙率（%）
			自由吸水率	饱和吸水率	
Q4-9	0.0000	2.8894	—	0.1990	0.1990
平均值	0.0655	2.8849	0.1596	0.2025	0.2025
Q5-1	0.0959	2.8310	0.1919	—	—
Q5-2	0.0000	2.8654	0.1923	—	—
Q5-3	0.0000	2.8430	—	—	—
Q5-4	0.0969	2.8823	—	—	—
Q5-5	0.0000	2.9063	0.1923	—	—
Q5-6	0.0968	2.8434	—	0.3876	0.3876
Q5-7	0.0000	2.8941	—	—	—
Q5-8	0.0000	2.8521	—	0.2918	0.2918
Q5-9	0.0000	2.7316	—	0.0995	0.0995
平均值	0.0322	2.8499	0.1922	0.1957	0.1957

表附录 1-4　不同 pH "酸雨喷淋" 模拟实验 10 个老化循环后的物理性能

老化不同循环	编号	质量损失率（%）	表观密度（g/cm³）	吸水率（%）		开孔孔隙率（%）
				自由吸水率	饱和吸水率	
pH=1	H2-1	0.9302	2.7959	—	—	—
	H2-2	1.0476	2.8626	0.1925	—	—

编号	质量损失率（%）	表观密度（g/cm³）	吸水率（%）		开孔孔隙率（%）
			自由吸水率	饱和吸水率	
Q2-1	0.9488	2.8775	—	—	—
Q2-2	0.8704	2.8644	—	—	—

续表

老化不同循环	编号	质量损失率（%）	表观密度（g/cm³）	吸水率（%）		开孔孔隙率（%）
				自由吸水率	饱和吸水率	
pH=2	H2-3	1.2512	2.8071	0.1949	—	—
	H2-4	0.9718	2.8476	—	—	—
	H2-5	1.0516	2.8126	0.1932	—	—
	H2-6	1.0628	2.7821	—	0.1953	0.1953
	H2-7	0.8982	2.7592	—	—	—
	H2-8	0.8687	2.8694	—	0.1947	0.1947
	H2-9	0.9625	2.8155	—	0.2915	0.2915
	平均值	1.0050	2.8169	0.1936	0.2272	0.2272
	H3-1	0.6843	2.8804	—	—	—
	H3-2	0.3828	2.8289	0.3842	—	—
	H3-3	0.5720	2.8337	0.2876	—	—
	H3-4	0.6849	2.9175	—	—	—
	H3-5	0.4766	2.8376	0.1916	—	—
	H3-6	0.4069	2.8548	—	0.2043	0.2043
	H3-7	0.8531	2.8419	—	—	—
	H3-8	0.5076	2.8169	—	0.3061	0.3061
	H3-9	0.5198	2.8305	—	0.4180	0.4180
	平均值	0.5653	2.8491	0.2396	0.3095	0.3095

编号	质量损失率（%）	表观密度（g/cm³）	吸水率（%）		开孔孔隙率（%）
			自由吸水率	饱和吸水率	
Q2-3	0.9461	2.8253	0.2865	—	—
Q2-4	0.8435	2.8351	0.1890	—	—
Q2-5	0.9372	2.8319	0.1892	—	—
Q2-6	1.0806	2.8141	—	0.2979	0.2979
Q2-7	1.1639	2.8476	—	—	—
Q2-8	0.7700	2.8410	—	0.1940	0.1940
Q2-9	0.8824	2.8656	—	0.1978	0.1978
平均值	0.9381	2.8447	0.1891	0.1959	0.1959
Q3-1	0.6629	2.8506	0.1907	—	—
Q3-2	0.4794	2.8604	—	—	—
Q3-3	0.4699	2.8778	0.2833	—	—
Q3-4	0.3802	2.8874	—	—	—
Q3-5	0.2820	2.8832	0.1885	—	—
Q3-6	0.4073	2.9346	—	0.3067	0.3067
Q3-7	0.3988	2.9149	—	0.3003	0.3003
Q3-8	0.3902	2.8934	—	—	—
Q3-9	0.3745	2.8512	—	0.1880	0.1880
平均值	0.4273	2.8837	0.2208	0.2650	0.2650

老化不同循环	编号	质量损失率（%）	表观密度（g/cm³）	吸水率（%）		开孔孔隙率（%）
				自由吸水率	饱和吸水率	
pH=3	H4-1	0.1944	2.8699	0.2921	—	—
	H4-2	0.1942	2.9144	0.1946	—	—
	H4-3	0.2799	2.9459	—	—	—
	H4-4	0.1919	2.7864	—	—	—
	H4-5	0.1955	2.8532	0.1959	—	—
	H4-6	0.1002	2.8260	—	0.2006	0.2006
	H4-7	0.1986	2.8481	—	0.2985	0.2985
	H4-8	0.2930	2.8946	—	0.2938	0.2938
	H4-9	0.2712	2.8769	—	—	—
	平均值	0.2132	2.8684	0.2433	0.2962	0.2962
pH=4	H5-1	0.0940	2.7325	0.3763	—	—
	H5-2	0.0973	2.8301	—	—	—
	H5-3	0.1892	2.8271	0.2844	—	—
	H5-4	0.1949	2.9031	—	—	—
	H5-5	0.0000	2.8909	0.0953	—	—
	H5-6	0.1866	2.7746	—	—	—
	H5-7	0.1016	2.8278	—	0.3052	0.3052
	H5-8	0.0916	2.7676	—	0.3666	0.3666

编号	质量损失率（%）	表观密度（g/cm³）	吸水率（%）		开孔孔隙率（%）
			自由吸水率	饱和吸水率	
Q4-1	0.2899	2.8851	—	—	—
Q4-2	0.2854	2.8479	0.2863	—	—
Q4-3	0.1918	2.9085	0.2882	—	—
Q4-4	0.1912	2.8764	0.1916	—	—
Q4-5	0.0944	2.8745	—	—	—
Q4-6	0.1019	2.8998	—	—	—
Q4-7	0.2058	2.8286	—	0.2062	0.2062
Q4-8	0.0995	2.9289	—	0.1992	0.1992
Q4-9	0.1990	2.8836	—	0.2991	0.2991
平均值	0.1843	2.8815	0.2399	0.2526	0.2526
Q5-1	0.0959	2.8310	0.2879	—	—
Q5-2	0.0000	2.8654	0.0962	—	—
Q5-3	0.0956	2.8403	—	—	—
Q5-4	0.0969	2.8823	—	—	—
Q5-5	0.0000	2.9063	0.0962	—	—
Q5-6	0.0968	2.8434	—	0.1938	0.1938
Q5-7	0.0000	2.8941	—	—	—
Q5-8	0.0000	2.8549	—	0.0972	0.0972

续 表

老化不同循环	编号	质量损失率(%)	表观密度(g/cm³)	吸水率(%)		开孔孔隙率(%)
				自由吸水率	饱和吸水率	
	Q5-9	0.0995	2.7289	—	0.1992	0.1992
	平均值	0.0539	2.8496	0.1920	0.1965	0.1965

表附录 1-5　不同 pH "酸雨喷淋" 模拟实验 15 个老化循环后的物理性能

老化不同循环	编号	质量损失率(%)	表观密度(g/cm³)	吸水率(%)		开孔孔隙率(%)
				自由吸水率	饱和吸水率	
	Q2-1	1.2334	2.8693	—	—	—
	Q2-2	1.1605	2.8560	—	—	—
	Q2-3	1.5137	2.8091	0.2882	—	—
	Q2-4	1.4995	2.8164	0.1903	—	—
	Q2-5	1.5933	2.8131	0.1905	—	—
	Q2-6	1.7682	2.7945	—	0.2000	0.2000
	Q2-7	1.4549	2.8393	—	—	—
	Q2-8	1.4437	2.8217	—	0.1953	0.1953
	Q2-9	1.5686	2.8458	—	0.1992	0.1992
	平均值	1.4706	2.8295	0.1904	0.1982	0.1982
	Q3-1	1.0417	2.8397	0.2871	—	—
	Q3-2	0.9588	2.8467	—	—	—
	Q3-3	0.8459	2.8669	0.2844	—	—

老化不同循环	编号	质量损失率(%)	表观密度(g/cm³)	吸水率(%)		开孔孔隙率(%)
				自由吸水率	饱和吸水率	
pH=1	H2-1	1.3953	2.7828	—	—	—
	H2-2	1.5238	2.8489	0.3868	—	—
	H2-3	1.8287	2.7906	0.3922	—	—
	H2-4	1.4577	2.8337	—	—	—
	H2-5	1.5296	2.7990	0.3883	—	—
	H2-6	0.5797	2.7957	—	0.4859	0.4859
	H2-7	1.3972	2.7453	—	—	—
	H2-8	1.3514	2.8555	—	0.4892	0.4892
	H2-9	1.4437	2.8019	—	0.4883	0.4883
	平均值	1.3897	2.8059	0.3891	0.4878	0.4878
pH=2	H3-1	1.1730	2.8662	—	—	—
	H3-2	0.9569	2.8126	0.3865	—	—
	H3-3	0.9533	2.8229	0.3850	—	—

续 表

老化不同循环	编号	质量损失率(%)	表观密度(g/cm³)	吸水率(%) 自由吸水率	吸水率(%) 饱和吸水率	开孔孔隙率(%)
	H3-4	1.1742	2.9031	—	—	—
	H3-5	0.9533	2.8240	0.2887	—	—
	H3-6	0.9156	2.8402	—	0.5133	0.5133
	H3-7	0.9479	2.8392	—	—	—
	H3-8	3.9594	2.7192	—	0.3171	0.3171
	H3-9	1.0395	2.8157	—	0.4202	0.4202
	平均值	1.3414	2.8270	0.3534	0.4169	0.4169
pH=3	H4-1	0.3887	2.8643	0.2927	—	—
	H4-2	0.3883	2.9088	—	—	—
	H4-3	0.3731	2.9431	—	—	—
	H4-4	0.3839	2.7810	—	—	—
	H4-5	0.3910	2.8476	0.3925	—	—
	H4-6	0.3006	2.8203	—	0.3015	0.3015
	H4-7	0.2979	2.8452	—	0.2988	0.2988
	H4-8	0.4883	2.8889	—	0.2944	0.2944
	H4-9	0.5425	2.8691	—	—	—
	平均值	0.3949	2.8631	0.2925	0.2982	0.2982

编号	质量损失率(%)	表观密度(g/cm³)	吸水率(%) 自由吸水率	吸水率(%) 饱和吸水率	开孔孔隙率(%)
Q3-4	0.6654	2.8792	—	—	—
Q3-5	0.7519	2.8696	0.2841	—	—
Q3-6	0.8147	2.9226	—	0.3080	0.3080
Q3-7	0.6979	2.9062	—	0.2008	0.2008
Q3-8	0.7805	2.8821	—	—	—
Q3-9	0.7491	2.8405	—	0.2830	0.2830
平均值	0.8117	2.8726	0.2852	0.2955	0.2955
Q4-1	0.3865	2.8823	—	—	—
Q4-2	0.2854	2.8479	0.1908	—	—
Q4-3	0.2876	2.9058	0.1923	—	—
Q4-4	0.2868	2.8737	0.2876	—	—
Q4-5	0.1889	2.8718	—	—	—
Q4-6	0.2039	2.8968	—	—	—
Q4-7	0.3086	2.8256	—	0.2064	0.2064
Q4-8	0.1990	2.9260	—	0.1994	0.1994
Q4-9	0.2985	2.8807	—	0.2994	0.2994
平均值	0.2717	2.8790	0.2400	0.2529	0.2529

续 表

老化不同循环	编号	质量损失率（%）	表观密度（g/cm³）	吸水率（%） 自由吸水率	吸水率（%） 饱和吸水率	开孔孔隙率（%）
pH=4	H5-1	0.1880	2.7300	—	—	—
	H5-2	0.2918	2.8246	—	—	—
	H5-3	0.2838	2.8244	—	—	—
	H5-4	0.2924	2.9003	—	—	—
	H5-5	0.1907	2.8854	0.2865	—	—
	H5-6	0.1866	2.7746	—	—	—
	H5-7	0.2033	2.8250	—	0.4073	0.4073
	H5-8	0.0916	2.7676	—	0.3666	0.3666
	H5-9	0.1976	2.7827	—	0.2970	0.2970
	平均值	0.2140	2.8127	0.3476	0.3870	0.3870

编号	质量损失率（%）	表观密度（g/cm³）	吸水率（%） 自由吸水率	吸水率（%） 饱和吸水率	开孔孔隙率（%）
Q5-1	0.0959	2.8310	0.2879	—	—
Q5-2	0.1923	2.8599	0.2890	—	—
Q5-3	0.1912	2.8376	—	—	—
Q5-4	0.1938	2.8795	—	—	—
Q5-5	0.0000	2.9063	0.1923	—	—
Q5-6	0.0968	2.8434	—	0.1938	0.1938
Q5-7	0.0939	2.8914	—	—	—
Q5-8	0.0973	2.8494	—	0.2921	0.2921
Q5-9	0.2985	2.7234	—	0.2994	0.2994
平均值	0.1400	2.8469	0.2564	0.2958	0.2958

表附录 1-6　不同 pH "酸雨喷淋" 模拟实验 20 个老化循环后的物理性能

老化不同循环	编号	质量损失率（%）	表观密度（g/cm³）	吸水率（%） 自由吸水率	吸水率（%） 饱和吸水率	开孔孔隙率（%）
pH=1	H2-1	1.6744	2.7749	—	—	—
	H2-2	2.5714	2.8186	0.0978	—	—
	H2-3	2.6949	2.7660	0.1978	—	—
	H2-4	1.7493	2.8253	—	—	—

编号	质量损失率（%）	表观密度（g/cm³）	吸水率（%） 自由吸水率	吸水率（%） 饱和吸水率	开孔孔隙率（%）
Q2-1	1.5180	2.8610	—	—	—
Q2-2	1.4507	2.8476	—	—	—
Q2-3	2.1760	2.7902	0.1934	—	—
Q2-4	2.1556	2.7976	0.1916	—	—

续 表

老化不同循环	编号	质量损失率（%）	表观密度（g/cm³）	吸水率（%）自由吸水率	吸水率（%）饱和吸水率	开孔孔隙率（%）
	H2-5	2.4857	2.7718	0.1961	—	—
	H2-6	2.7053	2.7359	—	0.2979	0.2979
	H2-7	1.4970	2.7425	—	—	—
	H2-8	2.5097	2.8219	—	0.2970	0.2970
	H2-9	2.4062	2.7745	—	0.2959	0.2959
	平均值	2.2549	2.7813	0.1970	0.2969	0.2969
pH=2	H3-1	1.8573	2.8464	—	—	—
	H3-2	1.5311	2.7962	0.3887	—	—
	H3-3	1.4299	2.8093	0.3868	—	—
	H3-4	1.7613	2.8859	—	—	—
	H3-5	1.4299	2.8104	0.2901	—	—
	H3-6	1.4242	2.8256	—	0.3096	0.3096
	H3-7	1.6114	2.8202	—	—	—
	H3-8	1.6244	2.7853	—	0.4128	0.4128
	H3-9	1.5593	2.8009	—	0.3168	0.3168
	平均值	1.5810	2.8200	0.3552	0.3648	0.3648
pH=3	H4-1	0.5831	2.8587	0.3910	—	—
	H4-2	0.4854	2.9059	—	—	—

编号	质量损失率（%）	表观密度（g/cm³）	吸水率（%）自由吸水率	吸水率（%）饱和吸水率	开孔孔隙率（%）
Q2-5	2.2493	2.7944	0.1918	—	—
Q2-6	2.4558	2.7750	—	0.3021	0.3021
Q2-7	1.7459	2.8309	—	—	—
Q2-8	2.1174	2.8024	—	0.1967	0.1967
Q2-9	2.2549	2.8260	—	0.3009	0.3009
平均值	2.0137	2.8139	0.1922	0.2666	0.2666
Q3-1	1.5152	2.8261	0.2885	—	—
Q3-2	1.5340	2.8301	—	—	—
Q3-3	1.3158	2.8533	0.3810	—	—
Q3-4	1.1407	2.8654	—	—	—
Q3-5	1.2218	2.8560	0.3806	—	—
Q3-6	1.3238	2.9076	—	0.4128	0.4128
Q3-7	1.1964	2.8916	—	0.4036	0.4036
Q3-8	1.0732	2.8736	—	—	—
Q3-9	1.2172	2.8271	—	0.2844	0.2844
平均值	1.2820	2.8590	0.3500	0.3669	0.3669
Q4-1	0.6763	2.8739	—	—	—
Q4-2	0.5709	2.8397	0.2871	—	—

续 表

分组	编号	质量损失率（%）	表观密度（g/cm³）	吸水率（%）自由吸水率	吸水率（%）饱和吸水率	开孔孔隙率（%）
老化不同循环	H4-3	0.7463	2.9321	—	—	—
	H4-4	0.4798	2.7783	—	—	—
	H4-5	0.5865	2.8421	—	—	—
	H4-6	0.5010	2.8136	—	0.5035	0.5035
	H4-7	0.3972	2.8424	—	—	—
	H4-8	0.6836	2.8832	—	—	—
	H4-9	0.7233	2.8638	—	—	—
	平均值	0.5763	2.8579	0.3590	0.3961	0.3961
	H5-1	0.2820	2.7274	0.4713	—	—
	H5-2	0.4864	2.8191	—	—	—
	H5-3	0.3784	2.8217	0.3799	—	—
	H5-4	0.3899	2.8974	—	—	—
	H5-5	0.1907	2.8854	0.1910	—	—
	H5-6	0.2799	2.7720	—	—	—
	H5-7	0.3049	2.8221	—	0.4077	0.4077
	H5-8	0.2747	2.7626	—	0.4591	0.4591
	H5-9	0.2964	2.7800	—	0.3964	0.3964
	平均值	0.3204	2.8097	0.3474	0.4211	0.4211
pH=4	Q4-3	0.4794	2.9002	0.3854	—	—
	Q4-4	0.3824	2.8709	0.2879	—	—
	Q4-5	0.4721	2.8636	—	—	—
	Q4-6	0.3058	2.8938	—	—	—
	Q4-7	0.5144	2.8198	—	0.4137	0.4137
	Q4-8	0.4975	2.9173	—	0.4000	0.4000
	Q4-9	0.3980	2.8779	—	0.2997	0.2997
	平均值	0.4774	2.8730	0.3201	0.3499	0.3499
	Q5-1	0.1918	2.8283	0.2882	—	—
	Q5-2	0.1923	2.8599	0.1927	—	—
	Q5-3	0.2868	2.8349	—	—	—
	Q5-4	0.2907	2.8767	—	—	—
	Q5-5	0.1923	2.9007	0.2890	—	—
	Q5-6	0.2904	2.8378	—	0.3883	0.3883
	Q5-7	0.1878	2.8886	—	—	—
	Q5-8	0.1946	2.8466	—	0.2924	0.2924
	Q5-9	0.3980	2.7207	—	0.3996	0.3996
	平均值	0.2472	2.8438	0.2566	0.3404	0.3404

表附录 1-7　不同 pH "酸雨喷淋" 模拟实验 25 个老化循环后的物理性能

老化不同循环	编号	质量损失率（%）	表观密度（g/cm³）	吸水率（%）自由吸水率	吸水率（%）饱和吸水率	开孔孔隙率（%）	编号	质量损失率（%）	表观密度（g/cm³）	吸水率（%）自由吸水率	吸水率（%）饱和吸水率	开孔孔隙率（%）
pH=1	H2-1	2.0465	2.7644	—	—	—	Q2-1	1.8027	2.8527	—	—	—
	H2-2	3.5238	2.7910	0.0987	—	—	Q2-2	1.7408	2.8393	—	—	—
	H2-3	3.3686	2.7469	0.0988	—	—	Q2-3	2.7436	2.7740	0.0973	—	—
	H2-4	2.1380	2.8141	—	—	—	Q2-4	2.8116	2.7788	0.0964	—	—
	H2-5	3.3461	2.7473	0.0989	—	—	Q2-5	2.9991	2.7730	0.0970	—	—
	H2-6	3.3816	2.7169	—	0.1000	0.1000	Q2-6	3.2417	2.7526	—	0.1015	0.1015
	H2-7	1.7964	2.7342	—	—	—	Q2-7	2.1339	2.8197	0.0646	—	—
	H2-8	3.2819	2.7996	—	0.2994	0.2994	Q2-8	2.7911	2.7831	—	0.1980	0.1980
	H2-9	3.1761	2.7526	—	0.1988	0.1988	Q2-9	2.8431	2.8090	—	0.2018	0.2018
	平均值	2.8955	2.7630	0.0988	0.1994	0.1994	平均值	2.5675	2.7980	0.0646	0.1671	0.1671
pH=2	H3-1	2.4438	2.8294	—	—	—	Q3-1	1.9886	2.8126	0.3865	—	—
	H3-2	2.2010	2.7772	0.3914	—	—	Q3-2	1.9175	2.8191	—	—	—
	H3-3	2.0019	2.7930	0.4864	—	—	Q3-3	1.7857	2.8397	0.3828	—	—
	H3-4	2.3483	2.8686	—	—	—	Q3-4	1.7110	2.8489	—	—	—
	H3-5	2.0972	2.7914	0.3895	—	—	Q3-5	1.6917	2.8424	0.2868	—	—

老化不同循环	编号	质量损失率（%）	表观密度（g/cm³）	吸水率（%）		开孔孔隙率（%）
				自由吸水率	饱和吸水率	
	H3-6	2.1363	2.8052	—	0.4158	0.4158
	H3-7	2.1801	2.8039	—	—	—
	H3-8	2.2335	2.7680	—	0.4154	0.4154
	H3-9	2.2869	2.7802	—	0.5319	0.5319
	平均值	2.2143	2.8019	0.4224	0.4544	0.4544
pH=3	H4-1	0.7775	2.8531	0.3918	—	—
	H4-2	0.7767	2.8974	—	—	—
	H4-3	1.0261	2.9238	—	—	—
	H4-4	0.6718	2.7730	—	—	—
	H4-5	0.7820	2.8365	—	—	—
	H4-6	0.8016	2.8061	—	0.4040	0.4040
	H4-7	0.7944	2.8311	—	—	—
	H4-8	0.8789	2.8776	—	—	—
	H4-9	1.0850	2.8534	—	—	—
	平均值	0.8438	2.8502	0.3916	0.4657	0.4657

编号	质量损失率（%）	表观密度（g/cm³）	吸水率（%）		开孔孔隙率（%）
			自由吸水率	饱和吸水率	
Q3-6	1.9348	2.8895	—	0.4154	0.4154
Q3-7	1.5952	2.8799	—	0.4053	0.4053
Q3-8	1.5610	2.8594	—	—	—
Q3-9	1.6854	2.8137	—	0.3810	0.3810
平均值	1.7635	2.8450	0.3520	0.4005	0.4005
Q4-1	0.8696	2.8684	—	—	—
Q4-2	0.7612	2.8343	0.3835	—	—
Q4-3	0.5753	2.8974	0.2893	—	—
Q4-4	0.6692	2.8626	0.2887	—	—
Q4-5	0.6610	2.8582	—	—	—
Q4-6	0.6116	2.8850	—	—	—
Q4-7	0.7202	2.8140	—	0.4145	0.4145
Q4-8	0.5970	2.9143	—	0.3003	0.3003
Q4-9	0.5970	2.8721	—	0.3003	0.3003
平均值	0.6736	2.8674	0.3205	0.3574	0.3574

续　表

老化不同循环	编号	质量损失率（%）	表观密度（g/cm³）	吸水率（%） 自由吸水率	吸水率（%） 饱和吸水率	开孔孔隙率（%）
pH=4	H5-1	0.2820	2.7274	0.4713	—	—
	H5-2	0.4864	2.8191	—	—	—
	H5-3	0.4730	2.8190	—	—	—
	H5-4	0.5848	2.8917	—	—	—
	H5-5	0.4766	2.8771	0.3831	—	—
	H5-6	0.3731	2.7694	—	—	—
	H5-7	0.4065	2.8192	—	0.4082	0.4082
	H5-8	0.2747	2.7626	—	0.4591	0.4591
	H5-9	0.3953	2.7772	—	0.3968	0.3968
	平均值	0.4169	2.8070	0.4292	0.4337	0.4337

编号	质量损失率（%）	表观密度（g/cm³）	吸水率（%） 自由吸水率	吸水率（%） 饱和吸水率	开孔孔隙率（%）
Q5-1	0.2876	2.8256	0.3846	—	—
Q5-2	0.2885	2.8571	0.2893	—	—
Q5-3	0.2868	2.8349	—	—	—
Q5-4	0.3876	2.8739	—	—	—
Q5-5	0.2885	2.8979	0.2893	—	—
Q5-6	0.2904	2.8378	—	0.2913	0.2913
Q5-7	0.2817	2.8859	—	—	—
Q5-8	0.2918	2.8438	—	0.3902	0.3902
Q5-9	0.3980	2.7207	—	0.3996	0.3996
平均值	0.3112	2.8420	0.3211	0.3604	0.3604

附录二　模拟"酸雨喷淋"和"盐＋冻融"老化过程中力学性能测试数据

表附录 2-1　大理岩"盐＋冻融"模拟老化不同循环后抗压强度（KN）

岩石类型	编号	未风化	编号	30 个循环	编号	50 个循环
汉白玉	H1-11	819.0	H1-16	383.4	H1-1	—
	H1-12	907.4	H1-17	549.6	H1-2	—
	H1-13	456.5	H1-18	424.1	H1-3	—
	H1-14	834.4	H1-19	496.8	H1-4	—
	H1-15	717.5	H1-20	606.1	H1-5	—
	平均值	747.0	平均值	519.2	平均值	—
青白石	Q1-11	1188.6	Q1-16	590.2	Q1-1	—
	Q1-12	730.6	Q1-17	1076.9	Q1-2	—
	Q1-13	1140.4	Q1-18	473.6	Q1-3	—
	Q1-14	966.0	Q1-19	680.5	Q1-4	—
	Q1-15	1370.7	Q1-20	855.1	Q1-5	—
	平均值	1159.0	平均值	679.0	平均值	—

表附录 2-2　不同 pH "酸雨喷淋"模拟实验不同循环后抗压强度（KN）

不同 pH	岩石类型	编号	未风化	编号	15 个循环	编号	30 个循环
pH=1	汉白玉	H2-11	1105.6	H2-16	615.9	H2-1	271.8
		H2-12	931.0	H2-17	550.4	H2-2	548.2
		H2-13	752.4	H2-18	602.3	H2-3	443.7
		H2-14	649.2	H2-19	514.8	H2-4	468.9
		H2-15	971.3	H2-20	495.0	H2-5	566.7
		平均值	906.5	平均值	555.7	平均值	506.9
	青白石	Q2-11	1063.2	Q2-16	588.9	Q2-1	829.0
		Q2-12	1161.2	Q2-17	711.1	Q2-2	660.0
		Q2-13	950.7	Q2-18	565.9	Q2-3	640.9

续 表

不同 pH	岩石类型	编号	未风化	编号	15 个循环	编号	30 个循环
		Q2-14	1235.2	Q2-19	755.5	Q2-4	726.7
		Q2-15	1259.7	Q2-20	756.5	Q2-5	576.8
		平均值	1173.7	平均值	733.5	平均值	675.9
pH=2	汉白玉	H3-11	639.3	H3-16	523.4	H3-1	485.6
		H3-12	542.6	H3-17	551.6	H3-2	487.3
		H3-13	796.6	H3-18	533.3	H3-3	524.8
		H3-14	662.3	H3-19	640.2	H3-4	409.2
		H3-15	763.6	H3-20	557.2	H3-5	493.9
		平均值	680.9	平均值	561.1	平均值	480.2
	青白石	Q3-11	783.7	Q3-16	905.6	Q3-1	748.1
		Q3-12	940.9	Q3-17	802.6	Q3-2	537.0
		Q3-13	688.5	Q3-18	672.6	Q3-3	652.2
		Q3-14	833.2	Q3-19	963.1	Q3-4	327.5
		Q3-15	790.9	Q3-20	896.6	Q3-5	864.0
		平均值	807.4	平均值	793.6	平均值	645.8
pH=3	汉白玉	H4-11	746.8	H4-16	600.0	H4-1	558.1
		H4-12	692.5	H4-17	689.7	H4-2	589.6
		H4-13	685.7	H4-18	949.0	H4-3	554.7
		H4-14	863.8	H4-19	914.8	H4-4	558.1
		H4-15	828.4	H4-20	805.4	H4-5	489.5
		平均值	796.4	平均值	725.1	平均值	550.0
	青白石	Q4-11	1067.2	Q4-16	166.6	Q4-1	1200.4
		Q4-12	534.9	Q4-17	98.5	Q4-2	553.8
		Q4-13	827.4	Q4-18	1069.5	Q4-3	597.7
		Q4-14	894.7	Q4-19	1244.3	Q4-4	688.8
		Q4-15	912.0	Q4-20	854.2	Q4-5	593.4
		平均值	972.6	平均值	961.8	平均值	608.4

续 表

不同pH	岩石类型	编号	未风化	编号	15个循环	编号	30个循环
pH=4	汉白玉	H5-11	341.0	H5-16	329.6	H5-1	1036.3
		H5-12	1187.5	H5-17	899.0	H5-2	635.0
		H5-13	1207.5	H5-18	612.6	H5-3	408.1
		H5-14	948.3	H5-19	581.9	H5-4	657.6
		H5-15	1104.8	H5-20	499.5	H5-5	552.5
		平均值	1112.0	平均值	648.0	平均值	563.3
	青白石	Q5-11	857.0	Q5-16	1269.0	Q5-1	831.2
		Q5-12	1218.0	Q5-17	767.4	Q5-2	946.7
		Q5-13	1233.0	Q5-18	1481.0	Q5-3	652.8
		Q5-14	377.5	Q5-19	167.9	Q5-4	635.6
		Q5-15	1128.0	Q5-20	1167.0	Q5-5	919.4
		平均值	1176.7	平均值	1092.6	平均值	797.1

表附录2-3　大理岩"盐+冻融"模拟老化不同循环后抗折强度（MPa）

岩石类型	编号	未风化	编号	30个循环	编号	50个循环
汉白玉	HZ1-1	2.18	HZ1-6	2.40	HZ1-11	—
	HZ1-2	2.03	HZ1-7	1.91	HZ1-12	
	HZ1-3	1.98	HZ1-8	1.28	HZ1-13	
	HZ1-4	1.16	HZ1-9	—	HZ1-14	
	HZ1-5	1.50	HZ1-10	1.41	HZ1-15	
	平均值	1.78	平均值	1.53	平均值	—
青白石	QZ1-1	5.63	QZ1-6	5.27	QZ1-11	—
	QZ1-2	5.16	QZ1-7	5.86	QZ1-12	
	QZ1-3	5.79	QZ1-8	5.26	QZ1-13	
	QZ1-4	5.99	QZ1-9	6.10	QZ1-14	
	QZ1-5	5.38	QZ1-10	6.24	QZ1-15	
	平均值	5.59	平均值	5.47	平均值	—

表附录 2-4　不同 pH "酸雨喷淋" 模拟老化不同循环后大理岩的抗折强度（MPa）

不同 pH	岩石类型	编号	未风化	编号	15 个循环	编号	30 个循环
pH=1	汉白玉	HZ2-1	2.24	HZ2-6	—	HZ2-11	2.04
		HZ2-2	1.35	HZ2-7	1.36	HZ2-12	1.31
		HZ2-3	1.23	HZ2-8	1.70	HZ2-13	2.06
		HZ2-4	1.80	HZ2-9	1.41	HZ2-14	1.72
		HZ2-5	1.56	HZ2-10	1.53	HZ2-15	1.69
		平均值	1.64	平均值	1.55	平均值	1.51
	青白石	QZ2-1	3.74	QZ2-6	5.32	QZ2-11	5.47
		QZ2-2	3.34	QZ2-7	4.78	QZ2-12	4.98
		QZ2-3	5.95	QZ2-8	4.82	QZ2-13	5.24
		QZ2-4	5.05	QZ2-9	4.67	QZ2-14	5.35
		QZ2-5	5.24	QZ2-10	4.16	QZ2-15	4.68
		平均值	5.42	平均值	4.90	平均值	4.83
pH=2	汉白玉	HZ3-1	1.54	HZ3-6	1.40	HZ3-11	1.89
		HZ3-2	1.48	HZ3-7	2.13	HZ3-12	1.98
		HZ3-3	2.38	HZ3-8	1.91	HZ3-13	2.45
		HZ3-4	1.26	HZ3-9	2.36	HZ3-14	2.43
		HZ3-5	1.39	HZ3-10	0.78	HZ3-15	1.37
		平均值	1.96	平均值	1.82	平均值	1.74
	青白石	QZ3-1	5.73	QZ3-6	3.16	QZ3-11	5.21
		QZ3-2	5.60	QZ3-7	5.26	QZ3-12	4.93
		QZ3-3	6.11	QZ3-8	5.06	QZ3-13	5.07
		QZ3-4	5.53	QZ3-9	4.91	QZ3-14	5.63
		QZ3-5	5.83	QZ3-10	5.36	QZ3-15	5.18
		平均值	5.76	平均值	5.15	平均值	5.07
pH=3	汉白玉	HZ4-1	1.59	HZ4-6	1.96	HZ4-11	1.72
		HZ4-2	1.29	HZ4-7	1.22	HZ4-12	1.77
		HZ4-3	1.43	HZ4-8	1.97	HZ4-13	2.25
		HZ4-4	1.79	HZ4-9	1.52	HZ4-14	2.15

续　表

不同 pH	岩石类型	编号	未风化	编号	15 个循环	编号	30 个循环
		HZ4-5	1.97	HZ4-10	1.66	HZ4-15	1.52
		平均值	1.78	平均值	1.72	平均值	1.63
	青白石	QZ4-1	5.16	QZ4-6	5.08	QZ4-11	4.89
		QZ4-2	5.68	QZ4-7	5.54	QZ4-12	5.16
		QZ4-3	5.22	QZ4-8	4.11	QZ4-13	5.33
		QZ4-4	5.72	QZ4-9	4.96	QZ4-14	4.84
		QZ4-5	5.49	QZ4-10	4.55	QZ4-15	3.64
		平均值	5.45	平均值	4.92	平均值	4.77
pH=4	汉白玉	HZ5-1	2.14	HZ5-6	2.53	HZ5-11	2.50
		HZ5-2	1.31	HZ5-7	1.59	HZ5-12	1.35
		HZ5-3	2.30	HZ5-8	1.98	HZ5-13	2.65
		HZ5-4	2.45	HZ5-9	2.65	HZ5-14	2.17
		HZ5-5	2.07	HZ5-10	1.76	HZ5-15	2.11
		平均值	2.20	平均值	2.10	平均值	2.07
	青白石	QZ5-1	6.42	QZ5-6	1.78	QZ5-11	6.49
		QZ5-2	7.02	QZ5-7	6.48	QZ5-12	6.01
		QZ5-3	7.24	QZ5-8	6.79	QZ5-13	6.72
		QZ5-4	4.70	QZ5-9	5.96	QZ5-14	5.71
		QZ5-5	6.63	QZ5-10	5.95	QZ5-15	6.09
		平均值	6.40	平均值	6.30	平均值	6.21

附录三　模拟"酸雨喷淋"和"盐+冻融"老化过程中无损检测数据

表附录 3-1　大理岩在"盐+冻融"老化不同循环后超声波波速和里氏硬度

老化不同循环	编号	超声波波速（km/s）		里氏硬度	编号	超声波波速（km/s）	里氏硬度
		平行纹理	垂直纹理				
未风化	H1-1	1.8182	1.2241	717	Q1-1	4.5513	774
	H1-2	1.8299	1.2500	679	Q1-2	4.7368	737
	H1-3	1.8617	1.2966	691	Q1-3	4.3902	781
	H1-4	2.0930	1.3750	644	Q1-4	4.5513	781
	H1-5	1.9583	1.3846	699	Q1-5	4.4872	781
	H1-6	2.0455	1.4087	684	Q1-6	4.3902	787
	H1-7	2.0455	1.3760	673	Q1-7	4.4688	745
	H1-8	2.0055	1.3846	683	Q1-8	4.5000	769
	H1-9	2.0597	1.4228	686	Q1-9	4.6711	731
	平均值	1.9686	1.3469	684	平均值	4.5274	765
10 个循环	H1-1	3.6735	2.6493	667	Q1-1	4.6711	676
	H1-2	3.5500	2.8427	681	Q1-2	5.2941	671
	H1-3	3.2407	2.5551	710	Q1-3	4.8649	674
	H1-4	2.5714	2.2068	680	Q1-4	5.2206	741
	H1-5	3.0921	2.1176	683	Q1-5	5.0000	693
	H1-6	3.5294	2.3986	667	Q1-6	5.0000	672
	H1-7	3.3333	2.5725	645	Q1-7	5.1071	701
	H1-8	3.6500	2.6471	675	Q1-8	5.1429	701
	H1-9	3.1250	2.3026	719	Q1-9	5.0714	692
	平均值	3.3073	2.4769	681	平均值	5.0413	691
20 个循环	H1-1	2.5000	2.2468	664	Q1-1	5.0714	655
	H1-2	2.6894	2.3191	639	Q1-2	5.1429	688
	H1-3	2.5000	2.1451	659	Q1-3	5.0000	666

老化不同循环	编号	超声波波速（km/s）		里氏硬度	编号	超声波波速（km/s）	里氏硬度
		平行纹理	垂直纹理				
	H1-4	2.2785	2.0546	663	Q1-4	5.0714	670
	H1-5	2.4824	1.9355	664	Q1-5	4.8611	665
	H1-6	2.7692	2.1646	681	Q1-6	5.0000	662
	H1-7	2.8571	2.3052	662	Q1-7	5.1071	694
	H1-8	2.4662	1.9780	649	Q1-8	5.1429	709
	H1-9	2.5174	2.0349	647	Q1-9	5.0714	662
	平均值	2.5622	2.1315	659	平均值	5.0520	675
30个循环	H1-1	2.9508	2.1386	617	Q1-1	4.9306	666
	H1-2	3.0603	2.4144	620	Q1-2	4.8649	645
	H1-3	3.0702	2.2276	622	Q1-3	4.8649	676
	H1-4	2.0930	1.9429	639	Q1-4	5.0714	692
	H1-5	2.8893	2.0690	662	Q1-5	5.0000	655
	H1-6	3.6000	2.4653	690	Q1-6	5.1429	677
	H1-7	3.5294	2.5000	639	Q1-7	5.2574	675
	H1-8	3.2018	2.2222	603	Q1-8	5.0000	667
	H1-9	3.3565	2.4648	624	Q1-9	5.0714	648
	平均值	3.0835	2.2716	635	平均值	5.0226	667

表附录 3-2　不同 pH "酸雨喷淋" 模拟实验未风化大理岩超声波波速和里氏硬度

酸雨不同 pH 值	编号	超声波波速（km/s）		里氏硬度	编号	超声波波速（km/s）	里氏硬度
		平行纹理	垂直纹理				
pH=1	H2-1	2.1512	1.5302	647	Q2-1	4.3452	737
	H2-2	1.9722	1.6981	658	Q2-2	3.9773	787
	H2-3	2.2500	1.5991	659	Q2-3	3.9722	756
	H2-4	1.6745	1.4344	643	Q2-4	4.3452	748
	H2-5	1.6136	1.3519	620	Q2-5	4.1860	783
	H2-6	2.0455	1.4549	670	Q2-6	4.0909	739

酸雨不同 pH 值	编号	超声波波速（km/s）		里氏硬度	编号	超声波波速（km/s）	里氏硬度
		平行纹理	垂直纹理				
	H2-7	1.8495	1.5455	656	Q2-7	4.2683	742
	H2-8	1.5435	1.4916	676	Q2-8	4.1193	774
	H2-9	1.6319	1.3953	634	Q2-9	4.0698	729
	平均值	1.8591	1.5001	651	平均值	4.1527	755
pH=2	H3-1	2.0640	1.5541	625	Q3-1	4.4512	777
	H3-2	1.9293	1.2852	702	Q3-2	4.0909	764
	H3-3	1.7476	1.4549	674	Q3-3	4.1477	780
	H3-4	1.6827	1.4957	650	Q3-4	4.3293	732
	H3-5	1.8434	1.4228	709	Q3-5	4.0556	749
	H3-6	1.8112	1.2684	642	Q3-6	4.0698	773
	H3-7	2.0455	1.3550	653	Q3-7	4.3902	773
	H3-8	2.0402	1.3780	673	Q3-8	4.2262	795
	H3-9	1.8229	1.2063	698	Q3-9	4.1279	766
	平均值	1.8874	1.3800	669	平均值	4.2099	768
pH=3	H4-1	1.8056	1.6204	675	Q4-1	4.6154	779
	H4-2	2.1687	1.4256	706	Q4-2	4.5625	756
	H4-3	2.0455	1.3636	659	Q4-3	4.4375	766
	H4-4	1.8557	1.7308	708	Q4-4	4.3902	739
	H4-5	2.2188	1.4463	697	Q4-5	4.5000	782
	H4-6	1.9149	1.3566	713	Q4-6	4.3590	734
	H4-7	1.7574	1.6745	682	Q4-7	4.6711	785
	H4-8	2.0930	1.6274	736	Q4-8	4.6711	781
	H4-9	1.9947	1.3433	634	Q4-9	4.4231	772
	平均值	1.9838	1.5098	690	平均值	4.5144	766
pH=4	H5-1	2.0278	1.8622	685	Q5-1	3.8587	757
	H5-2	2.1429	1.5217	683	Q5-2	3.9130	769
	H5-3	2.2256	1.4916	634	Q5-3	3.8043	762

酸雨不同pH值	编号	超声波波速（km/s）		里氏硬度	编号	超声波波速（km/s）	里氏硬度
		平行纹理	垂直纹理				
	H5–4	2.1951	1.5972	628	Q5–4	3.9130	745
	H5–5	2.0833	1.4228	660	Q5–5	4.1279	731
	H5–6	2.4209	2.0882	726	Q5–6	3.9130	716
	H5–7	1.9086	1.4286	650	Q5–7	4.0556	747
	H5–8	2.1221	1.9531	740	Q5–8	3.9444	743
	H5–9	2.4653	1.8883	719	Q5–9	4.0698	750
	平均值	2.1768	1.6949	681	平均值	3.9555	747

表附录 3-3　不同 pH "酸雨喷淋" 模拟实验 5 个老化循环后的超声波波速和里氏硬度

酸雨不同pH值	编号	超声波波速（km/s）		里氏硬度	编号	超声波波速（km/s）	里氏硬度
		平行纹理	垂直纹理				
pH=1	H2–1	2.5694	2.0402	661	Q2–1	4.2442	697
	H2–2	2.4653	2.0930	634	Q2–2	3.8043	669
	H2–3	2.4324	2.1131	612	Q2–3	3.6480	641
	H2–4	2.0170	1.5909	651	Q2–4	3.7245	669
	H2–5	2.2756	2.1726	688	Q2–5	4.0000	683
	H2–6	2.3077	1.7750	627	Q2–6	3.8298	654
	H2–7	2.1577	1.6190	616	Q2–7	4.0698	646
	H2–8	2.1914	2.0402	613	Q2–8	3.7760	645
	H2–9	1.8952	1.7476	645	Q2–9	4.3750	682
	平均值	2.2569	1.9102	638	平均值	3.9413	665
pH=2	H3–1	2.9098	2.3000	646	Q3–1	3.9674	661
	H3–2	2.4315	1.9415	649	Q3–2	3.8298	643
	H3–3	2.4324	1.9944	662	Q3–3	4.1477	677
	H3–4	2.3333	2.0349	627	Q3–4	4.4375	681
	H3–5	2.6838	1.9231	649	Q3–5	4.0556	679
	H3–6	2.5725	1.9602	688	Q3–6	3.6458	660

续 表

酸雨不同pH值	编号	超声波波速（km/s）		里氏硬度	编号	超声波波速（km/s）	里氏硬度
		平行纹理	垂直纹理				
	H3-7	2.7273	1.9722	653	Q3-7	4.2857	633
	H3-8	2.5000	1.9022	668	Q3-8	3.6979	668
	H3-9	2.5000	1.9828	632	Q3-9	3.7766	727
	平均值	2.5656	2.0012	653	平均值	3.9827	670
pH=3	H4-1	1.9643	1.9231	660	Q4-1	4.5000	706
	H4-2	2.7273	1.6121	646	Q4-2	4.5625	689
	H4-3	2.5714	1.4876	654	Q4-3	4.2262	702
	H4-4	2.5000	2.5000	684	Q4-4	4.2857	684
	H4-5	2.7308	1.6827	652	Q4-5	4.3902	682
	H4-6	2.1429	1.6355	701	Q4-6	4.3590	675
	H4-7	2.1386	2.2188	671	Q4-7	4.6711	677
	H4-8	2.5352	2.0058	662	Q4-8	4.6711	703
	H4-9	2.5338	2.1429	669	Q4-9	4.3125	684
	平均值	2.4271	1.9121	667	平均值	4.4420	689
pH=4	H5-1	2.9918	2.9435	774	Q5-1	3.9444	713
	H5-2	2.5000	1.9231	674	Q5-2	4.0909	708
	H5-3	2.7239	1.8112	692	Q5-3	4.0698	729
	H5-4	2.6087	2.1563	679	Q5-4	4.0000	746
	H5-5	2.4167	2.0349	649	Q5-5	4.1279	692
	H5-6	3.1875	2.5000	801	Q5-6	4.1860	705
	H5-7	2.4315	2.2973	723	Q5-7	4.1477	710
	H5-8	2.7239	2.6408	789	Q5-8	4.2262	737
	H5-9	3.2273	2.7734	699	Q5-9	4.2683	697
	平均值	2.7568	2.3423	674	平均值	4.1179	715

表附录 3-4　不同 pH "酸雨喷淋" 模拟实验 10 个老化循环后的超声波波速和里氏硬度

酸雨不同pH 值	编号	超声波波速（km/s）		里氏硬度	编号	超声波波速（km/s）	里氏硬度
		平行纹理	垂直纹理				
pH=1	H2-1	2.7206	2.3986	656	Q2-1	4.3452	646
	H2-2	2.4653	2.2785	593	Q2-2	3.8889	672
	H2-3	2.3684	1.9722	621	Q2-3	3.7240	722
	H2-4	2.3667	2.5000	677	Q2-4	3.8021	699
	H2-5	2.2468	2.6071	615	Q2-5	4.0000	763
	H2-6	2.5714	2.0882	616	Q2-6	3.8298	684
	H2-7	2.3849	2.0988	683	Q2-7	4.0698	687
	H2-8	2.2756	2.5357	609	Q2-8	3.9402	703
	H2-9	2.6306	2.3077	616	Q2-9	4.4872	687
	平均值	2.4478	2.3097	638	平均值	4.0097	665
pH=2	H3-1	2.7953	2.1563	637	Q3-1	4.1477	727
	H3-2	2.4653	2.1471	661	Q3-2	3.7500	684
	H3-3	2.4324	2.0640	630	Q3-3	4.2442	696
	H3-4	2.1084	2.0349	697	Q3-4	4.4375	693
	H3-5	2.5704	2.1084	661	Q3-5	4.0556	671
	H3-6	2.5357	2.0058	629	Q3-6	3.6458	659
	H3-7	3.1034	2.1646	645	Q3-7	4.3902	635
	H3-8	2.8629	2.3973	623	Q3-8	3.7766	666
	H3-9	2.3973	2.2697	628	Q3-9	3.8587	692
	平均值	2.5857	2.1498	653	平均值	4.0340	670
pH=3	H4-1	2.0665	1.7327	639	Q4-1	4.5000	680
	H4-2	2.1687	1.6274	635	Q4-2	4.5625	714
	H4-3	2.0225	2.3684	686	Q4-3	4.2262	728
	H4-4	2.6471	2.3684	718	Q4-4	4.2857	681
	H4-5	2.8629	2.0588	627	Q4-5	4.3902	705
	H4-6	1.9149	2.1472	657	Q4-6	4.3590	702
	H4-7	1.8684	2.2468	633	Q4-7	4.6711	675

酸雨不同 pH 值	编号	超声波波速（km/s）		里氏硬度	编号	超声波波速（km/s）	里氏硬度
		平行纹理	垂直纹理				
	H4-8	2.5352	1.6312	630	Q4-8	4.6711	718
	H4-9	2.3734	1.9672	633	Q4-9	4.3125	696
	平均值	2.2733	2.0165	667	平均值	4.4420	689
pH=4	H5-1	2.1988	2.8077	710	Q5-1	3.6979	669
	H5-2	2.3684	2.2436	677	Q5-2	3.9130	681
	H5-3	2.0506	1.6745	648	Q5-3	3.8889	694
	H5-4	2.3684	1.7784	680	Q5-4	4.0000	714
	H5-5	2.2656	1.8617	656	Q5-5	3.8587	737
	H5-6	3.0357	2.2468	734	Q5-6	4.0000	693
	H5-7	2.1914	2.6563	702	Q5-7	4.1477	735
	H5-8	3.2018	3.0242	713	Q5-8	4.1279	682
	H5-9	2.9098	2.4653	700	Q5-9	3.8889	677
	平均值	2.5101	2.3065	674	平均值	3.9470	715

表附录 3-5 不同 pH "酸雨喷淋" 模拟实验 15 个老化循环后的超声波波速和里氏硬度

酸雨不同 pH 值	编号	超声波波速（km/s）		里氏硬度	编号	超声波波速（km/s）	里氏硬度
		平行纹理	垂直纹理				
pH=1	H2-1	3.4259	3.2273	637	Q2-1	4.9324	635
	H2-2	3.3491	2.8125	614	Q2-2	4.2683	655
	H2-3	3.2143	2.6103	630	Q2-3	3.7240	658
	H2-4	3.3491	3.1250	623	Q2-4	3.8021	628
	H2-5	2.4653	2.7652	630	Q2-5	4.0909	688
	H2-6	3.0000	2.6894	613	Q2-6	3.9130	642
	H2-7	3.2366	2.7869	618	Q2-7	4.2683	648
	H2-8	3.0085	2.6894	591	Q2-8	4.5313	654
	H2-9	3.1473	2.6087	626	Q2-9	4.8611	670
	平均值	3.1329	2.8127	620	平均值	4.2657	653

酸雨不同 pH 值	编号	超声波波速（km/s）		里氏硬度	编号	超声波波速（km/s）	里氏硬度
		平行纹理	垂直纹理				
pH=2	H3-1	2.8175	2.3958	636	Q3-1	4.1477	691
	H3-2	2.4315	2.1221	622	Q3-2	3.7500	649
	H3-3	2.4658	2.3355	624	Q3-3	4.0556	690
	H3-4	2.5000	2.1605	642	Q3-4	4.4375	674
	H3-5	2.8516	2.3973	637	Q3-5	4.1477	679
	H3-6	2.6103	1.9828	627	Q3-6	3.5714	683
	H3-7	3.0000	2.2188	640	Q3-7	4.3902	660
	H3-8	2.9583	2.4648	639	Q3-8	3.7766	655
	H3-9	2.1605	2.6136	642	Q3-9	3.8587	662
	平均值	2.6439	2.2990	634	平均值	4.0151	671
pH=3	H4-1	2.1799	1.9231	669	Q4-1	4.5000	698
	H4-2	2.1687	1.6429	630	Q4-2	4.4512	686
	H4-3	2.3077	1.9355	669	Q4-3	4.0341	651
	H4-4	2.9508	2.7692	688	Q4-4	4.0000	685
	H4-5	2.5357	1.8817	625	Q4-5	4.1860	704
	H4-6	2.0690	1.6667	619	Q4-6	4.0476	685
	H4-7	1.7750	2.3667	629	Q4-7	4.6711	664
	H4-8	2.9508	1.9602	644	Q4-8	4.6711	698
	H4-9	2.2866	1.7476	622	Q4-9	4.1071	679
	平均值	2.3582	1.9882	644	平均值	4.2965	683
pH=4	H5-1	2.1988	1.9010	763	Q5-1	3.7766	715
	H5-2	2.2785	1.9231	613	Q5-2	3.9130	709
	H5-3	2.1471	1.7750	649	Q5-3	3.6458	652
	H5-4	2.2222	2.0536	630	Q5-4	3.8298	680
	H5-5	2.3849	1.7157	630	Q5-5	3.7766	667
	H5-6	3.2974	2.1386	646	Q5-6	3.9130	703
	H5-7	2.7734	2.2368	642	Q5-7	4.1477	713

酸雨不同pH值	编号	超声波波速（km/s）		里氏硬度	编号	超声波波速（km/s）	里氏硬度
		平行纹理	垂直纹理				
	H5-8	3.0932	2.8846	708	Q5-8	3.8587	684
	H5-9	2.9583	2.4315	656	Q5-9	3.9773	681
	平均值	2.5949	2.1178	660	平均值	3.8710	689

表附录 3-6　不同 pH "酸雨喷淋" 模拟实验 20 个老化循环后的超声波波速和里氏硬度

酸雨不同pH值	编号	超声波波速（km/s）		里氏硬度	编号	超声波波速（km/s）	里氏硬度
		平行纹理	垂直纹理				
pH=1	H2-1	3.7755	3.0085	609	Q2-1	4.9324	591
	H2-2	3.0085	2.4658	635	Q2-2	4.3750	630
	H2-3	2.7273	2.1386	636	Q2-3	4.1570	633
	H2-4	3.0603	2.3973	589	Q2-4	4.3452	640
	H2-5	2.8629	2.4662	595	Q2-5	4.3902	657
	H2-6	2.8571	2.3052	582	Q2-6	4.1860	633
	H2-7	2.8770	2.6154	603	Q2-7	4.4872	591
	H2-8	2.6493	2.1914	605	Q2-8	4.5313	651
	H2-9	2.9873	2.4324	618	Q2-9	4.7297	602
	平均值	2.9784	2.4467	608	平均值	4.4593	625
pH=2	H3-1	2.8629	2.2697	635	Q3-1	3.9674	634
	H3-2	2.4315	2.3397	646	Q3-2	3.7500	662
	H3-3	2.3377	2.6493	595	Q3-3	4.0556	647
	H3-4	2.3026	2.2727	579	Q3-4	4.6711	661
	H3-5	2.5347	2.1605	618	Q3-5	3.8830	672
	H3-6	2.5000	1.8548	592	Q3-6	3.6458	655
	H3-7	2.8571	1.9944	576	Q3-7	4.5000	622
	H3-8	2.6493	2.3026	576	Q3-8	3.8587	632
	H3-9	2.0115	1.8351	573	Q3-9	3.6979	627
	平均值	2.4986	2.1865	599	平均值	4.0033	646

酸雨不同 pH 值	编号	超声波波速（km/s）		里氏硬度	编号	超声波波速 （km/s）	里氏硬度
		平行纹理	垂直纹理				
pH=3	H4-1	2.5906	2.3333	660	Q4-1	4.3902	706
	H4-2	2.5714	1.9167	629	Q4-2	4.4512	649
	H4-3	2.9508	2.4658	641	Q4-3	4.1279	666
	H4-4	2.7273	2.6471	697	Q4-4	4.0000	673
	H4-5	2.6894	2.3973	655	Q4-5	4.2857	703
	H4-6	2.3684	2.2436	633	Q4-6	4.0476	676
	H4-7	2.0882	2.6894	624	Q4-7	4.6711	695
	H4-8	3.2143	1.9602	663	Q4-8	4.6711	648
	H4-9	2.4351	2.0455	625	Q4-9	4.4231	648
	平均值	2.6262	2.2999	647	平均值	4.3409	674
pH=4	H5-1	2.5000	2.4662	727	Q5-1	3.9444	647
	H5-2	2.6866	2.7344	625	Q5-2	4.0000	699
	H5-3	2.3397	1.9086	653	Q5-3	3.8889	686
	H5-4	3.0000	2.4296	698	Q5-4	4.1860	650
	H5-5	2.2656	1.6990	640	Q5-5	3.8587	676
	H5-6	3.0847	2.6894	767	Q5-6	4.0909	674
	H5-7	2.3986	2.5185	698	Q5-7	4.3452	696
	H5-8	2.5347	2.5685	737	Q5-8	4.3293	647
	H5-9	2.4315	2.0640	619	Q5-9	4.0698	654
	平均值	2.5824	2.3420	685	平均值	4.0793	670

表附录 3-7　不同 pH "酸雨喷淋" 模拟实验 25 个老化循环后的超声波波速和里氏硬度

酸雨不同 pH 值	编号	超声波波速（km/s）		里氏硬度	编号	超声波波速 （km/s）	里氏硬度
		平行纹理	垂直纹理				
pH=1	H2-1	3.3636	2.6894	654	Q2-1	4.8026	642
	H2-2	2.1914	2.0000	612	Q2-2	4.3750	638
	H2-3	2.7273	2.0882	665	Q2-3	3.9722	676

酸雨不同 pH 值	编号	超声波波速（km/s）		里氏硬度	编号	超声波波速（km/s）	里氏硬度
		平行纹理	垂直纹理				
	H2-4	3.0085	2.7778	638	Q2-4	4.2442	648
	H2-5	2.1646	2.1221	627	Q2-5	3.9130	663
	H2-6	2.6866	2.1914	644	Q2-6	4.0909	694
	H2-7	2.7052	2.5373	605	Q2-7	4.3750	650
	H2-8	2.5357	2.4315	610	Q2-8	4.3155	695
	H2-9	2.5179	2.3077	621	Q2-9	4.6053	682
	平均值	2.6556	2.3495	631	平均值	4.2993	665
pH=2	H3-1	3.0085	2.2115	621	Q3-1	4.2442	618
	H3-2	2.3986	2.0055	617	Q3-2	3.8298	681
	H3-3	2.2222	2.3355	598	Q3-3	4.1477	709
	H3-4	2.3026	1.9663	601	Q3-4	4.6711	690
	H3-5	2.3701	1.9444	582	Q3-5	3.9674	700
	H3-6	2.5000	1.9828	612	Q3-6	3.5714	641
	H3-7	2.7692	2.0170	597	Q3-7	4.5000	637
	H3-8	2.7734	2.2727	592	Q3-8	3.8587	640
	H3-9	2.1605	2.2697	614	Q3-9	3.7766	671
	平均值	2.5006	2.1117	604	平均值	4.0630	665
pH=3	H4-1	2.5176	2.2152	631	Q4-1	4.6154	675
	H4-2	2.3377	1.7424	607	Q4-2	4.4512	648
	H4-3	2.8571	2.5000	641	Q4-3	4.2262	659
	H4-4	2.5352	2.4000	648	Q4-4	4.0000	670
	H4-5	2.6894	2.1605	621	Q4-5	4.0909	644
	H4-6	2.6087	2.3649	608	Q4-6	4.1363	648
	H4-7	1.9505	2.7308	598	Q4-7	4.6711	670
	H4-8	2.6471	1.9602	617	Q4-8	4.6711	658
	H4-9	2.5685	2.0455	656	Q4-9	4.4231	629
	平均值	2.5235	2.2355	625	平均值	4.3661	656

续　表

酸雨不同 pH 值	编号	超声波波速（km/s）		里氏硬度	编号	超声波波速 （km/s）	里氏硬度
		平行纹理	垂直纹理				
pH=4	H5-1	2.5347	2.3101	676	Q5-1	3.9444	647
	H5-2	2.7692	2.6119	615	Q5-2	4.0000	699
	H5-3	2.2256	1.7574	633	Q5-3	3.8889	686
	H5-4	2.6471	2.5368	645	Q5-4	4.1860	650
	H5-5	2.7052	1.8617	612	Q5-5	3.8587	676
	H5-6	3.1875	2.6103	640	Q5-6	4.0909	674
	H5-7	2.9098	2.5758	632	Q5-7	4.3452	696
	H5-8	3.0417	3.0242	695	Q5-8	4.3293	647
	H5-9	3.1696	2.4653	657	Q5-9	4.0698	654
	平均值	2.7989	2.4171	645	平均值	3.9013	674